U0315866

高职高专"十四五"规划教材

冶金工业出版社

矿山测量技术

（第 2 版）

Mine Surveying Technology

（2nd Edition）

主　编　陈国山　刘洪学
副主编　王旭阳　柴会民　姚义堂
　　　　毛小丰　蔡　颖　王红亮

输入刮刮卡密码
查看本书数字资源

北　京
冶金工业出版社
2025

内 容 提 要

　　本书详细阐述了矿山测量技术的原理和方法，共分 12 章，主要内容包括测量基本知识、角度测量、距离测量、高程测量、现代测量仪器与测绘"3S"技术、地形图、地质勘探工程测量、井筒控制测量、井下控制测量、巷道施工测量、贯通测量、露天开采测量等。本书在叙述上由浅入深，通俗易懂；在内容上资料准确翔实，理论和实际相结合。

　　本书可作为采矿工程、矿山安全工程、地质工程及测绘工程等专业的教材，也可供从事公路、铁路、水电、地下工程测量工作的工程技术人员参考。

图书在版编目（CIP）数据

　　矿山测量技术/陈国山，刘洪学主编. —2 版. —北京：冶金工业出版社，2022. 8（2025. 1 重印）
　　高职高专"十四五"规划教材
　　ISBN 978-7-5024-9236-6

　　Ⅰ. ①矿⋯　Ⅱ. ①陈⋯　②刘⋯　Ⅲ. ①矿山测量—测量技术—高等职业教育—教材　Ⅳ. ①TD17

　　中国版本图书馆 CIP 数据核字（2022）第 137811 号

矿山测量技术 （第 2 版）

出版发行	冶金工业出版社	电　话	（010）64027926
地　址	北京市东城区嵩祝院北巷 39 号	邮　编	100009
网　址	www. mip1953. com	电子信箱	service@ mip1953. com

责任编辑　俞跃春　杜婷婷　美术编辑　彭子赫　版式设计　郑小利
责任校对　葛新霞　责任印制　禹　蕊
三河市双峰印刷装订有限公司印刷
2009 年 8 月第 1 版，2022 年 8 月第 2 版，2025 年 1 月第 3 次印刷
787mm×1092mm　1/16；17 印张；406 千字；255 页
定价 58.00 元

投稿电话　（010）64027932　投稿信箱　tougao@cnmip. com. cn
营销中心电话　（010）64044283
冶金工业出版社天猫旗舰店　yjgycbs. tmall. com
（本书如有印装质量问题，本社营销中心负责退换）

第 2 版前言

本书是参照矿山行业职业技能标准和职业技能鉴定规范，根据矿山企业的生产实际和岗位群的技能要求编写的。本书有理论、有实例，理论和实际相结合；内容全面，资料准确翔实，叙述由浅入深，通俗易懂。

为适应行业发展和技术不断进步，本书在 2009 年出版的《矿山测量技术》基础上，进行了全面修订。本次修订在保留了第 1 版教材体系的同时，突出了实用性。根据测绘仪器设备的发展，对第 1 版部分章节内容进行了更新，充实和完善了测量外业和测量内业工作的相关内容，新增了无人机测绘、测绘"3S"技术等内容。具体修订内容如下。

（1）整合了第 1 版中地面局部控制测量和地形图内容，并进行了更新及删减。

（2）增加了现代测量仪器与测绘"3S"技术一章，对全站仪、GNSS、三维激光扫描仪、无人机测绘进行了阐述，并对 GNSS、GIS、RS 等技术进行了系统介绍，阐述了测绘 3S 技术不断融合与发展。

（3）全面重新编写了角度测量内容，讲解了全新光学经纬仪和电子经纬仪的原理、使用、误差处理。

（4）全面重新编写了距离测量内容，讲解了全新测距仪的原理、使用、误差处理。

（5）全面重新编写了高程测量内容，讲解了全新微倾式水准仪、自动安平水准仪及电子水准仪的原理、使用、误差处理。

（6）增加了丰富的数字资源，包括微课视频和课件，读者可扫二维码查看。

参加本次修订工作的主要人员有：吉林电子信息职业技术学院陈国山、刘洪学、王旭阳、王红亮、丛日杰、陈西林，东北电力大学蔡颖，中国华冶科工集团有限公司姚义堂，中国黄金夹皮沟矿业有限公司谭洪亮、姜武剑编写，浙江建辉矿建有限公司毛小丰，河北新烨工程技术有限公司柴会民，斯福迈智能科技有限责任公司张孟发，锡林郭勒盟银鑫矿业有限责任公司于澎，内蒙古兴安盟艾玛矿业有限责任公司于立志，鑫达黄金矿业有限责任公司张永恒。具体编写分工为：第 1 章由陈国山编写，第 2、5 章由王旭阳修写，第 3、4 章由刘洪学编写，第 6 章由姚义堂编写，第 7 章由王红亮、于立志编写，第 8 章由柴会民、张孟发编写，第 9 章由蔡颖、于彭编写，第 10 章由毛小丰、陈西林编

写，第 11 章由谭洪亮、姜武剑编写，第 12 章由张永恒、丛日杰编写。全书由
陈国山、刘洪学任主编，王旭阳、柴会民、姚义堂、毛小丰、蔡颖、王红亮任
副主编。

　　在本书的编写过程中，参考了相关文献和资料，在此谨向有关作者表示衷
心的感谢。

　　由于编者水平所限，书中不妥之处，敬请读者批评指正。

编　者

2022 年 3 月

第1版前言

本书是按照人力资源和社会保障部的规划，受中国钢铁工业协会和冶金工业出版社的委托，参照冶金行业职业技能标准和职业技能鉴定规范，根据矿山企业的生产实际和岗位群的技能要求编写的，书稿经人力资源和社会保障部职业培训教材工作委员会办公室组织专家评审通过，由人力资源和社会保障部职业能力建设司推荐作为矿山企业职业技能培训教材。

本书是在总结编者多年的教学经验，并在广泛征求同行专家意见以及深入厂矿收集资料的基础上编写的。同时也是为了能够较全面地体现测量学的本质和基本内容，反映新的科技成果要求，适应矿山企业新工艺、新设备的要求，更加紧密结合实际，特编写本书，以满足当前的行业培训需要。

本书把测量作为一门应用技术，在编写过程中，努力贯彻以基础理论和基本概念为重点，以基本技术和方法为主要内容，在内容上力求理论与实践相结合，内容详实丰富、完整、系统，既反映了学科的最新发展，又顾及了生产实际的需要；用现代测绘新技术逐步更新传统技术，叙述由浅入深，循序渐进。其内容主要有：测量学的基本知识，数据的采集方法，以测定和测设为主要内容的控制测量、地形图测绘和应用，地质勘探测量，建井时期和矿山生产时期的测量工作，露天开采测量等。

本书由内蒙古科技大学陈步尚、吉林电子信息职业技术学院陈国山主编，参加编写工作的还有白山市大栗子铁矿陈金奎、宋霁洪、王庆祥和苏生兵。其中陈步尚编写第1章~第7章、第11章；王庆祥、苏生兵编写第8章；陈国山编写第9章和第10章；陈金奎、宋霁洪编写第12章。

由于编者水平所限，书中不足之处，敬请读者批评指正。

编　者
2008 年 8 月 8 日

目　录

1　测量基础知识

第1章微课　第1章课件

1.1　概　述

测量学是研究地球的形状和大小及确定地球表面（包括空中、地表、地下和海洋）物体的空间位置，以及对于这些位置信息进行处理、储存、管理的科学，其主要任务和内容是测定和测设。测定是指使用测量仪器和工具，通过测量和计算，得到一系列测量数据，或把地球表面的地形缩绘成地形图，供经济建设、规划设计、科学研究和国防建设使用；测设是把图纸上规划设计好的建筑物、构筑物的位置在地面上标定出来，作为施工的依据。

测绘学研究的对象通常情况下是地球表面（包括陆地和海洋）及其固定附着物。随着人类科学技术的不断发展，其研究对象将拓展到遥远的宇宙空间及其他星体。测量学按其研究对象和应用范围的不同，产生了许多分支科学。

（1）大地测量学。大地测量学是一门古老的应用地球科学，其古典定义是："测定和描述地球表面的科学。"随着空间大地测量理论和技术的发展（GPS、VLBI、SLR等），大地测量学突破传统时空的局限，进入现代大地测量学发展新阶段，其定义为：精确测定点的三维位置，研究地球形状、大小、地表及其外部重力场，并监测和解释它们随时间变化的科学，从而使大地测量学从工程应用向基础地球科学转变，成为推动地球科学发展的前沿学科之一。

（2）普通测量学。普通测量学是研究地球表面较小区域内测绘工作的基本理论、技术、方法和应用的学科（可以不考虑地球曲率的影响），它是测量学的基础。

（3）摄影测量学。研究利用电磁波传感器获取目标物的几何和物理信息，用以测定目标物的形状、大小、空间位置，判释其性质及相互关系，并用图形、图像和数字形式表达的理论和技术的一门学科。该学科原先主要用于测绘地形图。随着测绘技术和遥感技术的发展，摄影方式和研究对象的日趋多样，摄影遥感理论如今在许多科学领域中得到广泛应用。

（4）工程测量学。工程测量学是研究各个工程在规划设计、施工建设和运营管理阶段所进行的各种测量工作的学科。工程测量学的主要内容包括工程控制网的建立、地形图测绘、施工放样、设备安装测量、竣工测量、变形观测和维修养护测量等的理论、技术和方法。

（5）地图制图学。也称地图学或制图学，它是研究地图的信息传输、空间认知、投影原理、制图综合和地图的设计、编制、复制及建立地图数据库等的理论和技术的学科。一般包括地图编制学、地图投影学（数学制图学）、地图整饰和地图制印等分支。

（6）海洋测量学。研究海洋定位、测定海洋大地水准面和平均海面、海底和海面地形、海洋重力、磁力、海洋环境等自然和社会信息的地理分布，以及编制各种海图的理论和技术的学科。主要研究上述范围内的控制测量、地形岸线测量、水深测量等各种测量工作的理论、技术和方法。

（7）地籍测绘。研究调查和测定地籍要素、编制地籍图、建立和管理地籍信息系统的技术的学科。

（8）地球空间信息学。地球空间信息学是在"3S"技术（全球导航卫星系统 GNSS、遥感 RS、地理信息系统 GIS）、空间信息技术和信息科学发展的支持下，运用多空间信息技术和数字信息技术，来获取、存储、处理、分析、显示、表达和传输具有空间分布特征、时空尺度概念和空间定位含义的地球空间信息，以研究和揭示地球表层系统各组成部分之间的相互作用、时空特征和变化规律，为全球变化和区域可持续发展研究服务。地球空间信息学不仅包含现代测绘学的所有内容，还增加了利用计算机技术对空间数据和信息处理过程中的应用。

矿山建设和生产时期的测量工作称为矿山测量。其根据矿山开发的需要，集地形测量和矿山工程测量的有关内容为一体，因此属于工程测量学的范畴。它以测量、计算和绘图为手段，研究处理矿藏开发过程中的各种空间几何问题，为矿山建设和安全生产提供图纸、资料，指导采矿生产中的各项工程正确进行。因此，矿山测量是矿山建设和生产中的一项重要的技术基础工作，矿山测量人员具有技术管理和施工生产的双重职能。

随着现代科技的发展，测量学也得到了迅猛的发展，特别是计算机科学技术、航空航天科学技术、激光技术、遥感技术、图像处理技术及模式识别等技术的发展，对测绘科学的发展产生了巨大的推动作用，测绘技术已由常规的大地测量发展到了空间卫星大地测量，由航空摄影测量发展到航天遥感技术，由传统人工测量发展到自动化、智能化测量，由"3S"技术结合的"数字地球"发展到"互联网+"、云端技术与"3S"技术融合的"智慧地球"。测绘科学已成为与信息技术紧密结合的科学技术，是研究空间技术、地球科学及进行各类工程建设不可缺少的重要学科。

1.2 地面点位的确定

1.2.1 地球的形状和大小

测量学的实质就是确定地面点的空间位置。而确定地面点的空间位置，则与地球的形状和大小密切相关，因此，首先要了解地球形状与大小的基本概念。

地球表面呈现高低起伏，有高山、深谷、丘陵、平原、江河、湖泊和海洋等。其中最高的珠穆朗玛峰高出海平面达 8848.86m（2020 年 5 月所测），最低的马里亚纳海沟低于海平面 11022m。但是这样的起伏变化相对地球来说（地球半径为 6371km）还是很小的，可以忽略不计的。此外，地球表面海洋面积约占 71%，陆地面积约占 29%。因此，人们把海水面包围的地球形体看作地球的形状。

由于地球的自转运动，地球上任一点都受到离心力和地心引力的作用，这两个的合力称为重力。重力的作用线称为铅垂线，铅垂线是测量工作的基准线。

地球上自由静止的水面称为水准面，是一个处处与铅垂线正交的连续曲面，并且是一个重力场的等位面。与水平面相切的平面称为水准面；水准面可高可低，因此符合上述特点的水准面有无数个，其中与平均海水面相吻合的并向大陆、岛屿内延伸形成的闭合曲面，称为大地水准面；大地水准面包围的形体称为大地体。为了确定地面点的位置，必须有一个参照基准面，在实际测量工作中，把大地水准面作为测量工作的基准面。

由于地球内部物质分布不均匀，引起铅垂线方向不规则变化，所以大地水准面实际上是一个复杂的不规则的曲面［见图1-1（a）］，因而无法在其上进行测量数据处理。为了使用方便起见，人们就用一个与大地水准面非常接近而又规则的参考椭球作为地球的参考形状和大小［见图1-1（b）］。参考椭球是一个椭圆绕其短轴旋转而成的形体，故参考椭球又称旋转椭球，其表面称为参考椭球面。如图1-2所示，旋转椭球体由长半径 a（或短半径 b）和扁率 e 决定。我国目前采用的旋转椭球体的元素值为：

长半径　$a = 6378140\mathrm{m}$

短半径　$b = 6356755\mathrm{m}$

扁　率　$e = (a - b)/a = 1/298.257$

为确定大地水准面与参考椭球面的相对关系，可在适当的位置选择一点 P（见图1-3），过 P 点的铅垂线与大地水准面交于点 P'，将椭球面设置成在 P' 点与大地水准面相切，此时椭球面的法线与大地水准面的垂线重合；再使椭球的短轴与地球的旋转轴平行，如果 P 点的位置选择的十分合适，椭球的大小也选择的很恰当，那么椭球面与大地水准面间的差距将会非常小。此项工作称为参考椭球定位，而 P 点则称为大地原点。应注意的是这个大地原点并不是坐标系的原点，而是参考椭球定位的原点。

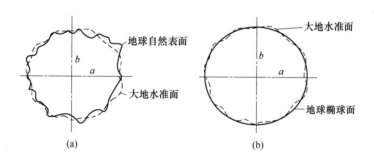

图 1-1　地球的形状

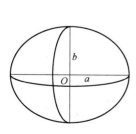

图 1-2　参考椭球

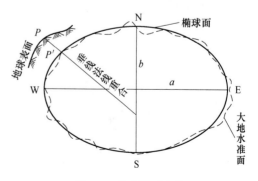

图 1-3　参考椭球定位

　　我国选择陕西泾阳县永乐镇某点为大地原点，进行大地定位，由此建立起全国统一坐标系，这就是现在使用的"1980 年国家大地坐标系"。

　　表 1-1 内前 5 个椭球元素都是依据天文、大地和重力测量资料推算的，并已用于不同国家的大地测量和制图中；后 3 个元素在推算时利用了人造卫星的观测资料。可以看出，随着科学技术的发展，特别是广泛采用卫星测量的各种资料，使得椭球元素的测定越来越精确和稳定。

表 1-1　国际上曾经采用的椭球体参数

名　　称	年代和国家	长半径/m	扁率
德兰布尔	1800 年法国	6367653	1∶334
白塞尔	1841 年德国	6377397	1∶299.15
克拉克	1801 年英国	6378249	1∶293.47
海福特	1910 年美国	6378388	1∶297
克拉索夫斯基	1940 年苏联	6378245	1∶298.3
IUGG 16 届推荐参数	1975 年	6378140	1∶298.257
IUGG 17 届推荐参数	1979 年	6378137	1∶298.257
IUGG 18 届推荐参数	1983 年	6378136	1∶298.257

　　由于参考椭球体的扁率很小，而地形测量所研究的范围和对测量数据的精度要求有限，当测区范围不大时，可近似地把地球椭球看作为圆球，其半径为：

$$R = \frac{1}{3}(a + a + b) = 63711118\text{m} \approx 6371\text{km}$$

1.2.2　地面点位的参考系

　　在高低起伏的地球自然表面上，要想确定地面点的空间位置及其相互关系，必须建立坐标系统。在测量工作中，地面点的位置是由地面点在投影面上的坐标和地面点沿投影线到投影面的距离（高程）确定的。测量工作的基本任务是确定地面点的位置，确定地面点的空间位置需用 3 个量，这 3 个量就是地面点在投影面上的坐标和该点到大地水准面的垂直距离，如图 1-4 和图 1-5 所示。

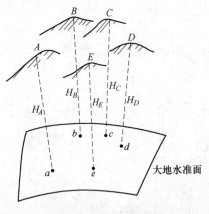

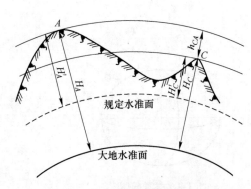

图 1-4　地面点的投影图　　　　　　　　　　图 1-5　地面点的高程

1.2.2.1　地面点的高程

地面点至高程基准面的高度称为高程，地面点沿法线至参考椭球面的距离称为大地高。大地高有正有负，从参考椭球面起量，向外为正，向内为负，可通过计算方法求得。

地面点到大地水准面的铅垂距离，称为该点的绝对高程，或称海拔，简称高程，用 H 表示。图 1-5 中的 H_A 和 H_C 即为 A 点和 C 点的绝对高程。我国的高程是以青岛验潮站记录的黄海平均海水面作为高程的起算面，并在青岛建立了国家水准原点。其高程为 72.260m，称为 1985 年国家高程基准（1956 年高程基准的水准原点的高程为 72.289m）。当个别地区引用绝对高程有困难时，或者是为了设计和施工方便，可以假定任意一个水准面作为高程的起算面（指定某个固定点并假设其高程为零）。地面点到假定水准面的铅垂距离，称为该点的假定高程（亦称为相对高程），用 H' 表示。图 1-5 中的 H'_A 和 H'_C 即为 A 点和 C 点的假定高程。

地面两点之间的高程之差称为高差，用 h 表示。A、C 两点的高差为：

$$h_{AC} = H_C - H_A = H'_C - H'_A$$

C、A 两点的高差为：

$$h_{CA} = H_A - H_C = H'_A - H'_C$$

由此可见，地面两点的高差与高程起算面无关。

1.2.2.2　地面点的平面坐标

A　大地坐标系

大地坐标系是一种以经度和纬度表示地面点位置的球面坐标系统。按其测量方法及所选择的基准面、基准线的不同，又分为大地经纬度和天文经纬度。

大地经度 L 和大地纬度 B 是以参考椭球面和法线作为基准面和基准线的。如图 1-6 所示，NS 为椭球的旋转轴，也称短轴，N 表示北极，S 表示南极。通过短轴 NS 的平面称为子午面，其中通过格林尼治平均天文台的子午面称为起始大地子午面。子午面与参考椭球面的交线称为子午线或经线。通过椭球中心且与短轴 NS 正交的平面称为赤道面。赤道面与参考椭球面的交线称为赤道。垂直于短轴 NS 任一平面与参考椭球面的交线称为纬线或纬圈。因此各纬线之间相互平行。

这样，起始大地子午面和赤道面就是确定某一地面点在椭球面上投影位置的大地坐标系统（经纬度）的起算面。在图 1-6 中，过椭球面上某点 P 的大地子午面 NPS 与起始大地子午面所构成的二面角 L 称为 P 点的大地经度。自起始子午面向东度量为东经，向西度量为西经，其值各为 $0° \sim 180°$。过 P 点的法线 PK_P 与赤道面的夹角 B 称为 P 点的大地纬度。由赤道面起算，向北量称为北纬，向南量称为南纬，其值各为 $0° \sim 90°$。我国地理位置在北半球和东半球，所以，我国任何一个地方的大地经度均为东经，大地纬度均为北纬。如北京某地的大地坐标为（$L_E 116°24'20''$，$B_N 39°56'30''$）。大地经纬度是根据大地测量的数据计算而得。

如用天文测量的方法来测定 P 点的位置，可用天文经度 λ 和天文纬度 ϕ 来表示。其所获天文观测数据是以铅垂线和水准面作为基准线和基准面的。天文经纬度是在野外采用天文观测的方法直接测量而得到的。由于地面同一点的铅垂线方向一般不与法线方向重合，（见图 1-7），因而使其天文经纬度与大地经纬度之间略有差异。铅垂线方向与法线方向之间的偏差称为垂线偏差，通常用 u 表示。垂线偏差是天文经纬度归算为大地经纬度的重要参数。用天文重力水准测量的方法可以测定和计算垂线偏差的大小。大地经纬度与天文经纬度有如下近似关系式：

$$\begin{cases} L = \lambda - \dfrac{\eta}{\cos\varphi} \\ B = \varphi - \zeta \end{cases} \tag{1-1}$$

式中 η ——东西方向的垂线偏差；

        ζ ——南北方向的垂线偏差。

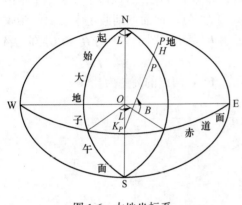

图 1-6 大地坐标系

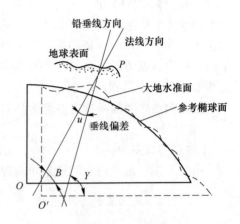

图 1-7 垂线偏差

B 独立平面直角坐标系

大地水准面虽是曲面，但当测量区域（如半径不大于 10km 的范围）较小时，可用测区中心点 a 的切平面来代替曲面（见图 1-8），这样地面点在投影面上的位置就可以用平面直角坐标来确定。测量工作中采用的平面直角坐标如图 1-9 所示。规定南北方向为纵坐标轴，并记为 x 轴，x 轴向北为正，向南为负；以东西方向为横轴，并记为 y 轴，y 轴向东为正，向西为负。地面上某点 p 的位置可用 x_p 和 y_p 来表示，如图 1-9 所示。测量建立的平面直角坐标系中象限按顺时针方向编号，x 轴与 y 轴互换，这与数学上的规定是不同

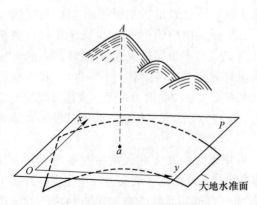

图 1-8 独立平面直角坐标系的建立

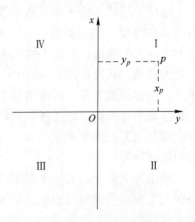

图 1-9 平面直角坐标系

的。其目的是为了定向方便和计算方便,将数学中的公式直接应用到测量计算中,不需作任何变更。原点 O 一般选在测区的西南角,使测区内各点坐标均为正值。

C 高斯平面直角坐标系

球体的表面,无论是一个旋转椭球体面或圆球面,均为不可展开的曲面。如同篮球一样,将其切开展成平面,必然会产生褶皱和破裂。为了将地球表面的情况转换到平面上来表示,必须应用地图投影的方法。我国测绘工作采用的是由德国数学家、物理学家和天文学家高斯创立的横轴正形投影(称为高斯投影)。为了使这种投影变形误差控制到最小而不影响图纸精度,通常采用高斯投影分带法。

高斯投影的方法是将地球划分成若干投影带,然后将每个投影带投影到平面上,并在其上建立平面直角坐标系。如图 1-10 所示,投影带是从首子午线(通过英国格林尼治天文台的子午线)起,自西向东每经差 6° 划分为一带(称为六度带),带号从首子午起自西向东依次用阿拉伯数字 1、2、3、…、60 表示。位于各带中央的子午线,称为该带的中央子午线。第一个六度带的中央子午线的经度为 3°,任意带的中央子午线经度 L_0,可按下式计算:

$$L_0 = 6N - 3$$

式中 N ——投影带的号数。

如图 1-11(a)所示,高斯投影是设想用一个平面卷成一个空心椭圆柱,把它横着套在地球椭球外面,使椭圆柱的中心轴线位于赤道内并且通过球心,使投影带内的中央子午线与椭圆柱面相切,在椭球面上的图形与椭圆柱面上的图形保持等角的条件下,将整个六度带投影到椭圆柱面上;然后将椭圆柱沿着通过南北极的母线切开并展成平面,便得到六

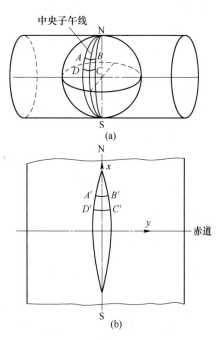

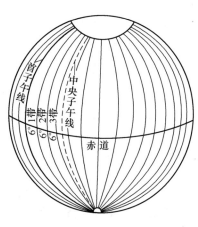

图 1-10 投影带的划分   图 1-11 高斯平面直角坐标系的建立原理

度带在平面上的影像，如图1-11（b）所示。中央子午线经投影展开后是一条直线，以此直线作为纵坐标轴，即x轴；赤道是一条与中央子午线相垂直的直线，将它作为横轴，即y轴；两直线的交点作为原点，即组成了高斯平面直角坐标系统。纬圈AB和CD投影在高斯平面直角坐标系统内仍为曲线（$A'B'$和$C'D'$）。将投影后具有高斯平面直角坐标系的六度带一个个拼接起来，便得到图1-12所示的图形。

我国位于北半球，x坐标均为正值，而y坐标值有正有负，如图1-13（a）所示，设$y_A = +137680\mathrm{m}$，$y_B = -274240\mathrm{m}$。为避免横坐标出现负值，故规定把坐标纵轴向西平移500km。坐标纵轴西移后［见图1-13（b）］，则$y_A = 500000 + 137680 = 637680\mathrm{m}$，$y_B = 500000 - 274240 = 225760\mathrm{m}$。

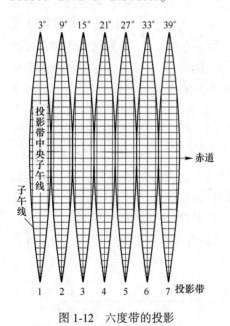

图1-12　六度带的投影　　　　　　　图1-13　高斯平面直角坐标系

为了根据横坐标能确定该点位于哪一个投影带内，还应在横坐标值前冠以带号。例如，A点位于第20号带内，则其横坐标应为$y_A = 20637680\mathrm{m}$，余类推。

在高斯投影中，离中央子午线近的部分变形小，离中央子午线越远变形越大，两侧对称。当测绘大比例尺图要求投影变形更小时，可采用3°分带投影法。它是从东经1°30′起，每经差3°划分一带，将整个地球表面划分为120个投影带（见图1-14），每带中央子午线的经度L_0'可按下式计算：

$$L_0' = 3n$$

式中　n——三度带的号数。

1.2.2.3　空间大地直角坐标系

在近代测绘技术中还使用空间大地直角坐标系。这种坐标系的原点在椭球中心，以椭球的短轴指北向为z轴，自原点指向0°子午线与椭球赤道的交点为x轴，按右手直角坐标系构成y轴，如图1-15所示。如果空间大地直角坐标系的原点选在参考椭球的中心便称

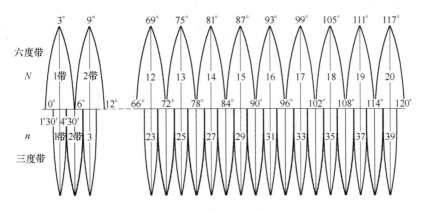

图 1-14 高斯六度带、三度带投影编号

为参心大地直角坐标系，我国 1980 年国家大地坐标系便属于参心直角坐标系。如果原点选在地球的质量中心，则称为地心大地直角坐标系，美国 GPS 系统所使用的 WGS84 坐标系和我国北斗系统使用的 2000 国家坐标系即属于地心坐标系。

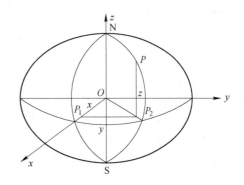

图 1-15 空间大地直角坐标系

1.2.3 用水平面代替球面的影响

水准面是一个曲面，用水平面代替水准面，可使测量与绘图工作大为简化。但是在多大的范围内容许用水平面代替水准面而不影响测量的精度，下面对此问题进行讨论。

1.2.3.1 曲率对水平距离的影响

如图 1-16 所示，A、B、C 三点是地面点，它们在大地水准面上的投影点是 a、b、c，地面点在水平面上的投影点是 a'、b'、c'，现分析由此产生的影响。设 A、B 两点在水准面上的距离为 D，在水平面上的距离为 D'，两者之差 ΔD 即是用水平面代替水准面所引起的距离误差。在推导公式时，近似地将大地水准面视为半径为 R 的球面，故：

$$\Delta D = D' - D = R(\tan\theta - \theta) \tag{1-2}$$

已知 $\tan\theta = \theta + \left(\dfrac{1}{3}\theta^3 + \dfrac{2}{15}\theta^5\right) + \cdots$

因 θ 角很小，故只取其前两项代入式（1-2），得：

$$\Delta d = R\left(\theta + \frac{1}{3}\theta^3 - \theta\right)$$

因 $\theta = \dfrac{D}{R}$，故：

$$\Delta d = \frac{D^3}{3R^2} \qquad (1\text{-}3)$$

$$\frac{\Delta D}{D} = \frac{D^2}{3R^2} \qquad (1\text{-}4)$$

将地球半径 $R = 6371\mathrm{km}$ 及不同的距离 D 带入式（1-3）和式（1-4），得到表 1-2 所列的结果。从表 1-2 可以看出，当 $d = 10\mathrm{km}$ 时产生的相对误差为 $1 : 1200000$，这样小的误差对精密量距来说也是允许的。因此，在 10km 为半径圆面积之内进行距离测量时，可以把水准面当作水平面看待，而不考虑地球曲率对距离的影响。

表 1-2　曲率对水平距离的影响

D/km	$\Delta D/\mathrm{cm}$	$\Delta D/D$	D/km	$\Delta D/\mathrm{cm}$	$\Delta D/D$
10	0.8	$1 : 1200000$	50	102.6	$1 : 49000$
20	6.6	$1 : 300000$	100	821.2	$1 : 12000$

1.2.3.2　曲率对高程的影响

如图 1-16 所示，地面点 B 的高程应是铅垂距离 bB，用水平面代替水准面后，B 点的高程为 $b'B$，两者之差 Δh 即为对高程的影响，由图得：

$$\Delta h = bB - b'B = Ob' - Ob = R\sec\theta - R = R(\sec\theta - 1)$$
$$(1\text{-}5)$$

已知 $\sec\theta = 1 + \dfrac{\theta^2}{2} + \dfrac{5\theta^4}{24} + \cdots$，因 θ 值很小，故取

前两项代入式（1-5），另外 $\theta = \dfrac{D}{R}$，故得：

$$\Delta h = R\left(1 + \frac{\theta^2}{2} - 1\right)\frac{D^2}{2R} \qquad (1\text{-}6)$$

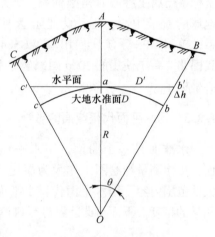

图 1-16　用水平面代替水准面

用不同的距离代入式（1-6），便得到表 1-3 所列的结果。从表 1-3 可以看出，用水平面代替水准面，对高程的影响是很大的，距离 200m 就有 0.31cm 的高程误差，这是不能允许的。因此，就高程测量而言，即使距离很短，也应顾及地球曲率对高程的影响。

表 1-3　曲率对高程的影响

D/km	0.2	0.5	1	2	3	4	5
$\Delta h/\mathrm{cm}$	0.31	2	8	31	71	125	196

1.3　测量误差

测绘工作是测绘人员在一定的外界条件下，使用测绘仪器工具，按照规范规定的操作方法进行的。由于仪器工具设计、零件加工、组装、检测不完善，观测者的感官和鉴别能力有限，以及外界条件的不断变化，故会使测量成果产生不可避免的误差。例如对一水平

角进行多次观测，观测结果的秒值是不一样的；用钢尺丈量距离，往返丈量几个测回，就可发现一测回内往返丈量的距离值不相等，各测回之间的结果也互不相等；又如对若干个量进行观测，从理论上讲这些量构成的某个函数应等于某一理论值，但用这些量的观测值代入上述函数后与理论值不一致。这些现象之所以产生，究其原因是观测结果中存在着测量误差。观测值与理想的真值之间的差异称为测量误差。

测绘仪器、观测者和外界环境这三大因素，总称为观测条件。这里应该指出，误差与粗差是不相同的，粗差是由于操作错误和粗枝大叶的工作态度造成的，例如测错、听错、记错、算错等。为了发现和消除粗差，除了采取必要的检核外，测量工作者应具有高度的责任心、相应的技术水平和严肃认真的工作态度。

1.3.1 测量误差的分类

测量误差按性质可分为系统误差和偶然误差两大类。

在相同的观测条件下，进行一系列观测，如果观测误差的大小和符号表现出一致的倾向，即保持常数或按一定的规律变化，这类误差称为系统误差。例如用一把名义长度为 50m，而实际长度为 50.01m 的钢尺丈量距离，则丈量一尺子的距离，就要比实际距离小 1cm，丈量两尺子就要比实际长度小 2cm，这 1cm 的误差在大小和符号上都是不变的，用该钢尺丈量的距离越长，产生的误差就越大。由此可以看出，系统误差具有累积性，对观测结果的危害性极大。但由于系统误差具有同一性、单向性、累积性的特性，因而，可以采取措施将其消除。

在相同观测条件下，进行一系列观测，如果观测误差的大小和符号从表面上看都没有表现出一致的倾向，即表面上没有任何规律性，这类误差称为偶然误差。如安置经纬仪时，对中不可能绝对准确，在水准尺上估读毫米读数的误差，钢尺量距时估读 0.1mm 的读数误差等，这些误差都属于偶然误差。

虽然，偶然误差从表面上看其大小和符号没有规律可言，但人们根据大量的测量实践数据，发现在相同的观测条件下对某一量进行多次观测，大量的偶然误差也会呈现一定的规律，且观测次数越多，这种规律就越明显。例如，在相同的观测条件下，即测量仪器、观测者不变，环境条件相同，观测 257 个三角形的内角，由于观测结果中含有偶然误差，各三角形的三个内角观测值之和不等于三角形内角和的理论值（亦称真值）180°，而是有一差值 Δ_i。设三角形内角和的真值为 X，各三角形内角和的观测值为 L_i，则 Δ_i 为三角形内角和的真误差（一般称三角形闭合差）。

$$\Delta_i = L_i - X \qquad (i = 1, 2, \cdots, n) \tag{1-7}$$

现将 257 个真误差按每隔 3″为一区间，以误差的大小及其符号分别统计在各误差区间的个数 W 及相对个数 $u/257$，并将结果列入表 1-4 中。

表 1-4 多次观测偶然误差统计

误差区间 （3″）	正误差		负误差		合 计	
	个数	相对个数 u/n	个数	相对个数 u/n	个数	相对个数 u/n
0~3	40	0.157	41	0.159	81	0.316
3~6	26	0.101	25	0.097	51	0.198

误差区间	正误差		负误差		合　计	
（3″）	个数	相对个数 u/n	个数	相对个数 u/n	个数	相对个数 u/n
6～9	19	0.074	20	0.078	39	0.152
9～12	15	0.058	16	0.062	31	0.120
12～15	12	0.047	11	0.043	23	0.090
15～18	8	0.031	8	0.031	16	0.062
18～21	6	0.023	5	0.019	11	0.042
21～24	2	0.008	2	0.008	4	0.016
24～27	0	0	1	0.004	1	0.004
>27	0	0	0	0	0	0
Σ	128	0.499	129	0.501	257	1.000

从表 1-4 可以看出，绝对值相等的正负误差出现的相对个数基本相同，绝对值小的误差比绝对值大的误差出现的相对个数多，误差的大小不会超过一个定值。以上结论绝非巧合，在其他测量结果中也呈现出同样的规律。大量的统计结果表明，偶然误差具有如下统计特性：

（1）有界性，即在一定的观测条件下，偶然误差的绝对值不会超过一定的限度；

（2）单峰性，即绝对值小的误差比绝对值大的误差出现的可能性大；

（3）对称性，即绝对值相等符号相反的正负误差出现的可能性相等；

（4）补偿性，即当观测次数无限增多时，偶然误差的算术平均值趋近于零。

上述第 4 个特性是由第 3 个特性推导出来的。由偶然误差的第 3 个特性可知在大量的观测值中正负偶然误差出现的可能性相等，因而求全部误差的总和时，正负误差就有可能相互抵消。当误差的无限增多时，真误差的算术平均值必然趋于零。

1.3.2　算术平均值

研究误差的目的之一，就是对带有误差的观测值进行科学的处理，以求得其最可靠值，最简单的方法是取算术平均值。

设某量的真值为 X，在相同的观测条件下对其进行 n 次观测，设观测为 L_1，L_2，…，L_n，相应的真误差为 Δ_1，Δ_2，…，Δ_n，由式（1-7）可得出：

$$\Delta_1 = L_1 - X$$
$$\Delta_2 = L_2 - X$$
$$\vdots$$
$$\Delta_n = L_n - X$$

将上式中的真误差的各项相加可得：

$$\Delta_1 + \Delta_2 + \cdots + \Delta_n = (L_l + L_z + \cdots + L_n) - nX$$
$$[\Delta] = [L] - nX$$

故有

$$X = [L]/n - [\Delta]/n \tag{1-8}$$

设观测值的算术平均值为 x，即：

$$x = [L]/n \tag{1-9}$$

算术平均值的真误差为 ΔX，则：

$$\Delta X = [\Delta]/n \tag{1-10}$$

将式（1-9）和式（1-10）代入式（1-8），则可得：

$$X = x - \Delta X \tag{1-11}$$

根据偶然误差的第四特性，当观测次数无限增多时，ΔX 趋近于零，即：

$$\lim_{n \to \infty} \frac{[\Delta]}{n} = 0$$

由此可见

$$\lim_{n \to \infty} x = X \tag{1-12}$$

由式（1-12）可以看出，当观测次数无限增加时，观测值的算术平均值就趋近于该量的真值。但在实际工作中观测次数总是有限的，算术平均值并不是真值，只是接近于真值，它与各观测值相比，是最接近真值的值。所以认为算术平均值是最可靠值，也称最或然值。

1.3.3 评定精度的标准

为了科学地评定观测结果的精度，必须有一套评定精度的标准。中国通常采用中误差（标准差）、允许误差（亦称极限误差）和相对误差作为评定精度的标准。

1.3.3.1 中误差（标准差）

设在相同的观测条件下，对某量进行了 n 次观测，得到一组独立的真误差 Δ_1，Δ_2，…，Δ_n，则这些真误差平方的平均值的极限称为中误差 M 的平方（方差），即：

$$M^2 = \partial^2 = \lim_{n \to \infty} \frac{[\Delta\Delta]}{n} \tag{1-13}$$

$$[\Delta\Delta] = \Delta_1^2 + \Delta_2^2 + \cdots + \Delta_n^2$$

式中　　∂^2——方差，$\partial = \sqrt{\partial^2}$ 为均方差，即标准差；

　　　　n——真误差的个数。

上式中的 M 是当观测次数 $n \to \infty$ 时，$[\Delta\Delta]/n$ 的极限值，是理论上的数值。在实际工作中，观测次数不可能无限增多，只能用有限观测值求中误差的估值 m，即：

$$m = \pm \sqrt{\frac{[\Delta\Delta]}{n}} \tag{1-14}$$

对于普通测量而言，一般将中误差估值简称为中误差。式（1-14）表明，中误差并不等于每个观测值的真误差，而是一组真误差的代表。由数理统计原理可以证明，按式（1-14）计算的中误差 m，有 68.3% 的置信度代表着一组误差的取值范围和误差的离散度。因此，用中误差作为评定精度的标准是科学的，中误差越大，表示观测值的精度越低；反之，精度越高。

在实际工作中，待定量的真值往往是不知道的，因而，不能直接用式（1-14）求观测值的中误差。但待定量的算术平均值 x 与观测值 L_i 之差即观测值的改正数 v 是可以求得的，所以在实际工作中，常利用观测值的改正数来计算中误差。

观测值的改正数：

$$v_i = x - L_i \qquad (i = 1, 2, \cdots, n) \tag{1-15}$$

$$L_i = x - v_i$$

将式（1-15）代入式（1-12），可得：

$$\Delta i = - v_i + (x - X) \qquad (i = 1, 2, \cdots, n)$$

将上式两端分别自乘并求和，有：

$$[\Delta\Delta] = [vv] - 2[v](x - X) + n(x - X)^2$$

将上式两端除以 n 并考虑式（1-11），则：

$$\frac{[\Delta\Delta]}{n} = \frac{[vv]}{n} - 2[v]\frac{\Delta X}{n} + \Delta^2 X$$

顾及 $[v] = 0$，上式可得：

$$\frac{[\Delta\Delta]}{n} = \frac{[vv]}{n} = \Delta^2 X \tag{1-16}$$

由式（1-10）可知：

$$\Delta X = \frac{\Delta}{n}$$

则

$$\Delta^2 X = \frac{[\Delta_1 + \Delta_2 + \cdots + \Delta_n]^2}{n^2}$$

$$= \frac{1}{n^2}[(\Delta_1^2 + \Delta_2^2 + \cdots + \Delta_n^2) + 2(\Delta_1\Delta_2 + \Delta_1\Delta_3 + \cdots + \Delta_{n-1}\Delta_n)]$$

$$= \frac{[\Delta\Delta]}{n^2} + 2\frac{(\Delta_1\Delta_2 + \Delta_1\Delta_3 + \cdots \Delta_{n-1}\Delta_n)}{n^2}$$

根据偶然误差的第四特性，当 $n \to \infty$ 时，上式右端第二项趋近于零，故有：

$$\Delta^2 X = \frac{[\Delta\Delta]}{n^2}$$

将上式代入式（1-16）得：

$$\frac{[\Delta\Delta]}{n} = \frac{[vv]}{n} + \frac{[\Delta\Delta]}{n^2}$$

由式（1-14）可得：

$$m^2 = \frac{[\Delta\Delta]}{n}$$

于是，有：

$$m^2 = \frac{[vv]}{n} + \frac{m^2}{n}$$

上式移项后得：

$$m = \pm \sqrt{\frac{[vv]}{n-1}} \tag{1-17}$$

式（1-17）即为用改正数计算真误差的公式，称为白塞尔公式。

算术平均值的真误差 m_x 可用式（1-18）计算：

$$m_x = \frac{m}{\sqrt{n}} = \pm \sqrt{\frac{[vv]}{n(n-1)}} \tag{1-18}$$

1.3.3.2 允许误差

偶然误差的第一特性表明，在一定的观测条件下，偶然误差的绝对值不会超过一定的限度。如果超过了一定的限度就认为不符合要求，应舍去重测，这个限度就是允许误差（也称极限误差）。那么，允许误差应该为多大。由中误差的定义可知，观测值的中误差是衡量精度的一种标准，它并不代表每个观测值的大小，但它们之间却存在着必然的联系，根据误差理论和大量的测量实践证明，绝对值与中误差相等的误差，即真误差落在区间 $(-\sigma, \sigma)$ 的概率约为 68.3%；绝对值不大于 2 倍中误差的误差出现的概率约为 95.5%；绝对值不大于 3 倍中误差的误差出现的概率约为 99.7%。从数理统计的角度来讲，由于大于 2 倍中误差的误差出现的可能性（概率）仅为 4.5%，大于 3 倍中误差的误差出现的可能性仅为 0.3%，属于小概率事件，这种小概率事件为实际上的不可能事件。

现行的测量规范，以 2 倍的中误差作为允许误差，即：

$$\Delta_允 = 2m \tag{1-19}$$

1.3.3.3 相对误差

对于评定精度而言，在很多情况下，仅仅知道中误差还不能完全反映观测精度的优劣。有时单靠中误差来衡量精度还不能正确表达观测结果的好坏。例如，分别丈量了 1000m 和 80m 的两段距离，观测值的中误差均为 ±2cm，能否判定两段观测值的精度相等呢？显然不能。可以肯定，前者的精度比后者高。所以应该采用另一种衡量精度的指标，这就是相对误差。

相对误差是中误差的绝对值与其对应观测值的比值。相对误差通常以分子为 1 的分数式来表示，这是测量学中的一种规范式的表示方法，应加以注意。在上面丈量 1000m 和 80m 两段距离中，前者的相对误差为：0.002/1000 = 1/50000，而后者则为：0.02/80 = 1/4000。这就表明了前者的精度优于后者。

1.4 测量工作的基本内容与原则

在实际测量工作中，一般不能直接测出地面点的坐标和高程。通常是求得待定点与已知点之间的几何位置关系，然后再推算出待定的坐标和高程。如图 1-17 所示，设 A、B 点的坐标和高程已知，C 为待定点，三点在投影面上的投影位置分别是 a、b、c。在 $\triangle abc$ 中，只要测出一条未知边和一个角（或 2 个角、2 条未知边），就可以推算出 C 点的坐标。欲求 C 点的高程，则要测量出高差 h_{AC}（或 h_{BC}），然后计算出 C 点的高程。由此可见，水平角、水平距离和高差是确定地面点位的 3 个基本要素。高差测量、水平角测量和水平距离测量是测量工作的基本内容。

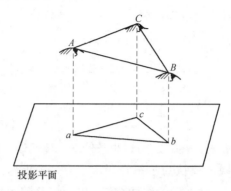

图 1-17 地面点的投影

地表形态是由地物和地貌组成的。地球表面上有固定形态的物体（天然形成的和人工构筑的）称为地物，如房屋、道路、江河、湖泊等；地面上高低起伏的形态称为地貌，如山头、丘陵、平原、盆地等。地形包括地物和地貌。地物和地貌是由无数的点组成的，但最终是由最能代表其特征的点组成的，这些点称为特征点（也称碎部点）。测定这些点的位置不可避免会产生误差，导致前一点的测量误差传递到下一点，这样累积起来，最后可能使点位误差达到不能容许的程度。因此，测量工作必须遵循一定的原则和程序进行。

综上所述，在实际测量工作中，应遵循的原则之一是从整体到局部。因此，测定碎部点的位置，其程序通常分为两步：第一步为控制测量，如图 1-18 所示，在测区内首先选择一些有控制意义的点（称为控制点），把它们的位置精确地测定出来，进行控制测量，然后再根据这些控制点进行碎部点的测量。这就是测量工作应遵循的原则之二和程序

图 1-18 测量工作的原则和程序

"先控制、后碎部"。这种测量方法可以减少误差积累，而且可以同时在几个控制点上进行测量，加快工作进度。此外，在测量工作中，因为不可避免会产生误差，有时甚至发生错误，故在测量工作中必须重视检核，防止发生错误，避免错误的结果对后续测量工作的影响。因此，前一步工作未作检核不得进行下一步工作，是测量工作应遵循的原则之三。

1.5　测绘计算中的凑整规则

测绘作业中，许多测绘成果都是经过计算求得的。计算过程中，一般都有凑整问题。在计算中，如果参加计算的数据的位数取少了，就会损害外业成果的精度和影响计算结果的应有精度；如果位数取多了，则会增加不必要的计算工作量。究竟取多少位数为宜，这就是测绘计算中的有效数字问题。

1.5.1　凑整误差

由于数字的取舍而引起的误差，称为"凑整误差"，以 ε 表示。ε 的数值等于某个数的精确值 A 减去其凑整值（或称为近似值）a，即：

$$\varepsilon = A - a$$

例如，某角度 4 测回观测值的算术平均值为 $60°32'18.4''$，若凑整为 $60°32'18''$，则这个观测结果含有的凑整误差 $\varepsilon = 60°32'18.4'' - 60°32'18'' = 0.4''$。

1.5.2　凑整规则

为避免凑整误差的迅速积累影响测绘成果的精度，在计算中通常用如下的凑整规则，它与习惯上的"四舍五入"规则既有相同之处，又有区别。

（1）若数值中被舍去部分的数值，大于所保留的末位的 0.5，则末位加 1。

（2）若数值中被舍去部分的数值，小于所保留的末位的 0.5，则末位不变。

（3）若数值中被舍去部分的数值，等于所保留的末位的 0.5，则末位凑整成偶数。

上述规则也可归纳为：大于 5 者进，小于 5 者舍；正好是 5 者，则看前面为奇数还是偶数而定：为奇数时进 1，为偶数时舍去。

例如，数字按上述规则凑整后，小数点后保留三位的结果见表 1-5。

表 1-5　测绘计算中的凑整规则

序号	原有数字	凑整后数字
1	3.14159	3.142
2	2.71729	2.717
3	4.51750	4.518
4	3.21650	3.216
5	5.6235	5.624
6	6.378501	6.379
7	7.691499	7.691

复习思考题

1-1　测量学研究的对象是什么？

1-2　测定和测设有何区别？

1-3　何为大地水准面，在测量工作中的作用是什么？

1-4　何为绝对高程和相对高程，两点的高差与高程的起算面是否有关？

1-5　测量所用平面直角坐标系与数学用平面直角坐标系有哪些不同？

1-6　测量工作的两个原则及其作用是什么？

1-7　确定地面点的 3 个基本要素是什么？

1-8　测量的基本工作是什么？

1-9　已知某点的高斯平面直角坐标为 $x = 3102467.28$m，$y = 20792538.69$m。试问该点位于六度带的第几带，该带的中央子午线经度是多少，该点在中央子午线的哪一侧？在高斯投影平面上，该点距中央子午线和赤道的距离是多少？

1-10　已知 $H_A = 54.632$m，$H_B = 63.239$m，求 h_{AB} 和 h_{BA}。

1-11　何谓偶然误差和系统误差，偶然误差的特性有哪些？

1-12　评定精度的标准有哪些？

2 角度测量

第2章微课　第2章课件

角度测量是测量的三项基本工作之一。它包括水平角测量和竖直角测量。水平角测量用于确定点的平面位置，竖直角测量用于确定两点间的高差或将倾斜距离改成水平距离。

2.1 角度测量的原理

2.1.1 水平角测量原理

设 A、O、B 为地面任意 3 点（3 个点不等高）。O 为测站点，A、B 为目标点。水平角是指地面上一点到两个目标点的方向垂直投影到水平面上的夹角，或分别过两条方向线的竖直面的二面角。如图 2-1 所示，OA、OB 在同一水平面 H 上的投影 $O'A'$、$O'B'$ 所构成的角 β，就是 OA、OB 之间的水平角。

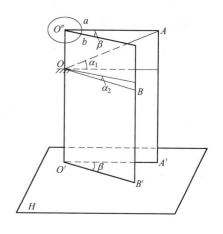

图 2-1　水平角定义及测量原理

为了测量出水平角的大小，以过 O 点的铅垂线上任一点 O 为中心，水平安置一个带有刻度的圆盘（称为水平度盘），其刻划中心与 O 点重合，通过 OA、OB，各作一竖直面，那么，此两竖直面与水平度盘相交，且在度盘上截取的读数分别是 a 和 b，则所求水平角 β 的值为（一般水平度盘为顺时针刻划）：

$$\beta = b - a \tag{2-1}$$

水平角值的范围为 $0° \sim 360°$。

综上所述，测量水平角所用的经纬仪必须有一刻度盘（称为水平度盘）和在刻度盘上读数的指标。观测水平角时，度盘中心应安置在过测站点的铅垂线上（称为对中），并能使之水平。为了瞄准不同方向，经纬仪的望远镜应既能沿水平方向转动，也能高低俯仰。当望远镜高低俯仰时，其视准轴应划出一竖直面，这样才能使得在同一竖直面内高低不同的目标有相同的水平度盘读数。

2.1.2 竖直角测量原理

竖直角是指在同一竖直面内，某一方向线（瞄准目标视线）与水平线的夹角，测量上又称为倾斜角，或简称为竖角。如图 2-1 中的 α_1 和 α_2 所示。竖直角有仰角和俯角之分。视线在水平线以上所成的角称为仰角，取正号；视线在水平线以下所成的角称为俯角，取负号。竖直角的范围为 $-90° \sim 90°$。

如图 2-1 所示，欲测定 α_1 和 α_2 的大小，可在过 O 点的铅垂面上安置一个垂直圆盘，并令其中心过 O 点，这个盘称为竖直度盘。当竖直度盘与过 OA 直线的竖直面重合时，则 OA 方向线与水平方向线的夹角为 α_1。竖直角与水平角一样，其角值也是度盘上 2 个方向的读数之差，不同的是，竖直角 2 个方向中必有 1 个是水平方向（经纬仪在设计时，将其设计为一个常数：90°或 270°）。因此，在竖直角测量时，只需测量一个方向值，便可算得竖直角。

2.1.3　测量水平角的仪器（经纬仪）应具有的主要功能装置

用于测量水平角的经纬仪必须有如下四大功能装置。

（1）对中装置：用其将仪器中心安置在所测水平角的顶点上。目前经纬仪上常用的对中装置有光学对点器和垂球。对中：将仪器或照准目标的中心安置在通过测站点或照准点的铅垂线上的测量工作，称为对中。

（2）整平装置：使测站点到两目标的方向线进行垂直投影的水平面（水平度盘）保证水平。经纬仪上使用的整平装置有圆水准器（用于概略整平）和管水准器（用于精确整平）。整平：利用水准器气泡居中原理，将仪器上的某一条直线或某一个平面安置成水平的测量工作，称为整平。

（3）照准装置：看清远处的照准目标并进行精确瞄准。经纬仪上安装的照准装置是望远镜。

（4）读数装置：精确测得角值（实际上直接读数是水平方向值，两个水平方向值相减才是水平角）大小。读数装置包含度盘和光路系统。

2.2　角度的测量工具

经纬仪种类很多，但基本结构大致相同。按精度分，我国生产的经纬仪可分为 DJ_{07}、DJ_1、DJ_2、DJ_6 型号。其中，D、J 分别为"大地测量"和"经纬仪"的汉语拼音第一个字母；0.7，1，2，6，…表示该仪器所能达到的精度指标。即一测回的方向中误差，单位为秒（″），如 $DJ_{0.7}$ 和 DJ_6 分别表示水平方向测量一测回的方向中误差不超过 0.7″和 6″。

按度盘刻度和读数方式，经纬仪可分为光学经纬仪、电子经纬仪。光学经纬仪主要由基座、照准部、度盘三部分组成，如图 2-2 所示。

2.2.1　光学经纬仪的构造

2.2.1.1　基座

基座用来支撑整个仪器，并通过中心连接螺旋将经纬仪固定在三脚架上。基座上有 3 个脚螺旋用于整平仪器，还有一轴座固定螺旋，用于控制照准部和基座之间的衔接。

2.2.1.2　水平度盘

水平度盘由光学玻璃制成，装在仪器竖轴上，其上按顺时针方向刻有 0°~360°的刻划和注记，最小分划间隔有 1°和 30′两种。水平度盘与照准部是分离的，当照准部转动时，

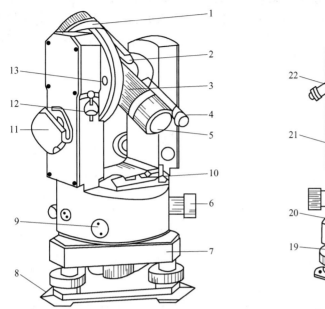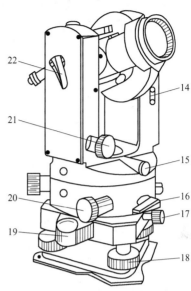

图 2-2　DJ$_6$型光学经纬仪的构造

1—望远镜物镜；2—粗瞄器；3—对光螺旋；4—读数目镜；5—望远镜目镜；6—转盘手轮；7—基座；8—导向板；9、13—堵盖；10—水准器；11—反关光镜；12—自动归零旋钮；14—调指标差盖板；15—光学对点器；16—水平制动扳手；17—固定螺旋；18—脚螺旋；19—圆水准器；20—水平微动螺旋；21—望远镜微动螺旋；22—望远镜制动扳手

水平度盘并不随之转动，在水平角观测中，如需改变水平度盘位置，可通过照准部上的水平度盘变换手轮，将度盘变换到所需位置。

2.2.1.3　照准部

照准部是经纬仪的重要组成部分，是指水平度盘之上能绕其旋转轴旋转的部分。照准部主要由竖轴、望远镜、竖直度盘、读数设备、照准部水准管和光学对中器等组成。

（1）竖轴，即照准部的旋转轴。通过调节照准部制动螺旋和微动螺旋，可以控制照准部在水平方向上的转动。

（2）望远镜，用于瞄准目标，它主要由物镜、目镜、对光透镜和十字丝分划板组成，如图 2-3 所示。

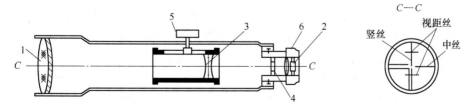

图 2-3　望远镜构造

1—物镜；2—目镜；3—物镜调焦透镜；4—十字丝分划板；5—物镜调焦螺旋；6—目镜调焦螺旋

1）物镜和目镜。物镜和目镜多采用复合透镜组，目标 AB 经过物镜成像后形成一个倒立而缩小的实像，调节物镜对光螺旋，可使不同距离的目标清晰地成像在十字丝平面上。再通过目镜的作用，便可看清同时放大了的十字丝和倒立的目标影像，如图 2-4 所示。

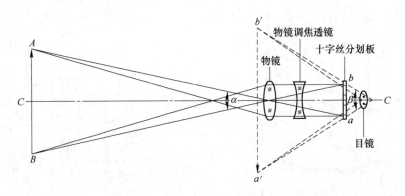

图 2-4　望远镜成像原理

2）十字丝分划板，用来瞄准目标。一般是在玻璃平板上刻有相互垂直的纵横细线，称为横丝（中丝）和纵丝（竖丝）。与横丝平行的上下两根短丝称为视距丝，用来测量距离。调节目镜调焦螺旋，可以看清十字丝分划线。十字丝交点与物镜光心的连线称为望远镜的视准轴。视准轴的延长线即为视线。

（3）横轴，即望远镜的旋转轴。通过调节望远镜制动螺旋和微动螺旋，可以控制望远镜的上下转动。

（4）竖直度盘，用于测量竖直角，固定在横轴的一端，随望远镜一起转动。

（5）读数设备，用于读取水平度盘和竖直度盘的读数。

（6）照准部水准管，又称为管水准器用于精确整平仪器。如图 2-5 所示，它是一个玻璃管，其纵剖面方向的内壁研磨成一定半径的圆弧形，水准管上一般刻有间隔为 2mm 的分划线，分划线的对称中心 O 称为水准管零点，通过零点与圆弧相切的纵向切线 LL 称为水准管轴。水准管轴垂直于仪器竖轴。气泡中心与水准管零点重合时，气泡居中，这时水准管轴处于水平位置，也就是经纬仪的竖轴处于铅垂位置。水准管 2mm 的弧长所对圆心角 τ 称为水准管的分划值（见图 2-5），即气泡每移动一格时，水准管所倾斜的角值。水准管分划值的大小反映了仪器置平精度的高低。分划值越小，其灵敏度（整平仪器的精度）越高。DS₃ 水准仪的水准管的分划值为 20″/2mm。除了水准管之外，经纬仪的基座上还有一个圆水准器，用来粗略整平仪器。圆水准器是一个圆柱形的玻璃盒子（见图 2-6），顶面内壁是一个球面，球面中央有一个圆圈。其圆心称为水准器零点。通过零点的球面法线，称为圆水准器轴。当圆水准器气泡居中时，圆水准器轴处于竖直位置。DS₃ 水准仪圆水准器的分划值一般为（8′~10′）/2mm。

（7）光学对中器，用于使水平度盘中心位于测站点的铅垂线上。

经纬仪的主要轴线中，视准轴垂直于横轴，横轴垂直于仪器竖轴，从而保证在仪器竖轴铅直时，望远镜绕横轴转动能扫出一个铅垂面。水准管轴垂直于仪器竖轴，当照准部水准管气泡居中时，经纬仪的竖轴铅直，水平度盘即处于水平位置。

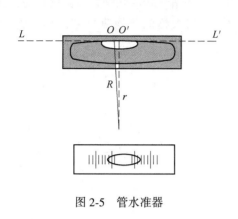

图 2-5 管水准器

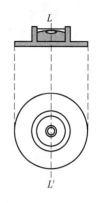

图 2-6 圆水准器

2.2.2 光学经纬仪的读数装置和读数

光学经纬仪的读数设备主要包括度盘和指标。为了提高度盘的读数精度，在光学经纬仪的读数设备中都设置了显微、测微装置。显微装置由仪器支架上的反光镜和内部一系列棱镜与透镜组成的显微物镜构成，能将度盘刻划照亮、转向、放大，并成像在读数窗上，通过显微目镜读取读数窗上的读数。测微装置是一种能在读数窗上测定小于度盘分划值的读数装置。DJ_6型光学经纬仪一般采用分微尺测微器和单平板测微器装置；DJ_2型光学经纬仪采用对径符合读数装置。

2.2.2.1 分微尺测微器

分微尺测微器结构简单、读数方便，广泛应用于 J_6 经纬仪。分微尺测微装置是在读数窗上安装一个带有刻划的分微尺，其总长恰好等于放大后度盘格值的宽度。当度盘影像呈现在读数窗上时，分微尺就可细分度盘相邻刻划的格值。

在读数显微镜内可以看到两个读数窗（见图 2-7）：注有"水平""H"或"–"的是水平度盘读数窗；注有"竖直""V"或"⊥"的是竖直度盘读数窗。每个读数窗上有一分微尺，分微尺的长度等于度盘上 1°影像的宽度，即分微尺全长代表 1°。将分微尺分成 60 小格，每 1 小格代表 1′，可估读到 0.1′，即 6″。每 10 小格注有数字，表示 10 的倍数。读数时，先调节读数显微镜目镜对光螺旋，使读数窗内度盘影像清晰，然后读出位于分微尺中度盘分划线上的注记度数，最后以度盘分划线为指标，在分微尺上读取不足 1°的分数，并估读秒数，将度、分、秒相加即得度盘读数。图 2-7 中水平度盘读数为 73°04′24″，竖直度盘读数为 87°06′12″。

2.2.2.2 单平板玻璃测微器

单平板玻璃测微器主要由平板玻璃、测微轮、微分划尺和传动装置组成。测微轮、平板玻璃和测微分划尺由传动装置连接在一起。转动测微轮，可使平板玻璃和测微分划尺同轴旋转。图 2-8 所示为单平板玻璃测微装置读数窗影像。上部小窗格为测微尺分划影像，并有指标线，中间为竖直度盘读数窗，下部为水平度盘读数窗，都有双指标线。度盘最小分划值为 30′，测微尺共 30 大格，一大格又分 3 个小格。转动测微器，测微尺分划由 0′移至 30′，度盘分划也恰好移动一格（30′），故测微尺大格的分划值为 1′，小格为 20″，每 5″进行注记。

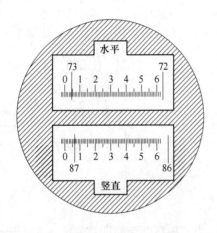 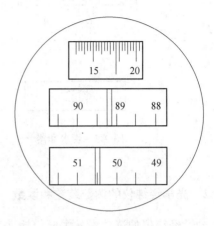

图 2-7　分微尺测微器读数窗　　　　　　图 2-8　单平板玻璃测微器

读数时先转动测微轮，使度盘上某一分划线精确地平分双指标线，按双指标线所夹的度盘分划数值读出度数和 30′的整分数，再读测微器窗格单指标线所指的分、秒值，最后估读不足 20″的秒值，将三者相加即得度盘读数。图 2-8 所示水平度盘读数为 50°30′+17′40″=50°47′40″。

2.2.2.3　对径符合读数装置

DJ$_2$ 型光学经纬仪采用对径符合读数装置，相当于取度盘对径相差 180°处的两个读数的平均值，以消除度盘偏心误差的影响，提高读数精度。这种读数装置是通过一系列光学零部件，将度盘直径两端刻划线和注记的影像，同时显现在读数窗内。在其读数显微镜中，只能看到水平度盘和竖直度盘中的一种影像，读数时，需通过转动换像手轮，使读数显微镜中出现需要读数的度盘影像。如图 2-9（a）所示，右下方为分划线重合窗，右上方读数窗中上面的数字为整度值，中间凸出的小方框中的数字为整 10′数，左下方为测微尺读数窗。测微尺刻划有 600 小格，全程测微范围为 10′；最小分划为 1″，可估读到 0.1″。测微尺的读数窗中左边注记数字为分，右边注记数字为整 10″数。

读数时先转动测微轮，使分划线重合窗中上下分划线精确重合，如图 2-10（b）所示；然后在读数窗中读出度数；在中间凸出的小方框中读出整 10′数；最后在测微尺读数窗中根据单指标线的位置直接读出不足 10′的分数和秒数，并估读到 0.1″。将度数、整 10′数及测微尺上的读数相加，即为度盘读数。图 2-9（b）中所示读数为 123°40′+8′12.4″=123°48′12.4″。

2.2.3　电子经纬仪的构造

电子经纬仪的主要特征是采用"光、机、电"一体化结构设计，其读数系统由电子

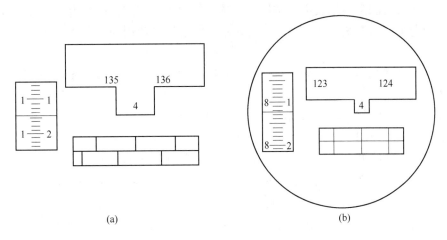

(a)   (b)

图 2-9 DJ$_2$ 型光学经纬仪读数窗

读数系统取代了传统的光学读数系统，读数设备是镶嵌在仪器外侧的液晶显示器。它在外形、结构、尺寸、重量等方面与传统的光学经纬仪十分相似，然而，在操作、效率、性能等方面却大大超过了传统的"光、机"结构的光学经纬仪。

电子经纬仪的用法与传统的光学经纬仪相比，在仪器的安置、照准目标等环节基本相同，最主要的不同点在于度盘读数系统，光学经纬仪是采用光学度盘和目视读数，电子经纬仪则是采用光电扫描度盘和自动显示系统，因而显得更加直观、方便；另外，还增加了与计算机进行数据传输的功能，如图 2-10 所示。除此之外，需要按时给仪器特备的充电电池充电。

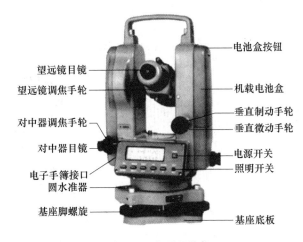

望远镜目镜 —— 电池盒按钮
望远镜调焦手轮 —— 机载电池盒
对中器调焦手轮 —— 垂直制动手轮
—— 垂直微动手轮
对中器目镜 —— 电源开关
电子手簿接口 —— 照明开关
圆水准器 ——
基座脚螺旋 —— 基座底板

图 2-10 电子经纬仪

电子测角系统从度盘上取得电信号，再转换成数字，并将测量结果储存在微处理器内，根据需要自动显示在显示屏上，实现了读数的自动化和数字化。电子经纬仪一般在盘左和盘右都配有操作键盘和液晶显示屏，附有电池、电源和计算机通信等接口。

电子经纬仪的测角系统目前有编码度盘测角系统、光栅度盘测角系统和动态测角系统。电子经纬仪的测角原理及主要结构与光学经纬仪大致相同，但测角系统采用的是微处理器控制的电子测角系统，能够自动实时显示观测数据。使用的度盘有光栅度盘、编码度盘等。

光栅度盘是在光学玻璃圆盘上沿圆周按其径向均匀刻划出许多线条而形成的，其部分形状如图 2-11 所示。将两块密度相同的光栅叠合，并使其刻划线互交至一个很小的角度，便会出现一系列明暗相间的莫尔条纹，如图 2-12 所示。

相邻两光栅之间的交角越小，则莫尔条纹越粗，显现出明暗条纹的间隔越大；在垂直于光栅所构成平面的方向上，条纹的亮度按正弦曲线作周期性变化；当光栅在水平方向，即垂直于刻线方向移动时，莫尔条纹顺着刻线方向作上下移动。光栅在水平方向每相对移动一条刻线，莫尔条纹就从一明条纹移动到相邻的另一条明条纹的位置上，其移动量正好形成一个周期。以 x 表示光栅作水平方向相对移动的距离，φ 为两重叠光栅之间的交角，则条纹上下移动的间距 y 可表示为

$$y = xc\tan\varphi$$

式中，c 为光速。

根据光栅的特点和关系式可知，只要相邻两光栅之间的交角较小，这种很小的光栅移动量便会产生很大的条纹移动量。

在光栅度盘上安放一个与它相重合并形成莫尔条纹的指示光栅，上面放置一个光电管，度盘下方置发光管，将它们之间的位置相对固定，如图 2-13 所示，则当光栅度盘随经纬仪照准部转动时，发光管会发出信号，通过莫尔条纹后到达光电管上。度盘每移动一条光栅，莫尔条纹便移动一个周期，通过条纹的光信号也相应作周期性变化，从光电管输出的电流也随之变化一个周期。

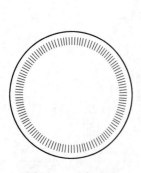 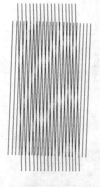 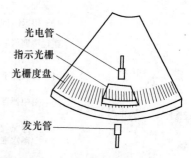

图 2-11　光栅度盘　　　　图 2-12　莫尔条纹　　　　图 2-13　光栅度盘测角原理

测角时，先将望远镜照准零方向，使电子经纬仪的计数装置处于 0° 状态。当度盘随照准部转动照准下一个目标时，通过光电管光信号的周期数即为两方向之间的光栅数，且其值可以用输出电流的周期来表示，因为相邻光栅之间的交角为已知，故只需经过电子经纬仪内部装置进行专门的数据处理，即可读取两方向之间的交角。

如果需要进一步提高角度分辨率，则只要在电流波形的每一个周期内均匀地内插 n 个脉冲，并通过计数器对脉冲计数，就相当于光栅刻线数增加了 n 倍，这样，角度的分辨率

也就提高了 n 倍。

需要说明的是，由于井下导线点多布设在顶板上，故矿用经纬仪和普通经纬仪相比，需标有镜上中心，以便于点下对中。

2.2.4 经纬仪的使用

经纬仪的使用包括安置仪器、瞄准和读数。

2.2.4.1 安置仪器

安置仪器是将经纬仪安置在测站点上，包括对中和整平两项内容。对中的目的是使仪器中心与测站点的标志中心在同一铅垂线上；整平的目的是使仪器的竖轴垂直，即水平盘处于水平位置。对中方法有垂球对中和光学对中器对中两种。由于光学对中具有速度快、精度高的特点，通常采用光学对中法。采用光学对中器安置经纬仪的步骤如下。

（1）初步对中。固定三脚架的一条腿于测站点旁适当位置，两手分别握住另外两条腿作前后移动或左右转动，同时从光学对中器中观察，使对中器对准测站点。若对中器分划板和测站点成像不清晰，可分别进行对中器目镜和物镜调焦。

（2）初步整平。调节三脚架腿的伸缩连接处，利用圆水准器使经纬仪大致水平。

（3）精确整平。先使照准部水准管与任意一对脚螺旋连线平行，双手相向转动这两个脚螺旋（气泡移动方向与左手大拇指移动方向一致）使气泡居中，如图 2-14（a）所示；然后将照准部转 90°，使水准管与原来位置垂直，调整第三个脚螺旋使水准管气泡居中，如图 2-14（b）所示。按上述方法反复操作，直到仪器旋至任意位置气泡均居中为止。

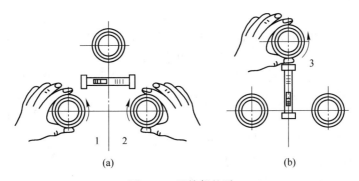

(a)   (b)

图 2-14 经纬仪整平

（4）精确对中。平移（不可旋转）经纬仪基座，使对中器精确对中测站点。
精确对中和精确整平应反复进行，直到对中和整平达到要求为止。

2.2.4.2 瞄准目标

瞄准目标包括下述操作。

（1）松开望远镜水平制动螺旋和竖直制动螺旋，将望远镜朝向明亮背景，调节目镜对光螺旋，使十字丝清晰。

（2）利用望远镜上的粗瞄器，使目标位于望远镜的视场内，拧紧照准部和望远镜制动螺旋。调节物镜的调焦螺旋，使目标的像清晰。检查是否有视差，有的话进行消除。

（3）转动微动螺旋精确瞄准目标。测量水平角时，用十字丝交点附近的纵丝瞄准目标底部，既可用十字丝纵丝的单线平分目标，也可以双线夹住目标，如图 2-15 所示。

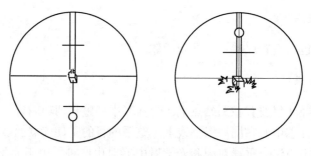

图 2-15　水平角测量时瞄准目标方法

2.2.4.3　读数

精确瞄准后，调节反光镜，使读数窗内进光明亮均匀。旋转显微镜调焦螺旋，使读数窗内刻划注记清晰，然后进行读数。

2.3　水平角测量方法

水平角的观测方法一般根据目标的多少而定，常用的方法有测回法和方向观测法。

2.3.1　测回法

测回法常用于测量两个方向之间的单角。如图 2-16 所示。A、O、B 分别为地面上的 3 个点，欲测定 OA 与 OB 构成的水平角，其操作步骤如下。

（1）将经纬仪安置在测站点（角的顶点）O 上，进行对中、整平。

（2）盘左位置（竖盘在望远镜左边），又称正镜，瞄准左目标 A，读数记入观测手簿，见表 2-1。

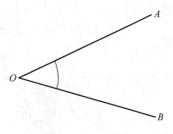

图 2-16　测回法测水平角

（3）将水平度盘读数调至微大于 0°，取读数 $a_左$。

（4）松开照准部制动螺旋，瞄准右目标 B，得读数 $b_左$，则盘左位置所得半测回角值为：

$$\beta_左 = b_左 - a_左 \tag{2-1}$$

（5）倒转望远镜呈盘右位置（竖盘在望远镜右边），又称倒镜，瞄准右目标 B，取读数 $b_右$。

（6）瞄准左目标 A，得读数 $a_右$，则盘右半测回角值为：

$$\beta_右 = b_右 - a_右 \tag{2-2}$$

利用盘左、盘右两个位置观测水平角，可以抵消仪器误差对测角的影响，同时可检核观测中有无错误。对于 DJ$_6$ 级光学经纬仪，如果 $\beta_左$ 与 $\beta_右$ 的差数不大于 40″，则取盘左、盘右角值的平均值作为最后结果为：

$$\beta = \frac{1}{2}(\beta_{左} + \beta_{右}) \tag{2-3}$$

表 2-1 测回法观测手簿

测站	盘位	目标	水平盘读数	半测回角值	一测回角值	各测回角 平均角值	备注
第一测回 O	左	A	0°12′12″	71°56′36″	71°56′36″	71°56′34″	
		B	72°08′48″				
	右	A	180°12′00″	71°56′30″			
		B	252°08′30″				
第二测回 O	左	A	90°08′36″	71°56′30″	71°56′33″		
		B	162°05′24″				
	右	A	270°08′30″	71°56′36″			
		B	342°05′06″				

（7）说明。

1）在一个测站上进行角度观测时，所选定照准的第一个方向，叫作零方向。在同一个测站上进行角度观测时，所选定的零方向应是同一个方向。

2）根据观测精度的需要，当需要用测回法观测某角 n 个测回时，为了减弱水平度盘刻划不均匀误差的影响，各测回之间应变换水平度盘位置 $\frac{180°}{n}$（n 表示一个测站上应测的总测回数），即第一个测回的盘左位置将零方向的水平度盘配置在 0°0×′××″读数处，以后的各个测回的盘左位置将零方向的水平度盘按 $\frac{180°}{n}$ 递增配置。例如 $n = 4$，各测回盘左位置零方向的水平度盘应配置如下：

第 1 测回：0°0×′××″

第 2 测回：45°0×′××″

第 3 测回：90°0×′××″

第 4 测回：135°0×′××″

配置度盘时应注意如下问题：

①各测回对度盘（即配置度盘）的 0×′ 不要求完全相同；

②各测回对度盘的 0×′ 建议对在 02′~05′为好；

③各测回对度盘的 ××″ 不要求完全相同；

④各测回对度盘的 ××″ 可为任何合理数值，不要求为 00″或其他某个特定的数值。

2.3.2 方向观测法

当一个测站上需测量的方向数多于 2 个时，应采用方向观测法进行观测。

如图 2-17 所示，O 为测站点，A、B、C、D 为 4 个目标点，操作步骤如下。

（1）首先安置经纬仪于 O 点，成盘左位置，将度盘置成约大于 $0°$，选择一个明显目标作为起始方向（如 A 方向），读水平度盘读数，记入表 2-2 中。

（2）松开水平和竖直制动螺旋，顺时针方向依次瞄准 B、C、D 各点，分别读数，记录表中。为了校核，应再次瞄准目标 A 并读数（此步观测称为归零）。A 方向两次读数差称为归零差。对于 DJ_6 级经纬仪，归零差不应大于 $±18″$，否则说明观测过程中仪器度盘位置有变动，应重新观测。上述观测称为上半测回。

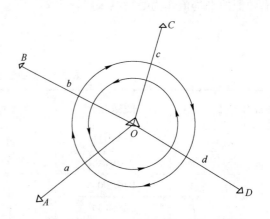

图 2-17　方向观测法

表 2-2　方向观测法观测手簿

测站	测回数	目标	水平盘读数		2C	平均读数	归零后的方向值	各测回归零平均值
			盘左	盘右				
0	1					（00°02′10″）		
		A	0°02′12″	180°02′00″	+12″	0°02′06″	0°00′00″	0°00′00″
		B	37°44′15″	212°44′05″	+10″	37°44′10″	37°42′00″	37°42′04″
		C	110°29′04″	290°28′52″	+12″	110°28′58″	110°26′48″	110°26′52″
		D	150°14′51″	330°14′43″	+8″	150°14′47″	150°12′37″	150°12′33″
		A	0°02′18″	180°02′08″	+10″	0°02′13″		
	2					（90°03′24″）		
		A	90°03′30″	270°03′22″	+8″	90°03′26″	0°00′00″	
		B	127°45′34″	307°45′28″	+6″	127°45′31″	37°42′07″	
		C	200°30′24″	20°30′18″	+6″	200°30′21″	110°26′57″	
		D	240°15′57″	60°15′49″	+8″	240°15′53″	150°12′29″	
		A	90°03′25″	270°03′18″	+7″	90°03′22″		

（3）倒转望远镜成盘右位置，先瞄准起始方向 A，再逆时针方向依次瞄准 D、C、B，最后回到 A 点。该操作称为下半测回。如果要提高测角精度，需观测多个测回。各测回仍按 $180°/n$ 的角度间隔变换水平度盘的起始位置。

（4）观测成果计算。

1）计算归零差。对起始目标，分别计算盘左两次瞄准的读数差和盘右两次瞄准的读数差，称为归零差，归零差应满足表 2-3 的限差规定。

表 2-3 方向观测法的各项限差

经纬仪类型	半测回归零差	一测回内 2C 互差	同一方向各测回互差
DJ$_2$	8″		9″
DJ$_6$	18″	13″	24″

2）两倍照准误差 2C 的计算：

$$2C = 盘左读数 - （盘右读数 \pm 180°） \tag{2-4}$$

通常，由同一台仪器测得的各方向的 2C 应为常数。因此 2C 变化大小可作为衡量观测质量的标准之一。其变化范围不应超过表 2-3 的规定。

3）计算各方向的平均读数：

$$平均读数 = \frac{1}{2}\left[盘左读数 + （盘右读数 \pm 180°）\right] \tag{2-5}$$

由于存在归零读数，故起始方向有 2 个平均值，因此将 2 个平均值再取一次平均，所得结果为起始方向的值，表中加括号的表示 A 点作为起始点观测一次所得观测值为 0°02′06″，同时 A 点又作为终点观测一次所得观测值为 0°02′13″，那么问题出现了，观测 A 点两次数值，该以哪个值为准确数值呢？答案是取其平均值，即平均值为 0°02′9.5″，约等于 0°02′10″，因此用括号中的 0°02′10″代表 A 点的角度值。

4）计算归零后的方向值。将各方向的平均读数分别减去括号内的起始方向平均值，即得各方向的归零后的方向值。

5）计算各测回归零后方向值的平均值。一个测站观测 2 个以上测回时，应检查同一方向值各测回的互差，互差要求见表 2-3。符合要求后，取各测回同一方向归零后的方向值的平均值作为最后结果。

6）计算水平角。相邻方向值之差，即为相邻方向所夹的水平角。

（5）电子经纬仪水平角观测。电子经纬仪与光学经纬仪的观测过程大致相同。为了满足水平角观测需要，一般电子经纬仪（如中国南方测绘仪器）均设有 HR、HL、0SET 和 HSET 等水平度盘配置功能。

HR 功能是将水平度盘的读数设置为顺时针，即在 0°～360°范围内进行观测时，水平方向值增大，HL 功能是将水平度盘的读数设置为逆时针，即在 0°～360°范围内进行观测时，水平方向值变小。

0SET 功能是将水平度盘的读数设置为 0°。测量时，照准起始方向后按下 0SET 功能并回车，即会在电子经纬仪屏幕上显示起始方向值 0°00′00″。

HSET 功能是将水平度盘的读数设置为 0°～360°范围内所需要的任意值。测量时，照准起始方向后按下 HSET 功能，输入 90°01′18″并回车，即会在电子经纬仪屏幕上显示该起始方向值 90°01′18″。

观测数据的记录既可以在电子经纬仪读数窗上抄录，也可以在观测前对仪器进行设置，观测时通过仪器按键实现自动记录。

2.4　竖直角测量方法

2.4.1　竖直度盘的构造

2.4.1.1　竖直角（又称为垂直角、高度角）的概念

一点（测站点）至观测目标的方向线与水平面间的夹角，称为垂直角。观测目标在通过测站点仪器中心（横轴中心）的水平面之上时的竖直角，称为仰角，其角值为正；反之，称为俯角，其角值为负，如图 2-18 所示。

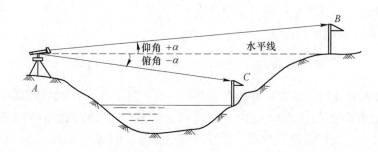

图 2-18　竖直角示意图

竖直角定义中所说的"观测目标"，是指观测目标体上所照准的那个点的位置，而不是所照准的观测目标体所在的标石（或所埋设的某种地面点标志）中心。

2.4.1.2　竖盘的构造

光学经纬仪竖直度盘的结构主要由竖盘、竖盘读数指标和自动补偿装置组成（有一种仪器为竖盘读数指标水准管）。如图 2-19 所示，竖盘固定在横轴一端，可随望远镜在竖直面内转动；分微尺的零刻划线是竖盘读数的指标线。如果望远镜视线水平，竖盘读数应为 90°或 270°，这个读数称为起始读数。当望远镜上下转动瞄准不同高度的目标时，竖盘随着转动，而指标线不动，因而可读得不同位置的竖盘读数，用以计算不同高度目标。光学经纬仪的竖盘是由玻璃制成，度盘刻划的注记有顺时针方向与逆时针方向两种（0° ~ 360°），如图 2-20 所示。现在国产 J_2、J_6 级经纬仪的竖盘注记多为图 2-20（a）的形式。

2.4.2　竖直角计算公式

由于竖盘注记形式不同，竖直角计算的公式也不一样。因此在测量竖直角之前，应先确定竖直角的计算公式，才能计算出正确的竖直角。现以顺时针注记的竖盘为例，推导竖直角的计算公式。

如图 2-21（a）所示，望远镜位于盘左位置，当视准轴水平、竖盘指标管水准气泡居中时竖盘读数为 90°；当望远镜抬高一个角度 α 照准目标，竖盘指标管水准气泡居中时，竖盘读数设为 L，则盘左观测的竖直角为：

$$\alpha_L = 90° - L \tag{2-6}$$

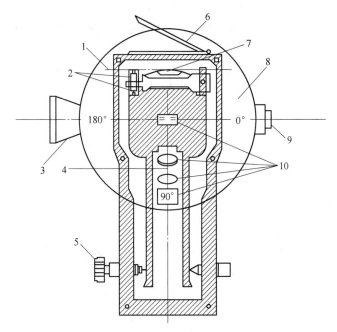

图 2-19 竖直度盘的构造

1—竖盘指标水准管轴；2—竖盘指标水准管校正螺丝；3—望远镜；4—光具组光轴；5—竖盘指标水准管微动螺旋；
6—竖盘指标水准管反光镜；7—竖盘指标水准管；8—竖盘；9—目镜；10—竖盘读数光具组

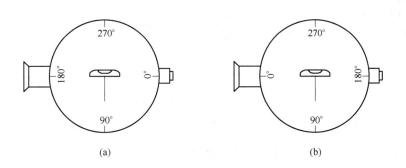

图 2-20 竖直度盘刻度标记

（a）顺时针刻划；（b）逆时针刻划

如图 2-21（b）所示，纵转望远镜于盘右位置，当视准轴水平、竖盘指标管水准气泡居中时，竖盘读数为 270°；当望远镜抬高一个角度 α 照准目标，竖盘指标管水准气泡居中时，竖盘读数设为 R，则盘右观测的竖直角为：

$$\alpha_R = R - 90° \tag{2-7}$$

由于存在测量误差，实测值 α_L 常不等于 α_R，应取一测回的竖直角（盘左盘右的平均值）作为竖直角的最后结果。即：

$$\alpha = \frac{1}{2}(\alpha_L + \alpha_R) \tag{2-8}$$

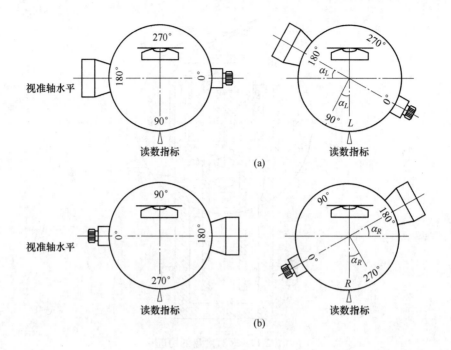

图 2-21 竖直角计算公式

上述竖直角的计算，是认为读数指标处于正确位置上，此时盘左始读数为90°，盘右始读数为270°。事实上，此条件常不满足，指标不恰好指在90°或270°，而与正确位置相差一个小角 x，x 称为竖盘指标差，如图 2-22 所示。设所测竖直角正确值为 α，则考虑指标差 x 时的竖直角计算公式为：

$$盘左 \ \alpha = (90 + x) - L = \alpha_L + x \tag{2-9}$$

$$盘右 \ \alpha = R - (270 + x) = \alpha_R - x \tag{2-10}$$

将式（2-9）减去式（2-10）可以求出指标差 x：

$$x = \frac{1}{2}(\alpha_R - \alpha_L) = \frac{1}{2}(R + L - 360°) \tag{2-11}$$

取盘左盘右所测竖直角的平均值可以消除指标差的影响。

$$\alpha = \frac{1}{2}\big[(\alpha_L + x) + (\alpha_R - x)\big] = \frac{1}{2}(\alpha_L + \alpha_R) \tag{2-12}$$

一般在同一测站上，同一台仪器在同一操作时间内的指标差应该是相等的。但由于观测误差的存在，指标差会发生变化，因此指标差互差反映了观测成果的质量。对于 DJ_6 光学经纬仪，规范规定同一测站上不同目标的指标差互差或同方向各测回指标差互差不应超过25″。当允许半测回测定竖直角时，可先测定指标差，然后按照式（2-9）或式（2-10）计算竖直角。

2.4.3 竖直角观测

竖直角观测步骤：

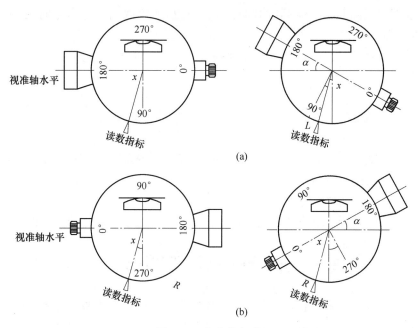

(a)

(b)

图 2-22　竖盘指标差

（1）仪器安置于测站点上，用小钢尺量出仪器高；

（2）盘左瞄准目标点 A，使十字丝中丝精确地切于目标顶端，读取竖盘读数 L 记入竖直角观测手簿中，见表 2-4；

（3）盘右位置再次瞄准目标点 A，读取竖盘读数 R，记入竖直角观测手簿中，见表 2-4。

表 2-4　竖直角观测手簿

测站	目标	盘位	竖盘读数	半测回竖直角	指标差	一测回竖直角
O	A	左	81°18′42″	+8°41′18″	+6″	+8°41′24″
		右	278°41′30″	+8°41′30″		
	B	左	124°03′30″	−34°03′30″	+12″	−34°03′18″
		右	235°56′54″	−34°03′06″		

按照确定的计算公式计算出竖直角。以上盘左、盘右构成一个测回。同理观测出 B 点。

垂直角观测限差（这里以图根级的观测限差为例）：

（1）一测回各方向指标差互差不大于 24″；

（2）一测站各测回同一方向垂直角互差不大于 24″。

使用 DJ₆ 型普通光学经纬仪，垂直角与水平角观测方法的有如下区别。

（1）照准目标时，使用十字丝的位置不同。

（2）照准目标的位置的要求不同。

（3）垂直角观测时，起始方向不需要对度盘；而水平角观测时，起始方向应对度盘。

（4）垂直角观测时，没有归零观测问题；而水平角观测中，当方向数多于 3 个时，应进行归零观测。

（5）垂直角观测时，测回间不需要变换度盘位置；而水平角观测时，测回间应变换度盘位置 $\dfrac{180°}{n}$。

（6）垂直角观测时，在特殊情况下，允许进行单方向观测；而水平角观测时，不允许这样做。

（7）垂直角观测时，每次读数前均应使垂直度盘指标水准器气泡居中；而水平角观测时，不允许每次读数前都去重新整平照准部管水准器气泡，只允许半测回间或者测回间重新整平照准部管水准器气泡。

除此之外，两者所使用的度盘也不相同；当然，其记录、计算的方法也不相同。

2.5　角度测量误差及其消减方法

进行角度测量不可避免地会产生误差。通过研究其误差的来源、性质，以便使用适当的措施和观测方法提高角度测量的精度。角度测量误差来源主要有仪器误差、观测误差和外界条件的影响三个方面。

2.5.1　仪器误差

仪器误差主要是指仪器检校后残余误差和仪器零部件加工不够完善引起的误差，主要有下列几种。

（1）视准轴误差。望远镜视准轴不垂直于横轴时，其偏离垂直位置的角值 C 称为视准差或照准差。在观测过程中，通过盘左、盘右 2 个位置观测取平均值可以消除此项误差的影响。

（2）横轴误差。当竖轴铅垂时，横轴不水平，而有一偏离角度 i，称为横轴误差或支架差。与视准轴不垂直横轴的误差一样，横轴不垂直于竖轴的误差通过盘左、盘右观测取平均值，可以消除其影响。

（3）竖轴误差。观测水平角时，仪器竖轴不处于铅垂方向，而有一偏离 δ 角度，称为竖轴误差。竖轴倾斜误差不能用正倒镜观测取平均值的方法消除。因此，角度测量前应精确检校照准部水准管以确保水准管轴与竖轴垂直。角度测量时，经纬仪精确整平。观测过程中，水准管气泡偏歪不得大于 1 格，发现气泡偏歪超过 1 格时要重新整平，重测该测回。特别在山区观测，各目标竖直角相差又较大，应特别注意。

（4）竖盘指标差。竖盘指标差主要对观测竖直角产生影响，与水平角测量无关。指标差产生的原因：对于具有竖盘指标水准管的经纬仪，可能是气泡没有严格居中或检校后有残余误差；对于具有竖盘指标自动归零的经纬仪，可能是归零装置的平行玻璃板位置不正确。但是从式（2-12）可看出，采用正倒镜观测取平均值可消除竖盘指标差对竖直角的影响。

（5）度盘偏心差。度盘偏心差是由仪器零部件加工安装不完善引起的，有水平度盘偏心差和竖直度盘偏心差两种。水平度盘偏心差是由于照准部旋转中心与水平度盘圆心不重合而引起指标读数的误差。在正倒镜观测同一目标时，指标线在水平度盘上的位置具有对称性，所以也可用正倒镜观测取平均值予以减小误差。竖直度盘偏心差是指竖盘的圆心与仪器横轴中心线不重合带来的误差，此项误差很小，可以忽略不计。

（6）度盘刻画不均匀的误差。在目前精密仪器制造工艺中，这项误差一般也很小。为了提高测角精度，采用各测回之间变换度盘位置，可以消除度盘刻画不均匀的误差的影响。用变换度盘位置还可避免相同度盘读数发生误差，得到新的度盘读数与分微尺读数，从而提高测角精度。

2.5.2　观测误差

2.5.2.1　对中误差

测量角度时，经纬仪应安置在测站上。若仪器中心与测站不在同一铅垂线上，称为对中误差，又称测站偏心误差。如图 2-23 所示。对中误差的影响 ε 与偏心距 e 成正比、与边长 D 成反比。并且水平角接近 $180°$ 时，ε 角值最大。

由于对中误差不能通过观测方法予以消除，因此在测量水平角时，对中应认真仔细。对于短边、钝角更要注意严格对中。

2.5.2.2　目标偏心误差

测量水平时，目标点若用竖立花杆作为照准点，由于立标杆很难做到严格铅直，故此时照准点与地面标志不在同一铅垂线上，其差异称为目标偏心误差，如图 2-24 所示。瞄准点越高，误差越大。因此，观测时应尽量使标杆竖直，瞄准时尽可能瞄准标杆基部。测角精度要求较高时，应用铅球线代替花杆。

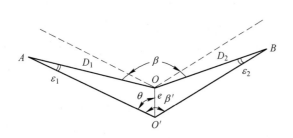

图 2-23　对中误差对水平角的影响

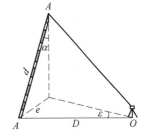

图 2-24　目标偏心误差对水平角的影响

2.5.2.3　照准误差

人眼通过望远镜瞄准目标产生的误差称为照准误差，其影响因素很多，如望远镜的放大倍率、人眼的分辨力、十字丝的粗细、目标的形状与大小、目标的清晰度等。

2.5.2.4　读数误差

读数误差与观测者技术熟练程度、读数窗清晰度和读数系统构造本身有关。

2.5.3　外界条件影响

观测角度是在一定的外界条件下进行的，外界条件及其变化对观测质量有直接的影响，如地面松软和大风影响仪器的稳定；日晒和温度影响水准管气泡的居中；大气层受地面热辐射影响会引起目标影像的跳动等，这些都会给观测角度带来误差。因此，要选择目标成像清晰稳定的有利时间观测，尽可能克服或避开不利条件的影响，如选择阴天或空气清晰度好的晴天进行观测，以便提高观测成果的质量。

2.6　光学经纬仪竖盘指标的自动归零装置

为消除仪器竖轴倾斜对垂直角测量的影响，通常采用竖盘水准管与竖盘指标相连，每次读数前，操作者必须将水准管气泡居中，以保持竖盘指标归零。近些年来，很多仪器都采用自动归零补偿器来代替水准管结构，既简化了操作程序，又提高了观测精度。

DJ$_6$光学经纬仪采用了 V 形吊丝式自动补偿器，它具有较好的防高频振动的能力。补偿器的工作范围为 2′（仪器整平的精度一般在 1′以内）。DJ$_6$光学经纬仪的自动归零误差不超过 ±2″。

竖盘自动归零的原理如下：在竖盘成像光路系统中，指标线与竖盘之间悬吊一平行玻璃板。当仪器竖轴竖直、视线水平时，竖盘指标读数为 90°。当仪器倾斜一个小角度 α（一般小于 1′），假如平行玻璃板固定在仪器上，它将随仪器倾斜 α 角；当视线水平时，记录竖盘读数窗指标线读数 K。实际上仪器的平板玻璃是用柔丝悬吊的，平板玻璃受重力的作用，将摆动至新的位置，平板玻璃转动一个角度 β。只要自动补偿器的加工、装调保证符合设计要求，就会使竖盘读数指标线通过转动后的平板玻璃产生一段平移，使竖盘起始读数仍为 90°，即竖盘指标自动补偿归零。

补偿器结构及吊丝本身具有一定的防震性能，但为了防止仪器在转动、装卸和运输过程中受到大的震动或冲击，仪器专门设有锁紧装置——自动归零旋钮。使用时，将自动归零旋钮逆时针旋转至标志点位置，同时可能听到竖盘自动归零补偿器有"咔哒"一声响，或凭借手感会感觉到旋钮到达了目的位置。垂直角观测完毕，一定要顺时针方向旋转旋钮，重新锁紧补偿机构，防止震坏吊丝。

带有自动归零补偿器的竖盘，观测垂直角前也需要检验竖盘指标差，检验方法同前。如发现指标差超限，可打开照准部支架上的调指标差盖板，调整里面的两个螺旋，使读数窗指标对准正确的竖盘读数。

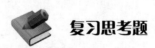 **复习思考题**

2-1　什么是水平角，在同一竖直面内瞄准不同高度的点在水平第盘上的读数是否一样？

2-2　观测水平角时，对中和整平的目的是什么？

2-3　经纬仪的制动螺旋和微动螺旋各有什么作用？

2-4　什么是竖直角，观测水平角和竖直角有哪些相同点和不同点？

2-5　计算下面测回法观测手簿，见表 2-5。

表 2-5 题 2-5 测回法观测手簿

测回	竖盘位置	目标	水平度盘读数	半测回角度	一测回角度	各测回角度平均值
1	左	M	0°00′36″			
		N	68°42′48″			
	右	M	180°00′24″			
		N	248°42′30″			
2	左	M	90°10′12″			
		N	158°52′30″			
	右	M	270°10′18″			
		N	338°52′42″			

2-6 计算下面方向观测法观测手簿，见表 2-6。

表 2-6 题 2-6 方向观测法观测手簿

测回数	测站	目标	水平度盘读数 盘左（L）	水平度盘读数 盘右（R）	2C	平均方向值	归零后方向值	各测回归零后平均方向值	水平角值	备注
1	O	A	0°02′00″	180°02′18″						
		B	37°44′12″	217°44′12″						
		C	110°29′06″	290°28′54″						
		D	150°15′06″	330°14′54″						
		A	0°02′18″	180°02′24″						
2	O	A	90°03′30″	270°03′42″						
		B	127°45′36″	307°45′24″						
		C	200°30′24″	20°30′18″						
		D	240°16′24″	60°16′18″						
		A	90°03′18″	270°03′30″	−12″	90°03′24″				

2-7 计算下面竖直角观测手簿，见表 2-7。

表 2-7 题 2-7 竖直角观测记录

测站	目标	竖盘位置	竖盘读数	半测回竖直角	一测回竖直角	备注
A	B	左	71°12′36″			竖盘顺时针刻划
		右	288°47′00″			

2-8 电子经纬仪的主要特点是什么，它与光学经纬仪的根本区别在哪里？

2-9 角度测量的误差有哪些，如何将其消减？

3 距 离 测 量

距离测量是确定地面点相对位置的三项基本外业工作之一，也就是确定空间两点在某基准面（参考椭球面或水平面）上的垂直投影长度，即水平距离。测量中经常采用的方法有钢尺量距、视距测量和光电测距。钢尺量距工作简单，但易受地形条件的限制，一般适用于平坦地区的短距离测量；视距测量能克服地形条件限制，且操作较为方便，但其精度低，一般适用于低精度的近距离测量；光电测距与前两种相比，操作更简单，精度高、测程远，目前被广泛应用于工程测量中。本章分别介绍钢尺量距、视距测量及光电测距等。

3.1　钢 尺 量 距

当两点间距离较近且地势平坦时，用钢尺量距较为方便。丈量工具主要有钢卷尺、皮尺及丈量时的辅助工具。钢尺量距包括直线定线、距离丈量和成果计算三个步骤。

3.1.1　钢尺量距的工具

钢尺量距主要的工具是钢卷尺，如图3-1所示。由于尺的零点位置不同，有端点尺和刻划尺的区别。端点尺是以尺的最外端作为尺的零点［见图3-2（b）］，刻线尺是以尺前端的一刻线（通常有指向箭头）作为尺的零点［见图3-2（a）］。其他辅助工具有花杆、测钎、垂球等，如图3-3所示。测钎亦称测针，用来标志所量尺段的起讫点和计算已量过的整尺段数；标杆又称花杆，直径3~4cm，长2~3m，杆身涂以20cm间隔的红、白漆，下端装有锥形铁尖，主要用于标定直线方向；垂球用于在不平坦地面丈量时将钢尺的端点垂直投影到地面。此外，在钢尺精密量距中还有弹簧秤和温度计、尺夹，用于对钢尺施加规定的拉力和测定量距时的温度，以便对钢尺丈量的距离施加温度改正；尺夹通常安装在钢尺末端，以方便持尺员稳定钢尺。

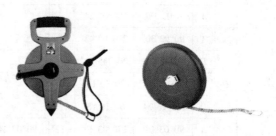

图3-1　钢尺

3.1.2　直线定线

测量水平距离时，当地面上两点间的距离较长，一整尺不能量完，或地势起伏较大，无法用整尺段完成测量时，需要在两点间标定出若干个点，使其位于一条直线上，然后分段测量，这项工作称为直线定线。

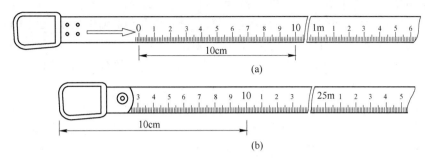

图 3-2　钢尺的分划

（a）刻划尺；（b）端点尺

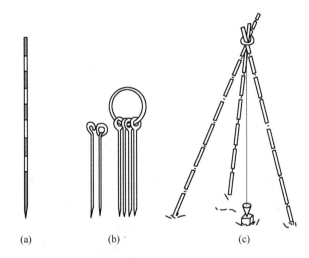

图 3-3　钢尺量距辅助工具

（a）花杆；（b）测钎；（c）垂球

　　按精度要求的不同，直线定线有目估定线和经纬仪定线两种。前者使用测钎或标杆按三点一线定线，用于一般量距，如图 3-4（a）所示；当直线定线精度要求较高、距离较远时，可用经纬仪定线。如图 3-4（b）所示。

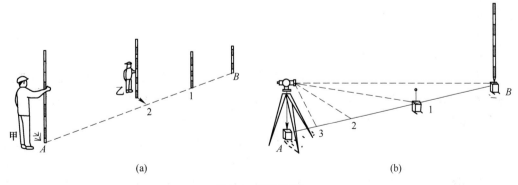

图 3-4　直线定线

（a）目估定线；（b）经纬仪定线

经纬仪定线工作包括清障、定线、概量、钉桩、标线等。

（1）两点间定线。如图 3-4（b）所示。欲在 AB 直线上精确定出 1、2、3 点的位置，可将经纬仪安置于 A 点，用望远镜照准 B 点，固定照准部制动螺旋，然后将望远镜向下俯视，将十字丝交点投测到木桩上，打入小钉以确定 1 点的位置。同法标定出 2、3 点的位置。

（2）延长直线。如图 3-5 所示，需将直线 AB 延长至 C 点。方法如下：在 B 点安置仪器，对中整平后，盘左位置以竖丝切准 A 点，制动照准部，松望远镜制动螺旋，倒转望远镜，以竖丝定出 C_1 点；同样的方法，盘右位置以竖丝切准 A 点，制动照准部，松望远镜制动螺旋，倒转望远镜，以竖丝定出 C_2 点；取 $C_1 C_2$ 的中点 C 为 AB 延长线上的点。以上方法称为经纬仪正倒镜分中法。

图 3-5　正倒镜分中延长线

3.1.3　一般方法量距

3.1.3.1　平坦地段距离丈量

如图 3-6 所示，在丈量两点间的水平距离 D_{AB} 时，后司尺员持尺零端位于起点 A，前司尺员持尺末端、测钎和花杆沿直线方向前进，至一整尺段时，竖立花杆；由后尺手指挥定线，将标杆插在 AB 直线上；将尺平放在 AB 直线上，两人拉直、拉平尺子，前司尺员发出"预备"信号，后司尺员将尺零刻划对准 A 点标志后，发出丈量信号"好"，此时前司尺员把测钎对准尺子终点刻划垂直插入地面，这样就完成了第一尺段的丈量。同法继续丈量直至终点。每量完一尺段，由后司尺员拔起后面的测钎。最后不足一整尺段的长度称为余尺段，丈量时，后司尺员将零端对准最后一只测钎，前司尺员以 B 点标志读出余长 q，读至 mm。后司尺员"收"到 n（整尺段数）只测钎，A、B 两点间的水平距离 D_{AB} 按式（3-1）计算：

$$D_{AB} = nl + q \tag{3-1}$$

式中　l——尺长；

　　　n——整尺段数；

　　　q——不足一尺段的余长。

以上测距过程称为往测。为了进行检核和提高精度，调转尺头自 B 点再丈量至 A 点，称为返测。往返各丈量一次称为一个测回。量距精度以相对误差 K 来表示，通常化为分子为 1 的分数形式。相对误差用式（3-2）表示：

$$K = \frac{\Delta D}{D_\text{平}} = \frac{1}{\Delta D / D_\text{平}} \tag{3-2}$$

如果量距的相对较差没有超过规定，可取距离往、返丈量的平均值作为两点间的水平距离。

$$D = (D_{往} + D_{返})/2 \qquad (3-3)$$

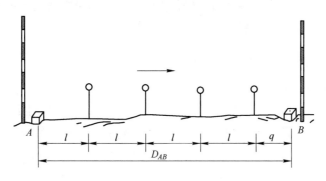

图 3-6 平坦地段距离丈量

3.1.3.2 倾斜地区的距离丈量

在倾斜地面上丈量距离，视地形情况可用水平量距法或倾斜量距法。

当地势起伏不大时，可将钢尺拉平丈量，称为水平量距法。如图 3-7 （a） 所示，丈量由 A 点向 B 点进行。后司尺员将钢尺零端点对准 A 点标志中心，前司尺员将钢尺抬高，并且目估使钢尺水平，然后用垂球尖将尺段的末端投影到地面上，插上测钎。量第二段时，后司尺员用零端对准第一根测钎根部，前司尺员同法插上第二个测钎，依次类推直到 B 点。

倾斜地面的坡度均匀时，可以沿着斜坡丈量出 AB 的斜距 S，测出地面倾斜角 α 或 A、B 两点的高差 h，然后计算 AB 的水平距离 D。如图 3-7 （b） 所示，称为倾斜量距法。

$$D = S\cos\alpha = \sqrt{S^2 - h^2} \qquad (3-4)$$

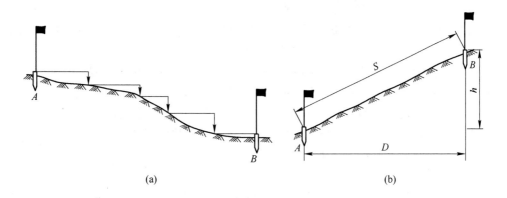

(a)   (b)

图 3-7 倾斜地区的距离丈量

3.1.4 精密方法量距

用一般方法量距，其相对误差只能达到 1/1000 ~ 1/5000，当要求量距的相对误差更小时，例如 1/10000 ~ 1/40000，就应使用精密方法丈量。精密方法量距的主要工具为钢尺、弹簧秤、温度计、尺夹等。其中钢尺应经过检验，并得到其检定的尺长方程式。随着电磁波测距仪的逐渐普及，现在测量人员已经很少使用钢尺精密方法丈量距离，需要了解这方面内容的读者请参考有关的书籍。

3.1.5　钢尺量距的误差分析及注意事项

钢尺量距的主要误差来源有下列几种。

（1）尺长误差。如果钢尺的名义长度和实际长度不符，则产生尺长误差。尺长误差具有积累性，丈量的距离越长，误差越大。因此新购置的钢尺应经过检定，测出其尺长改正值。

（2）温度误差。钢尺的长度随温度而变化，当丈量时的温度与钢尺检定时的标准温度不一致时，将产生温度误差。按照钢的膨胀系数计算，温度每变化 1℃，丈量距离为 30m 时对距离的影响为 0.4mm。

（3）钢尺倾斜和垂曲误差。在高低不平的地面上采用钢尺水平法量距时，钢尺不水平或中间下垂而成曲线时，都会使量得的长度比实际长度大。因此，丈量时应注意意钢尺水平，整尺段悬空时中间应有人托住钢尺，否则会产生不容忽视的垂曲误差。

（4）定线误差。丈量时钢尺没有准确地放置在所量距离的直线方向上，使所量距离不是直线而是一组折线，造成丈量结果偏大，这种误差称为定线误差。丈量 30m 的距离，当偏差为 0.25m 时，量距偏大 1mm。

（5）拉力误差。钢尺在丈量时所受拉力应与检定时的拉力相同。拉力变化±2.6kg，尺长改变±1mm。

（6）丈量误差。丈量时在地面上标志尺端点位置处插测钎不准，前后尺手配合不佳，余长读数不准等都会引起丈量误差，这种误差对丈量结果的影响可正可负，大小不定。在丈量中要尽量做到对点准确，配合协调。

因此，在进行钢尺量距时，应注意以下几个方面。

（1）伸展钢卷尺时，要小心慢拉，钢尺不可卷扭、打结。若发现有扭曲、打结情况，应细心解开，不能用力抖动，否则容易造成折断。

（2）丈量前，应辨认清钢尺的零端和末端；丈量时，钢尺应逐渐用力拉平、拉直、拉紧，不能突然猛拉。丈量过程中，钢尺的拉力应始终保持鉴定时的拉力。

（3）转移尺段时，前后拉尺员应将钢尺提高，不应在地面上拖拉摩擦，以免磨损尺面分划，钢尺伸展开后，不能让车辆从钢尺上通过，否则极易损坏钢尺。

（4）测钎应对准钢尺的分划并插直。如插入土中有困难，可在地面上标志一明显记号，并把测钎尖端对准记号。

（5）单程丈量完毕后，前后尺手应检查各自手中的测钎数目，避免加错或算错整尺段数。一测回丈量完毕，应立即检查限差是否合乎要求；不合乎要求时，应重测。

（6）丈量工作结束后，要用软布擦干净尺上的泥和水。然后涂上机油，以防生锈。

3.2　视　距　测　量

视距测量是一种根据几何光学原理用简便的操作方法即能迅速测出两点间距离的方法。

视线水平时，视距测量测得的是水平距离；如果视线是倾斜的，为求得水平距离，还应测出竖角。有了竖直角，也可以求得测站至目标的高差。所以说视距测量也是一种能同时测得两点之间的距离和高差的测量方法。这种方法操作方便迅速且不受地形限制，但精度较低，相对误差仅能达到 1/200 ~ 1/300，只允许应用于精度要求较低的测量工作中（例如水准测量中测定后视距、前视距；大比例尺地形测图中进行碎部测量等）。

视距法测距所用的仪器和工具为经纬仪和视距尺。

3.2.1　视准轴水平时的视距计算公式

如图 3-8 所示，AB 为待测距离，在 A 点安置经纬仪，B 点竖立视距尺，设望远镜视线水平，瞄准 B 点的视距尺，此时视线与视距尺垂直。

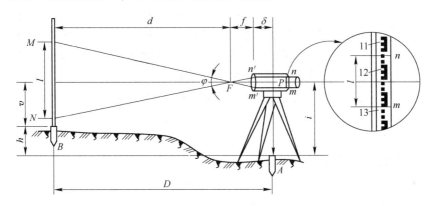

图 3-8　视线水平时的视距测量原理

图 3-8 中，$p = nm$，为望远镜上下视距丝的间距，$l = NM$ 为视距间隔，f 为望远镜物镜焦距，δ 为物镜中心到仪器中心的距离。

由于望远镜上下视距丝的间距 p 固定，因此从这两根丝引出去的视线在竖直面内的夹角 ϕ 也是固定的。设由上下视距丝，n、m 引出去的视线在标尺上的交点分别为 N、M，则在望远镜视场内可以通过读取交点的读数 N、M 求出视距间隔 l。

由于 $\triangle n'm'F$ 相似于 $\triangle NMF$，所以有 $\dfrac{d}{f} = \dfrac{l}{p}$，即：

$$d = \frac{f}{p}l \tag{3-5}$$

根据式（3-5）并由图 3-8 得：

$$D = d + f + \delta = \frac{f}{p}l + f + \delta \tag{3-6}$$

令 $K = \dfrac{f}{p}$，$C = f + \delta$，有：

$$D = Kl + C \tag{3-7}$$

式中　K——视距乘常数，通常仪器构造上使 $K = 100$；

　　　C——视距加常数，通常设计为零。

故

$$D = Kl = 100l \tag{3-8}$$

由图 3-8 还可知，A、B 两点间的高差 h 为：

$$h = i - v \tag{3-9}$$

式中　i——仪器高，m；

　　　v——十字丝中丝在视距尺上的读数，即中丝读数。

3.2.2　视线倾斜时的视距测量公式

在地面起伏较大的地区进行视距测量时，必须使视线倾斜才能读取视距间隔，如图 3-9 所示。由于视线不垂直于视距尺，故不能直接应用上述公式。如果能将视距间隔 MN 换算为与视线垂直的视距间隔 $M'N'$，则可按式（3-8）计算倾斜距离 S，再根据 S 和竖直角 α 算出水平距离 D 和高差 h。因此解决这个问题的关键在于求出 MN 与 $M'N'$ 之间的关系。图中 φ 很小，约为 34′23″，故可把 $\angle EM'M$ 和 $\angle EN'N$ 近似地视为直角，而 $\angle M'EM = \angle NE'NN' = \alpha$，因此由图可看出 MN 和 $M'N'$ 的关系如下：

$$M'N' = M'E + EN' = ME\cos\alpha + EN\cos\alpha = (ME + EN)\cos\alpha = MN\cos\alpha \tag{3-10}$$

设 $M'N'$ 为 l'，则：

$$L' = l\cos\alpha \tag{3-11}$$

根据式（3-8）得倾斜距离为：

$$S = kl' = kl\cos\alpha \tag{3-12}$$

所以 A、B 的水平距离为：

$$d = S\cos\alpha = Kl\cos^2\alpha \tag{3-13}$$

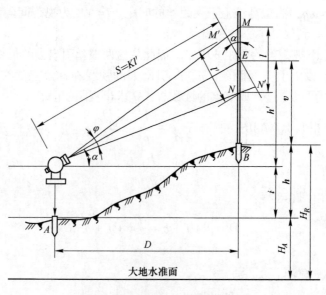

图 3-9　视线倾斜时视距测量原理

由图 3-9 可以看出，A、B 间的高差 h 为：

$$h = h' + i - v \tag{3-14}$$

式中 h'——初算高差, 可按下式计算:

$$h' = S\sin\alpha = Kl\cos\alpha\sin\alpha$$

$$= \frac{1}{2}Kl\sin^2\alpha$$

所以

$$h = \frac{1}{2}Kl\sin^2\alpha + i - v \qquad (3\text{-}15)$$

根据式 (3-13) 计算出 A、B 间的水平距离 D 后, 高差 h 也可按式 (3-16) 计算:

$$h = D\tan\alpha + i - v \qquad (3\text{-}16)$$

在实际工作中, 应尽可能使瞄准高 v 等于仪器高 i, 以简化高差的计算。

3.2.3 视距测量的施测

3.2.3.1 视距测量的观测程序

(1) 如图 3-9 所示, 安置仪器于测站 A 上。

(2) 量取仪器高 i。

(3) 将视距尺立于 B 点上, 观测读数: 中丝读数 v、视距 Kl、竖盘盘左读数 L, 或采用一测回观测, 读取竖盘盘左、盘右的读数 L、R, 然后按公式计算竖直角 α。

(4) 按公式计算平距和高差、高程。

3.2.3.2 视距测量注意事项

(1) 为减少垂直折光的影响, 观测时应尽可能使视线离地面 1m 以上。

(2) 作业时, 要将视距尺竖直, 并尽量采用带有水准器的视距尺。

(3) 读取竖盘读数时应严格消除指标差, 以减小对高差的影响。

(4) 视距尺一般应是厘米刻划的整体尺, 如果使用塔尺, 应注意检查各节尺的接头是否准确。

(5) 要在成像稳定的情况下进行测量。

3.2.3.3 视距测量的误差来源及消减方法

(1) 视距乘常数 K 的误差。仪器出厂时视距乘常数 $K = 100$, 但由于视距丝间隔有误差, 视距尺有系统性刻画误差, 以及仪器检定的各种因素影响, 都会使 K 值不一定恰好等于 100。K 的误差对视距测量的影响较大, 不能用相应的观测方法予以消除, 故在使用新仪器前应检定 K 值。

(2) 用视距丝读取尺间隔的误差。视距丝的读数是影响视距精度的重要因素, 视距丝的读数误差与尺子最小分划的宽度、距离的远近、成像清晰情况有关。在视距测量中一般根据测量精度要求来限制最远视距。

(3) 标尺倾斜误差。视距计算的公式是在视距尺严格垂直的条件下得到的。若视距尺发生倾斜, 将给测量带来不可忽视的误差影响, 因此, 测量时立尺要尽量竖直。在山区作业时, 由于地表有坡度而更应使标尺竖直。

（4）外界条件的影响。大气竖直折光的影响。大气密度分布是不均匀的，特别在晴天接近地面部分密度变化更大，使视线弯曲，给视距测量带来误差。根据试验，只有在视线离地面超过 1m 时，折光影响才比较小。

空气对流使视距尺的成像不稳定。空气对流的现象在晴天，视线通过水面上空和视线离地表太近时较为突出，成像不稳定造成读数误差增大，对视距精度影响很大。

风力使尺子抖动，风力较大时尺子立不稳而发生抖动，分别在两根视距丝上读数又不可能严格在同一个时候进行，所以对视距间隔将产生影响。减少外界条件影响的唯一办法是，根据对视距精度的要求选择合适的天气作业。

3.3 光 电 测 距

以电磁波为载波的测距仪，统称为电磁波测距仪。无线电波和光波都属于电磁波。采用无线电微波段作载波的称为微波测距仪，采用光波作载波的称光电测距仪。光电测距仪按其光源可分为普通光测距仪、激光测距仪和红外测距仪。按测程又可分为：短程光电测距仪，测程在 5km 以内，适用于地形测量和各种工程测量；中程光电测距仪，测程在 5~25km，适用于大地控制测量；远程光电测距仪，测程在 25km 以上，适用于测量导弹、人造卫星、月球等空间目标的距离。

测距仪的测距精度通常表示为：

$$m_s = \pm(a + b \times D)$$

式中　　a——测距固定误差；

b——比例误差；

D——所测以千米为单位的距离；

m_s——以 mm 为单位。

3.3.1 光电测距原理

光电测距是利用光在空气中的传播速度为已知这一特性，测定光波在被测距离上往返传播的时间来间接求得距离值。这种方法测程远，不受地形限制，劳动强度低、精度高、操作简便、作业速度快，目前被广泛使用。

测距仪测距的基本原理分为脉冲式和相位式两种。

3.3.1.1 脉冲式测距仪测距原理

如图 3-10 所示，欲测定 A、B 两点间的距离 D，可在 A 点安置能发射和接收光波的光电测距仪，在 B 点设置反射棱镜。光电测距仪发出的光束经棱镜反射后，又返回到测距仪。

由于光波在大气中的传播速度已知，只要测出光波在 AB 之间的传播时间 t，则：

$$D = \frac{1}{2}ct \tag{3-17}$$

式中　　$c = c_0/n$，c_0——真空中的光速值，其值为（299792458±1.2）m/s；

n——大气折射率。

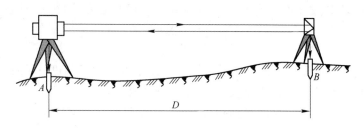

图 3-10 脉冲式光电测距原理

可见，脉冲式测距仪是直接测定测距仪发出的光脉冲在待测距离上往返传播的时间间隔的，由于精确测定光波往返传播时间较为困难，故测距精度较低。高精度的测距仪，一般采用相位式。

3.3.1.2 相位式光电测距仪测距原理

相位式测距仪是通过测定测距仪发出的连续调制光波在待测距离上往返传播所产生的相位差，间接测得时间，测距精度较高。由光源发出的光通过调制器后，成为光强随高频信号变化的调制光，经发射器发射出去，沿待测距离传播至反射器后返回，由接收器接收得到测距信号。测距信号经放大、整形后，送到相位计，与发射时刻送到相位计的起始信号进行相位比较，得出发射时刻与接收时刻调制光波的相位差，然后解算距离。如图 3-11 所示，设调制光波在往返路程 $2L$ 的相位差为：

$$\varphi = 2n\pi + \Delta\varphi$$

其中　n——相位周数或波长个数；

$\Delta\varphi$——不足一个相位周 2π 的相位差。

如波长以 λ 表示，波数以 $\varphi/2\pi$ 表示，则

$$2L = \lambda \frac{\varphi}{2\pi} = \lambda\left(n + \frac{\Delta\varphi}{2\pi}\right)$$

即

$$L = \frac{\lambda}{2}\left(n + \frac{\Delta\varphi}{2\pi}\right)$$

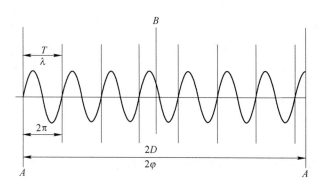

图 3-11 相位法测距原理

式中，令 $\mu = \lambda/2$，可视为一"光尺"的长度。由于 $\lambda = c/f$，光速 c 和调制频率 f 均为已

知，上式中 μ 可求出，$\Delta\varphi$ 可直接测定，n 不能确定，但当 $L < \mu$ 时，$n = 0$，上式可写为：

$$L = \mu\frac{\Delta\varphi}{2\pi} \tag{3-18}$$

如果仪器的测相精度为 1‰，为了测定 1km 以下的距离，精度达到 ±1cm，则可采用两把"光尺"配合使用。一把为粗尺，令 $\mu_2 = 1000m$，与之相应的调制频率 $f_2 = 150kHz$，可以测出 1km 以下的距离，精度达到 ±1m；一把为精尺，令 $\mu_1 = 10m$，$f_1 = 15MHz$，可测出 10m 以下、精度达到 ±1cm 的距离。将两把尺组合使用，以粗尺保证测程，以精尺保证精度，这样就达到测定距离为 1km 以内、精度为 ±1cm 的目的。

上述 $\Delta\varphi$ 的测定，精尺粗尺频率的变换、计算中大小距离数字的衔接等均由仪器内部的逻辑电路自动完成。

3.3.2　光电测距仪

如图 3-12 所示为博飞公司生产的 D3030E 型光电测距仪，其构造主要包括测距主机（见图 3-12）、反射棱镜（见图 3-13）、电源和充电设备等附件。配合主机测距的反射棱镜，根据距离远近可选用单棱镜（1500m 内）或三棱镜（2500m 内），棱镜安置在三脚架上，根据光学对中器和水准管进行对中整平。

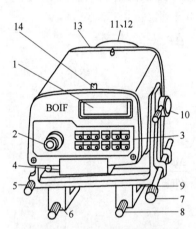

图 3-12　D3030E 型光电测距仪

1—显示器；2—望远镜；3—键盘；4—电池；
5—水平调整手轮；6—座架；7—俯仰调整手轮；
8—座架固定手轮；9—间距调整螺丝；10—俯仰锁定手轮；
11—物镜；12—物镜罩；13—232 接口；14—粗瞄器

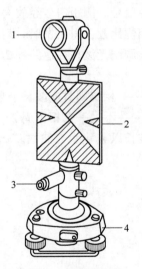

图 3-13　反射棱镜图

1—棱镜；2—觇牌；
3—对中器目镜；4—基座

各种不同类型的测距仪，其具体的观测步骤各不相同，但其基本的观测过程都是相同的。

3.3.2.1　测距仪测距过程

（1）安置仪器。将经纬仪安置在测站点上，然后将测距仪安装在经纬仪顶端，旋紧连接固定螺丝；在目标点安置反光棱镜，并对准测距仪。

（2）按键开机，选择测量单位（英制、米制等）、测量模式（快速、跟踪、重复、常规）。

（3）用温度计、气压计及湿度计测量环境温度、湿度及大气压，在地形图上查取高斯纵坐标 x 及高程，计算比例改正因子为 $1×10^{-6}$。

（4）在测距仪中输入加常数（mm）和比例改正因子（$1×10^{-6}$）。当测距精度要求不高时，可省略步骤（3）和步骤（4）。

（5）将经纬仪望远镜瞄准觇板中心，测量斜距（如测距发生困难，可检查反射光强度），再从经纬仪中读取竖角，改正指标差后输入测距仪，即可得到水平距离和初算高差。

3.3.2.2 测距仪基本使用方法

将测距仪和反射棱镜分别安置在待测距离的两端地面测量点位标志上，其分别称为测站与镜站。在镜站上，用对中整平装置将反射棱镜正常安置，在棱镜架上安装好足够待测距离所需的棱镜；两手左右摆动或俯仰棱镜架，用棱镜架上的粗瞄器瞄准测站上测距仪（或全站仪）的望远镜。在测站上，仔细地安置测距仪（或全站仪），接通仪器的电源，用仪器上的望远镜照准镜站的反射棱镜（这称为光瞄准），图 3-14 所示是测距时单棱镜或三棱镜应瞄准的位置；检查经反射棱镜返回的光强电信号（这称为电瞄准），待合乎要求后，实测测站的气压、温度，进行气象参数改正，即可开始测距。为防止出现粗差及为了提高精度，一般应照准 n 次、每次照准应连续读取 m 个读数（称为一个测回）。

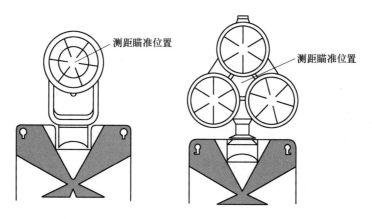

图 3-14 测距时瞄准棱镜的位置

电磁波测距仪对中装置精度要求见表 3-1。

表 3-1 电磁波测距仪对中装置精度要求   （mm）

测距仪精度等级	对中精度要求
Ⅰ	≤0.2（强制对中器或精密光学对中器）
Ⅱ	≤1（光学对中器）
Ⅲ、Ⅳ	≤2（对中杆或锤球）

电磁波测距仪进行距离测量的技术要求见表 3-2。

表 3-2　电磁波测距仪进行距离测量的技术要求

等　级	使用测距仪精度等级	每边测回数		备　注
		往测数	返测数	
二等	Ⅰ、Ⅱ	4	4	或用不同时间段代替往测、返测
三等	Ⅰ	2	2	
	Ⅱ、Ⅲ	4	4	
四等	Ⅰ、Ⅱ	2	2	
	Ⅲ	4	4	
等外	Ⅰ、Ⅱ、Ⅲ	2		
	Ⅳ	4		

注：1. 一测回是指整置仪器照准目标一次、读取数据 5 个。

　　2. 时间段是指完成一距离测量和往测或返测的时间段，如上午、下午或不同白天。

电磁波测距仪观测较差限值见表 3-3。

表 3-3　电磁波测距仪观测较差限值　　　　　　　　　　（mm）

测距仪精度等级	一测回读数间较差限值	测回间较差限值	往返测或时间段内较差限值
Ⅰ	2	3	
Ⅱ	5	7	$\sqrt{2}(A + B \times D)$
Ⅲ	10	15	
Ⅳ	20	30	

在建筑施工与房产测量中，经常使用手持激光测距仪方便、快速地进行距离、面积和体积的测量。图 3-15 所示为徕卡公司生产的 DISTO D3 手持激光测距仪。仪器的主要功能有：

（1）能进行距离、面积、体积的测量；

（2）能利用勾股定理测三角；

（3）在室内和室外都能进行测量；

（4）可自动选择公制和英制测量标准；

（5）可根据需要选择机器顶部和底部作为测量标准；

（6）拥有加减计算功能；

（7）可存储最后 50 组数据；

（8）可以进行连续测量；

（9）可以进行最大最小值测量。

图 3-15　DISTO D3
手持激光测距仪

3.4　直　线　定　向

为了确定地面上两点之间的相对位置，除了量测两点之间的水平距离外，还必须确定该直线与标准方向之间的水平夹角。确定直线与标准方向之间的水平夹角称为直线定向。

3.4.1 标准方向

标准方向应有明确的定义并在一定区域的每一点上都能够唯一确定。在测量中经常采用的标准方向有真子午线方向、磁子午线方向和坐标纵轴方向。

（1）真子午线方向。通过地球表面某点的真子午线的切线方向，称为该点的真子午方向。真子午线方向是用天文测量方法或用陀螺经纬仪来测定。

（2）磁子午线方向。通过地球南北两个磁极的子午线，称为磁子午线。过磁子午线上任意一点的切线方向，称为该点的磁子午线方向。它也是磁针在该点自由静止时的指向，故可用罗盘仪来测定。

（3）坐标纵轴方向。在高斯平面直角坐标系中，坐标纵轴方向就是地面点所在投影带的中央子午线方向。在同一投影带内，各点的坐标纵轴方向是彼此平行的。

三种标准方向之间的关系如图 3-16 所示。

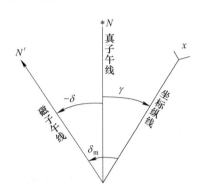

图 3-16 三种标准方向之间的关系

3.4.2 方位角与象限角

3.4.2.1 方位角

从标准方向的北端起，顺时针方向量至某一直线的水平夹角，称为该直线的方位角。其取值范围是 $0° \sim 360°$。如图 3-17 所示，若标准方向 AN 为真子午线方向，则方位角定义为真方位角，用 A 表示；同理以磁子午线方向为标准方向定义的方位角，称为磁方位角，一般用 A_m 表示；以坐标纵轴方向为标准方向定义的方位角，称为坐标方位角，用 α 表示。

由于地球的南北两极与地球的南北两磁极不重合，所以地面上同一点的真子午线方向与磁子午线方向是不一致的，两者间的水平夹角称为磁偏角，用 δ 表示。过同一点的真子午线方向与坐标纵轴方向的水平夹角称为子午线收敛角，用 γ 表示。以真子午线方向北端为基准，磁子午线和坐标纵轴方向偏于真子午线以东称为东偏，δ、γ 为正；偏于西侧称为西偏，δ、γ 为负。不同点的 δ、γ 值一般是不相同的。图 3-17 中直线 AB 的三种方位角之间的关系如下：

$$\left. \begin{array}{l} A = A_m + \delta \\ A = \alpha + \gamma \\ \alpha = A_m + \delta - \gamma \end{array} \right\} \qquad (3\text{-}19)$$

3.4.2.2 象限角

某一直线与标准方向所夹的锐角，称为该直线的象限角。它是由标准方向的北端或南端起，顺时针或逆时针量至该直线的锐角，其角值范围为 $0° \sim 90°$。

因为象限角的数值均在 $0° \sim 90°$，所以若用象限角定向时，除了需要知道它的大小数值外，尚需知道它所在象限的名称。如图 3-18 所示，OA 的象限角为北东（NE）；OB 的象限角为南东（SE）；OC 的象限角为南西（SW）；OD 的象限角为北西（NW）。

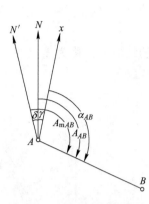

图 3-17　方位角之间的关系

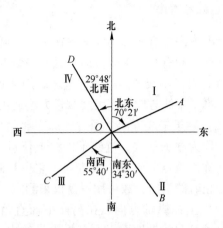

图 3-18　象限角的定义

3.4.2.3　象限角和坐标方位角之间的转换

显然，如果知道了直线的坐标方位角，就可以换算出它的象限角；反之，知道了象限角也就可以推算出坐标方位角，见表 3-4。

表 3-4　坐标方位角与象限角的换算关系

象限	坐标增量	由坐标方位角推算 坐标象限角	由坐标象限角推算 坐标方位角
北东（NE） 第 I 象限	$\Delta x>0$，$\Delta y>0$	$R=\alpha$	$\alpha=R$
南东（SE） 第 II 象限	$\Delta x<0$，$\Delta y>0$	$R=180°-\alpha$	$\alpha=180°-R$
南西（SW） 第 III 象限	$\Delta x<0$，$\Delta y<0$	$R=\alpha-180°$	$\alpha=180°+R$
北西（NW） 第 IV 象限	$\Delta x>0$，$\Delta y<0$	$R=360°-\alpha$	$\alpha=360°-R$

注：α 为坐标方位角，R 为象限角。

3.4.3　正反坐标方位角

测量工作中的直线都是具有一定方向的。如图 3-19 所示，直线 AB 的 A 点是起点，B 点是终点，直线 AB 的坐标方位角 α_{AB} 称为直线 AB 的正坐标方位角；直线 BA 的坐标方位角 α_{BA} 称为直线 AB 的反坐标方位角，也是直线 BA 的正坐标方位角。α_{AB} 与 α_{BA} 相差 180°，互为正反坐标方位角，即：

$$\alpha_{BA} = \alpha_{AB} \pm 180°$$

（3-20）

3.4.4 坐标方位角的推算

为了整个测区坐标系统的统一，测量工作中并不直接测定每条边的方向，而是通过与已知点（其坐标为已知）的连测，来推算出各边的坐标方位角。如图3-20所示，B、A为已知点，AB边的坐标方位角α_{AB}为已知，通过连测求得$A—B$边与$A—1$边的夹角为β'，测出各点的右（或左）角β_A、β_1、β_2和β_3，现在要推算$A—1$、$1—2$、$2—3$和$3—A$边的坐标方位角。所谓右（或左）角是指位于以编号顺序为前进方向的右（或左）边的角度。由图3-20可以看出：

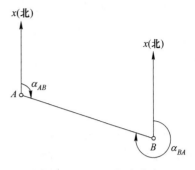

图3-19　正反坐标方位角

$$\alpha_{A1} = \alpha_{AB} + \beta'$$
$$\alpha_{12} = \alpha_{1A} - \beta_{i(右)} = \alpha_{A1} + 180° - \beta_{1(右)}$$
$$\alpha_{23} = \alpha_{12} + 180° - \beta_{2(右)}$$
$$\alpha_{3A} = \alpha_{23} + 180° - \beta_{3(右)}$$
$$\alpha_{A1} = \alpha_{3A} + 180° - \beta_{A(右)}$$

将算得的α_{A1}与原已知值进行比较，以检核计算中有无错误。计算中，如果$\alpha+180°$小于$\beta_{(右)}$，应先加360°再减$\beta_{(右)}$。

如果用左角推算坐标方位角，由图3-20可以看出：

$$\alpha_{12} = \alpha_{A1} + 180° + \beta_{1(左)}$$

计算中如果α值大于360°，应减去360°，同理可得：

$$\alpha_{23} = \alpha_{A12} + 180° + \beta_{2(左)}$$

从而可以写出推算坐标方位角的一般公式为：

$$\alpha_{前} = \alpha_{后} + 180° \pm \beta$$

式中，β为左角取正号，β为右角取负号。

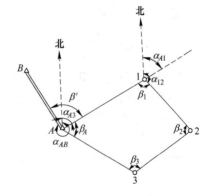

图3-20　方位角的推算

 复习思考题

3-1 钢尺往返丈量了一段距离，其平均值为184.26m，要求量距的相对误差$\dfrac{1}{5000}$。问往返丈量距离之差不能超过多少？

3-2 何为钢尺的名义长度，钢尺检定的目的是什么？

3-3 视距测量时应注意哪些？

3-4 象限角与方位角的定义是什么，象限角与坐标方位角存在什么关系？

3-5 已知$\alpha_{AB} = 100°02'24''$，$\alpha_{BA}$为多少？

4 高 程 测 量

第4章微课　第4章课件

测量地面点高程的工作，称为高程测量。高程测量按使用的仪器和施测方法的不同，分为水准测量、三角高程测量、GPS拟合高程测量。水准测量采用水准仪和水准尺依据水平视线测定地面两点间的高差；三角高程测量采用经纬仪与测距仪测定两点间的竖直角和距离，按三角学原理，计算两点间的高差；GPS拟合高程测量是直接测定地面点的地心三维坐标，通过坐标转换求取地面点高程。水准测量是高程测量中最基本的和精度较高的一种方法，是精确测定地面点高程的一种主要方法。因此，在国家高程控制测量、工程勘测和施工测量中被广泛采用。在地势起伏变化较为明显的地区可以采用三角高程代替四等水准。

4.1　水准测量

4.1.1　水准测量方法

4.1.1.1　水准测量基本原理

水准测量原理是利用水准仪提供的一条水平视线，借助竖立在地面点上的水准尺，直接测定地面两点间的高差，从而由已知点高程及测得的高差求出待测点高程。

如图4-1所示，欲测定 A、B 两点间的高差 h_{AB}，可在 A、B 两点之间分别竖立水准尺，在 A、B 之间安置水准仪。利用水准仪的水平视线，分别读取 A 点水准尺上的读数 a 和 B 点水准尺上的读数 b，则 A、B 两点高差为：

$$h_{AB} = a - b \tag{4-1}$$

水准测量方向是由已知高程点开始向待测点方向进行。在图4-1中，A 为已知点，B 为待测点，则 A 尺上读数 a 称为后视读数，B 尺上读数 b 称为前视读数。

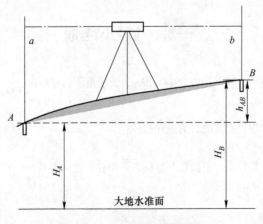

图4-1　水准测量原理

由图 4-1 可知：若 $a>b$，则 h 为正；若 $a<b$，则 h 为负；若 $a=b$，则 h 为零。

若已知 A 点高程为 H_A，则 B 点高程为：

$$H_B = H_A + h_{AB} = H_A + (a - b) \tag{4-2}$$

由图 4-1 可以看出，B 点高程还可通过仪器的视线高程 H_i 来计算，即：

$$\left. \begin{array}{l} H_i = H_A + a \\ H_B = H_i - b \end{array} \right\} \tag{4-3}$$

由式（4-2）直接用高差计算 B 点的高程，称为高差法；式（4-3）是利用仪器视线高程 H_i 计算 B 点高程，称为视线高法。当安置一次仪器要求测出几个点的高程时，视线高法比高差法方便。由此可见，水准测量的实质是测定地面两点间的高差，然后通过已知点的高程，求出未知点的高程。

4.1.1.2 水准测量分类

按照水准测量的目的的不同，水准测量可分为国家水准测量、工程水准测量和图根水准测量。

（1）国家水准测量：其目的在于建立全国统一的高程控制网，以满足国家建设的需要。按照从整体到局部逐级控制的原则，在全国范围内布设了由高到低 4 个等级的高程控制网，每一等级由一系列的水准点组成水准路线控制网。

（2）工程水准测量：其目的在于满足局部地区的工程建设的需要。根据精度要求，工程水准一般分二等、三等、四等工程水准测量，有时也作一等精密水准测量。

（3）图根水准测量：其目的在于为测图控制点测定高程，水准测量的精度低于国家四等水准，故又称等外水准测量。

4.1.2 连续水准测量

如果地面上 A、B 两点相距较远或地面地形起伏较大，安置一次仪器不能够测得其高差时，则可分段连续进行，如图 4-2 所示。

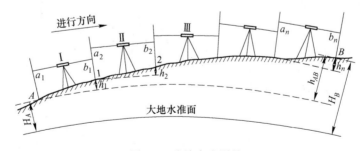

图 4-2 连续水准测量

进行观测中每安置一次仪器观测两点间的高差，称为测站。立标尺的点 1、点 2 等称为转点，转点的作用是传递高程，转点上产生的任何差错都会影响到以后所有点的高程。第一个测站测完后，随即将水准仪移至下一个测站，称为迁站。迁站时，将 A 点的水准尺前移至转点 2 上作为前视尺，第一测站的前视尺在转点 1 原处不动（将尺面反转过来即可），作为第二测站的后视，继续观测。

从图 4-2 中可得：

$$h_1 = a_1 - b_1$$
$$h_2 = a_2 - b_2$$
$$\vdots$$
$$h_n = a_n - b_n$$
$$h_{AB} = \sum h = \sum a - \sum b \tag{4-4}$$

从式（4-4）可以看出：

（1）每一站的高差等于此站的后视读数减去前视读数；

（2）起点到终点的高差等于各段高差的代数和，也等于后视读数之和减去前视读数之和，通常要同时用 $\sum h$ 和 $(\sum a - \sum b)$ 进行计算，用来检核计算是否有误。

当然水准测量的目的不是仅仅为了获得两点的高差，而是求得一系列点的高程，例如测量沿线的地面起伏情况。这些利用水准测量方法获取高程的点称为水准点（bench mark），简记为 BM。在实际观测中可将已知高程的水准点和待求高程的水准点布设成一定形式的水准路线。

4.1.3　水准点

为了统一全国的高程系统和满足各种测量的需要，测绘部门在全国各地埋设并测定了很多水准点。水准点有永久性和临时性两种。国家等级水准点如图 4-3 所示，一般用石料或钢筋混凝土制成，深埋到地面冻结线以下。在标石的顶面设有用不锈钢或其他不易锈蚀的材料制成的半球状标志。有些水准点也可设置在稳定的墙脚上，称为墙上水准点，如图 4-4 所示。

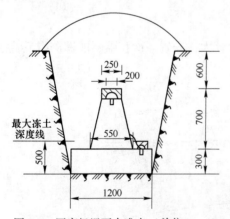

图 4-3　国家级埋石水准点（单位：mm）

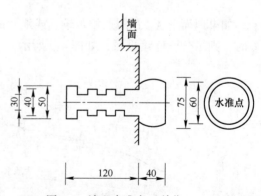

图 4-4　墙上水准点（单位：mm）

工地上的永久性水准点一般用混凝土或钢筋混凝土制成，其式样如图 4-5（a）所示。临时性的水准点可用地面上突出的坚硬岩石或用大木桩打入地下，桩顶钉以半球形铁钉，如图 4-5（b）所示。

埋设水准点后，应绘出水准点与附近固定建筑物或其他地物的关系图，在图上还要写明水准点的编号和高程，称为点之记，以便于日后寻找水准点位置之用。水准点编号前通常加 BM 字样，作为水准点的代号。

4.1.4 水准路线

水准路线就是由已知水准点开始或在两已知水准点之间按一定形式进行水准测量的测量路线，根据测区已有水准点的实际情况和测量的需要及测区条件，水准路线布设一般可采用如下几种形式。

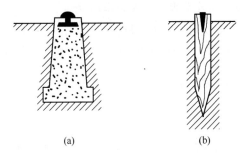

图 4-5 常用永久水准点和临时水准点
（a）永久性水准点；（b）临时性水准点

（1）附合水准路线。从一个已知高程的水准点开始，沿各待测高程点进行水准测量，最后附合至另一已知水准点上，称为附合水准路线，如图 4-6（c）所示。

（2）闭合水准路线。从一个已知高程的水准点开始，沿各待测高程点进行水准测量，最后又回到原水准点，称为闭合水准路线，如图 4-6（b）所示。

（3）支水准路线。从一个已知高程水准点开始，沿待测的高程点进行水准测量，称为支水准路线，如图 4-6（a）所示。为了检核支水准路线观测成果的正确性和提高观测精度，对于支水准路线应进行往返观测。

（4）水准网。若干条单一水准路线相互连接构成网形，称为水准网，如图 4-6（d）所示，单一水准路线相互连接的点称为结点，如图示 E、F、G 点。

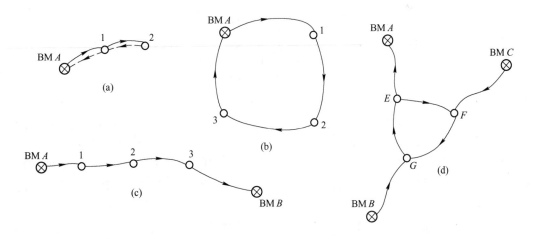

图 4-6 水准路线略图
（a）支水准路线；（b）闭合水准路线；（c）附合水准路线；（d）水准网

4.2 水准测量仪器与工具

水准测量所使用的仪器为水准仪，工具有水准尺和尺垫。

国产水准仪按其精度分，有 DS_{05}、DS_1、DS_3 及 DS_{10} 等几种型号。"D"和"S"表示中文"大地测量"和"水准仪"的汉语拼音的第一个字母；下标"05""1""3"及

"10"等数字表示该类仪器的精度，表示每千米水准测量的误差（单位为 mm）。工程测量中常使用 DS₃ 型水准仪。

按照水准仪的构造可分为微倾式水准仪、自动安平水准仪和电子水准仪。

4.2.1 水准仪的构造

4.2.1.1 微倾式水准仪

DS₃ 水准仪是通过调整水准仪的微倾螺旋使水准管气泡居中，从而获得水平视线的一种仪器设备，主要由望远镜、水准器和基座三个部分组成。图 4-7 所示为国产 DS₃ 微倾式水准仪。

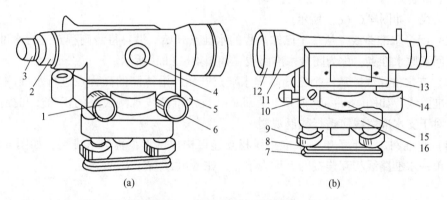

(a)   (b)

图 4-7　微倾式水准仪的构造

1—微倾螺旋；2—分划板护罩；3—目镜；4—物镜调焦螺旋；5—制动螺旋；6—微动螺旋；
7—底板；8—三角压板；9—脚螺旋；10—弹簧帽；11—望远镜；12—物镜；13—管水准器；
14—圆水准器；15—连接小螺钉；16—轴座

（1）望远镜。望远镜的作用是精确瞄准远处目标并对水准尺进行读数。其结构与经纬仪的望远镜结构基本相同，只是十字丝分划板与经纬仪不同，如图 4-8 所示。

（2）水准器。与经纬仪一样，水准仪的水准器也有圆水准器和管水准器两种。所不同的是水准仪的管水准器被封闭在望远镜的旁边。为了提高水准气泡居中的精度，DS₃ 水准仪在水准管上方装有一组棱镜，将气泡两端的半边影像反映在望远镜的符合水准器放大镜内。如两边影像错开，说明气泡不居中，可通过调节微倾螺旋使影像重合，如图 4-9 所示。这种水准器称为符合水准器，可提高气泡居中的精度。

图 4-8　十字丝分划板

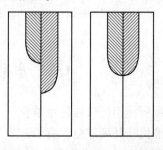

图 4-9　符合水准器示意图

（3）基座。基座的作用是支撑仪器的上部，并通过连接螺旋与三脚架连接。它主要由座、脚螺旋、底板和三角压板等部件构成，如图4-7所示。转动脚螺旋，可使圆水准器气泡居中。

4.2.1.2 自动安平水准仪

自动安平水准仪是一种只需粗略整平即可获得水平视线读数的仪器。它与微倾式水准仪的区别在于：仪器没有水准管和微倾螺旋，而是在望远镜的光学系统中装置了补偿器。利用圆水准器粗平仪器之后，借助仪器内部自动补偿装置的作用，在十字丝交点上读得的读数便是视线水平时应得的读数。自动安平水准仪无须精平，不仅操作简便、观测迅速，而且对于观测者的操作疏忽、施工场地地面的微小震动、松软土地的仪器下沉及大风吹刮等原因引起的视线微小倾斜，能迅速自动安平仪器，从而提高了水准测量的观测精度。近几年，自动安平水准仪已广泛使用于水准测量作业中。

A 自动安平原理

如图4-10所示，如果望远镜的视准轴产生了倾斜角 α，为使经过物镜光心的水平视线仍能通过十字丝交点 A，可采用以下两种工作原理设计补偿器。

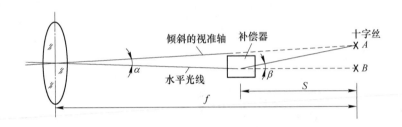

图4-10 自动安平原理

（1）在望远镜光路中安置一个补偿器装置，使水平视线在望远镜分划板上所成的像点位置 B 折向望远镜十字丝中心 A，从而使十字丝中心发出的光线在通过望远镜物镜中心后成为水平视线。

（2）当视准轴稍有倾斜时，仪器内部的补偿器使得望远镜十字丝中心 A 自动移向水平视线位置 B，使望远镜视准轴与水平视线重合，从而读出视线水平时的读数。

只有当视准轴的倾斜角 α 在一定范围内时，补偿器才起作用。能使补偿器起作用的最大允许倾斜角称为补偿范围。自动安平水准仪的补偿范围一般为 $\pm 8' \sim \pm 12'$，质量较好的自动安平水准仪可达到 $\pm 15'$，圆水准器的分划值一般为 $\pm 8'/2\text{mm}$。因此，操作时只要使圆气泡居中，2~4s后趋于稳定即可读数。

B DSZ3-1型自动安平水准仪

图4-11为北京光学仪器厂生产的DSZ3-1型自动安平水准仪，该型号中的字母 Z 代表"自动安平"的汉语拼音的第一个字母。

DSZ3-1型自动安平水准仪的自动安平机构为轴承吊挂补偿棱镜，采用空气阻尼器使补偿元件迅速稳定，设有自动安平警告指示器以判断自动安平机构是否处于正常，为观测方便，望远镜采用正像。图 4-12 所示为 DSZ3-1 型自动安平水准仪的望远镜视场。

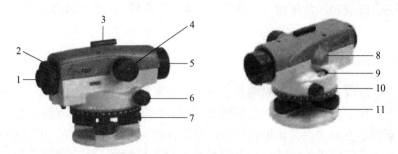

图 4-11   DSZ3-1 型自动安平水准仪

1—目镜；2—目镜调焦螺旋；3—粗瞄器；4—调焦螺旋；5—物镜；6—水平微动螺旋；

7—脚螺旋；8—反光镜；9—圆水准器；10—刻度盘；11—基座

4.2.1.3   电子水准仪

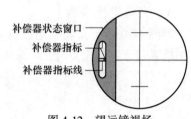

图 4-12   望远镜视场

电子水准仪也称数字水准仪。电子水准仪是现代微电子技术和传感器工艺发展的产物，它依据图像识别原理，将编码尺的图像信息与已存储的参考信息进行比较获得高程信息，从而实现水准测量数据采集、处理和记录的自动化。电子水准仪具有测量速度快、操作简便、读数客观、精度高、能减轻作业劳动强度、测量数据便于输入计算机和易于实现水准测量内外业一体化等优点，是对传统几何水准测量技术的突破，代表了现代水准仪和水准测量技术的发展方向。

A   电子水准仪的一般结构

电子水准仪的望远镜光学部分和机械结构与光学自动安平水准仪基本相同。图 4-13 所示为 NA2002 望远镜光学和主要部件的结构略图，图中的部件较自动安平水准仪多了调焦发送器、补偿器监视、分光镜和行阵探测器等 8 个部件。

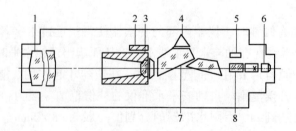

图 4-13   NA2002 望远镜和主要部件结构

1—物镜；2—调焦发送器；3—调焦透镜；4—补偿器监视；

5—探测器；6—目镜；7—补偿器；8—分光镜分化板

调焦发送器的作用是测定调焦透镜的位置，由此计算仪器至水准尺的概略视距值；补偿器监视的作用是监视补偿器在测量时的功能是否正常；分光镜是将经由物镜进入望远镜的光分离成红外光和可见光两个部分；红外光传送给行阵探测器作为标尺图像探测的光源，可见光源穿过十字丝分划板经目镜供观测人员观测水准尺；基于 CCD 摄像原理的行阵探测器是仪器的核心部件之一，由光敏二极管构成，水准尺上进入望远镜的条码图像可被分成 256 个像素，并以模拟的视频信号输出。

　　B　电子水准仪的一般原理

　　电子水准仪是在望远镜中装了一个行阵探测器，仪器内装有图像识别与处理系统，与之配套使用的水准尺为条形编码尺。电子水准仪摄入条形编码后，可将编了码的水准尺影像通过望远镜成像在十字丝平面上，将条码图像转变成电信号后传送给信息处理机，通过仪器内的标准代码（参考信号）进行比对。比对十字丝中央位置周围的视频信号，通过电子放大、数字化后，可得到望远镜中丝在标尺上的读数；比对上下丝的视频信号及条码成像的比例，可得到仪器和条码尺间的视距，直接显示在显示屏上。如图 4-14 所示为徕卡 DNA03 数字水准仪外观及主要部件。

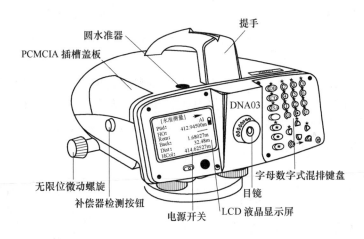

图 4-14　徕卡 DNA03 数字水准仪

　　由于标尺到仪器的距离不同，条码在探测器上成像的"宽窄"也将不同，测量信号片段条码的"宽窄"会变化。徕卡数字水准仪采用二维相关法，以一定步距改变仪器内部参考信号的"宽窄"，与 CCD 采集到的测量信号相比较，如果没有相同的两信号，则再改变，再进行一维相关，直到信号相同为止。参考信号的"宽窄"与视距是对应的。"宽窄"相同的两信号相比较是求视线高的过程，在此二维相关中，一维是视距，另一维是视线高，二维相关之后视距就可以精确算出。移动一个基本码宽来进行比较的精度是不够的，但是可以作为粗相关过程，得到粗读数；再在粗读数上下选取一定范围，减少步距，进行精相关，就可以得到精度足够的读数。

　　从原始参考信号一步一步缩放比较的相关的计算量会很大，使读数时间过长。为了缩短读数时间，徕卡数字水准仪内部设计有调焦移动量传感器采集调焦镜的移动量，由此可以反算出概略视距，初步确定物像比例。对仪器内部的参考信号的"宽窄"进行缩放，使其接近探测器采集到的测量信号的"宽窄"，然后再进行二维相关，这样可以减少 80% 的相关计算量。使读数时间缩短到 3s 以内。

电子水准仪具有自动安平功能，通过物镜获取水准尺图像，通过仪器的处理系统将图像信息转换成数字信息，能自动显示水平视线读数和视距，能与计算机实现数据通信，基本避免了人为的观测误差（视差、水准器精平误差、瞄准误差、估读数误差等）。因此它与传统仪器相比有以下特点。

（1）读数客观。不存在误差、误记问题，没有人为读数误差。

（2）精度高。视线高和视距读数都是采用大量条码分划图像经处理后取平均得出来的，因此削弱了标尺分划误差的影响。多数仪器都有进行多次读数取平均的功能，可以削弱外界条件影响。不熟练的作业人员也能进行高精度测量。

（3）速度快。由于省去了报数、听记、现场计算的时间及人为出错的重测数量，测量时间与传统仪器相比可以节省1/3左右。

（4）效率高。只需调焦和按键就可以自动读数，减轻了劳动强度。视距还能自动记录、检核，处理并能输入电子计算机进行后处理，可实线内外业一体化。

4.2.2　水准尺和尺垫

4.2.2.1　水准尺

水准尺是进行水准测量时使用的标尺，是水准测量的重要工具之一，其质量好坏直接关系到水准测量的精度，因此水准尺常使用优质木材、玻璃钢、金属材料、玻璃纤维或铟钢制成。常用的有塔尺和双面水准尺（见图4-15），用于光学水准测量；条码水准尺（见图4-16），用于电子水准测量。

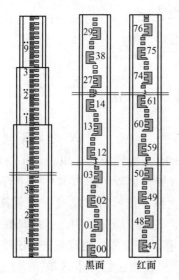

图 4-15　塔尺和双面水准尺

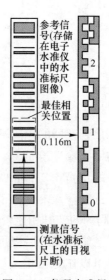

图 4-16　条码水准尺

（1）塔尺。是一种逐节缩小的组合尺，长度2~5m不等，2节或3节连接在一起，尺的底部为零，尺面上黑白格（黑面）或红白格（红面）相间，每格宽度为1cm或0.5cm，在米和分米处有数字注记。塔尺连接处稳定性较差，仅用于普通水准测量。

（2）双面水准尺多用于三等和四等水准测量，它长为3m，尺的双面均有刻划，其中一面为黑白相间，称为黑面尺（也称主尺），另一面为红白相间，称为红面尺（也称辅尺）。两面的刻划均为1cm，在分米处注有数字。尺子底部钉有铁片，以防磨损。两根尺的黑面尺尺底均从零开始；而红面尺尺底，一根从4.687m开始，另一根从4.787m开始。水准测量中，双面水准尺必须成对使用。在视线高度不变的情况下，同一根水准尺的红面和黑面读数之差应等于常数4.687m或4.787m，这个常数称为尺常数，用K来表示，以此检核读数是否正确。

（3）条码水准尺。一面印有条形码图案，供电子测量用；另一面和普通水准尺的刻画相同，供光学测量用。条码水准尺设计时要求各处条码宽度和条码间隔不同，以便探测器能正确测出每根条码的位置。各厂家设计的条码水准尺条码图案不相同，故不能互换使用，但其基本要求是一致的。

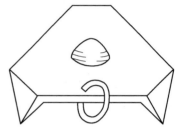

4.2.2.2 尺垫

如图4-17所示，尺垫由铁铸成，一般为三角形，其下方有3个脚，可以踩入土中，以防点位下沉。尺垫上方有一凸起的半球体，用来竖立水准尺和标志转点。

图4-17 尺垫

4.3 水准仪的使用

4.3.1 微倾式水准仪的使用

微倾式水准仪的基本操作程序为安置仪器、粗略整平、瞄准水准尺、精确整平和读数。

4.3.1.1 安置仪器

（1）在测站上松开三脚架架腿的固定螺旋，按观测所需的高度（仪器安放后望远镜与眼睛基本平齐）调整三条架腿长度，拧紧固定螺旋。在平坦地面。通常三条架腿成等边三角形安放；在倾斜地面，通常两条腿在坡下，一条腿在坡上，使架头大致水平，然后踩实架腿，使三脚架稳固。

（2）打开仪器箱，取出水准仪，用中心螺旋将其固定在三脚架架头上。

4.3.1.2 粗略整平

通过调节脚螺旋使圆水准器气泡居中。

4.3.1.3 瞄准

（1）目镜调焦。松开制动螺旋，将望远镜转向明亮的背景，转动目镜对光螺旋，使十字丝成像清晰。

（2）初步瞄准。转动望远镜，利用望远镜上方的缺口和准星瞄准水准尺，拧紧制动螺旋。

（3）物镜调焦。转动物镜对光螺旋，从望远镜观察水准尺成像清晰。

（4）精确瞄准。转动微动螺旋，使十字丝的竖丝瞄准水准尺的中央，如图 4-18 所示。

（5）消除视差。视差是指眼睛在目镜端上下移动时，十字丝的中丝与水准尺影像之间相对移动的现象，这是由于水准尺的尺像与十字丝平面不重合造成的，如图 4-19（a）所示。视差的存在将带来读数误差，必须予以消除。消除视差的方法是重新仔细且反复交替地转动物镜和目镜对光螺旋，直至尺与十字丝平面重合，如图 4-19（b）所示。

图 4-18　精确瞄准与读数

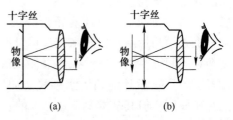

图 4-19　视差现象

（a）没有视差现象；（b）有视差现象

4.3.1.4　精确整平

精确整平简称精平。眼睛观察符合水准器观察窗内的气泡影像，同时用右手缓慢地转动微倾螺旋，直到气泡两端的影像严密吻合，此时视线即为水平视线，可以读数。微倾螺旋的转动方向与左侧半气泡影像的移动方向一致，如图 4-20 所示。

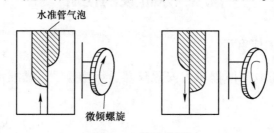

图 4-20　精确整平

由于气泡影像移动有惯性，在转动微倾螺旋时要慢、稳、轻，速度不宜太快，尤其是气泡两半端影像即将吻合时。

4.3.1.5　读数

符合水准气泡居中后，应立即用十字丝中丝在水准尺上读数。读数时先估读出毫米，然后依次读取米、分米、厘米，共 4 位数。遵循的原则是：从小数到大数读取，如果水准尺影像是倒像，应从上到下读取。图 4-18 中的正确读数为 1.332m，习惯上读 1332mm，读完应再次检查符合水准器气泡是否居中，若不居中，应再次精平，重新读数。

4.3.2　自动安平水准仪的使用

自动安平水准仪的操作程序分 4 步，即安置仪器—粗略整平—瞄准水准尺—读数，其中安置仪器、粗平、瞄准与微倾式水准仪操作方法相同。读数时应注意观察自动报警窗的颜色，如果全窗为绿色可以读数，如果任意一端出现红色，说明仪器倾斜量超出自动安平补偿范围，需重新整平仪器方可读数。有的自动安平水准仪在目镜下方配有一个补偿器检查按钮，每次读数前按一下该按钮，如果目标影像在视场中晃动，说明"补偿器"工作正常，等待2~4s后即可读数。

4.3.3　电子水准仪的使用

电子水准仪用键盘和测量键来操作。启动仪器进入工作状态后，根据选项设置合适的测量模式，人工完成安置、粗平与瞄准目标（条形编码水准尺）后，按下测量键后3~4s即显示出测量结果，测量结果可储存在仪器内或通过电缆连接存入机内记录器中。

4.4　水准测量的方法

4.4.1　普通水准测量方法

水准测量的过程中，为了保证每测站测得的高差都准确无误，一般需要进行测站的检核，测站的检核方法一般有两次仪器高法和双面尺法。

（1）两次仪器高法。在一个测站上用水准仪测得一次高差后，改变仪器高度（至少10cm），然后再测一次高差。当两次测得的高差之差不大于3~5mm时，认为观测值符合要求，取其平均值作为最后结果后方可转站；若大于3~5mm则需要重测。其外业观测手簿见表4-1。

表4-1　水准测量手簿（两次仪器高法）

日期：××××年×月×日　　　　　天气：晴　　　　　　仪器编号：×××
地点：××××　　　　　　　　　观测者：×××　　　　记录者：×××

编站号	测站编号	水准尺读数/mm		高差/mm	平均高差/mm	备注
		后视	前视			
		（第一次）	（第一次）	（第一次）		
		（第二次）	（第二次）	（第二次）		
1	BMA—TP1	0.712	1399	−0.687	−0.684	
		0.832	1514	−0.682		
2	TP1—TP2	1479	1428	+0.051	+0.054	
		1399	1342	+0.057		
3	TP2—TP3	1338	1674	−0.336	−0.333	
		1767	1437	−0.330		
4	TP3—TP4	1354	1258	+0.096	+0.094	
		1140	1047	+0.093		

（2）双面尺法。双面尺法是在每一个测站上，仪器高度不变，分别在每一测站上观测后视和前视水准尺的黑面、红面读数，通过黑红面读数差和红面高差和黑面高差进行检核，完成一个测站的水准测量工作。

4.4.2 三等和四等水准测量

在等级水准测量中，为了保证测量结果的精度，不仅要考虑读数的误差，还要考虑尺垫下沉、仪器下沉、水准尺零点误差、地球曲率大气折光等误差对测量结果的影响，因此测量过程中的要求较普通水准更为复杂。本小节介绍三等和四等水准测量的测量程序及要求。

三等或四等水准点的高程应从附近的一等或二等水准点引测，布设成附合或闭合水准路线，其点位应选在土质坚硬、便于长期保存和使用的地方，并应埋设水准标石；也可以利用埋设了标石的平面控制点作为水准点，埋设的水准点应绘制点之记。

4.4.2.1 三等和四等水准测量的技术要求

三等和四等水准测量每站观测的技术要求见表 4-2。

表 4-2 三等和四等水准测量的测站技术要求

等级	视线长度 /m	前后视距差 /m	前后视距累积差 /m	红黑读数差 /mm	红黑面所测高差之差 /mm
三等	≤75	≤3	≤6	≤2	≤3
四等	≤100	≤5	≤10	≤3	≤5

4.4.2.2 三等和四等水准测量的方法

三等和四等水准测量观测应在通视良好、望远镜成像清晰及稳定的情况下进行。下面介绍双面尺中丝读数法的观测程序。

A 一测站观测顺序

三等和四等水准测量采用成对双面尺观测。测站观测程序如下：

（1）安置水准仪，粗平；

（2）瞄准后视尺黑面，读取下、上、中丝的读数，记入手簿①、②、③栏，见表 4-3。

（3）瞄准前视尺黑面，读取下、上、中丝的读数，记入手簿④、⑤、⑥栏；

（4）瞄准前视尺红面，读取中丝的读数，记入手簿⑦栏；

（5）瞄准后视尺红面，读取中丝的读数，记入手簿⑧栏。

以上观测程序可归纳为"后、前、前、后"，可减小仪器下沉误差。四等水准测量亦可按"后、后、前、前"程序观测。

B 一测站计算与检核

a 视距计算与检核

根据前、后视的上、下丝读数计算前、后视的视距⑨和⑩：

$$后视距离 ⑨ = [①-②]/10$$

表4-3 三（四）等水准测量手簿

日期：××××年×月×日　　　　天气：晴　　　　仪器编号：×××

地点：××××　　　　观测者：×××　　　　记录者：×××

测站编号	后尺 上丝 下丝 后视 视距差 d/mm	前尺 上丝 下丝 前视 ∑d/mm	方向及尺号	水准尺读数/mm 黑面	水准尺读数/mm 红面	K+黑减红 /mm	平均高差 /m	备注
BMA—TP1	①	④	后	③	⑧	⑭	⑱	
	②	⑤	前	⑥	⑦	⑬		
	⑨	⑩	后—前	⑮	⑯	⑰		
	⑪	⑫						
TP1—TP2	1614	0774	后	1384	6171	0	0.832	
	1156	0326	前	0551	5239	−1		
	45.8	44.8	后—前	0833	0932	+1		
	+1.0	+1.0						
TP2—TP3	2188	2252	后	1934	6622	−1	0.074	
	1682	1758	前	2008	6796	−1		
	50.6	49.4	后—前	0074	0174	0		
	+1.2	+2.2						
TP3—TP4	1922	2066	后	1726	6512	+1	0.141	
	1529	1668	前	1866	6554	−1		
	39.3	39.8	后—前	−0140	−0042	+2		
	−0.5	+1.7						
TP4—B	2041	2220	后	1832	6520	−1	0.174	
	1622	1790	前	2007	6793	+1		
	41.9	43.0	后—前	0175	−0273	−2		
	−1.1	+0.6						

注：括号内的数字为观测顺序和计算步骤。

前视距离 ⑩ = (④ − ⑤)/10

计算前、后视距差⑪：

$$⑪ = ⑨ − ⑩$$

计算前、后视视距累积差⑫：

$$⑫ = 上站 ⑫ + 本站 ⑪$$

b　水准尺读数检核

同一水准尺黑面与红面读数差的检核：

$$⑬ = ⑥ + K_1 − ⑦$$

$$⑭ = ③ + K_2 - ⑧$$

K 为双面水准尺的红面分划与黑面分划的零点差（本小节中，$K_1 = 4787mm$，$K_2 = 4687mm$）。

c 高差计算与检核

按前、后视水准尺红、黑面中丝读数分别计算一站高差：

$$黑面高差 ⑮ = (③ - ⑥)$$

$$红面高差 ⑯ = (⑧ - ⑦)$$

$$红黑面高差之差 ⑰ = ⑮ - (⑯ ± 100) = ⑭ - ⑬$$

$$平均高差 ⑱ = (⑮ + ⑯)/2/1000$$

d 每页水准测量记录计算检核

高差检核：

$$\sum③ - \sum⑥ = \sum⑮$$

$$\sum⑧ - \sum⑦ = \sum⑯$$

$$(\sum⑮ - \sum⑯)/1000 ± 0.1 = 2\sum⑱$$

视距差检核：

$$\sum⑨ - \sum⑩ = 本页末站⑫ - 前页末站⑫$$

$$本页总视距为 \sum⑨ + \sum⑩$$

式中，常数100mm是两水准尺红面零点差之差，即4.687m和4.787m之差。作业时，对每一个测站必须遵循全部计算完毕并确认符合限差要求后，才能移动后尺尺垫并迁站，否则可能会造成全测段的重测。

4.4.2.3 水准测量注意事项

（1）转点起着传递高程的作用，尺垫放置时一定要踩实。在相邻转站过程中，要严防碰动尺垫；否则，会给高差带来误差。

（2）按规范要求每条水准路线测量测站个数应为偶数站，以消除两根水准尺的零点误差和其他误差。

（3）前后视距应大致相等，这样可以消除因视准轴不平行水准管轴而引起的 i 角误差。i 角误差是指视线不水平时产生的读数误差 x。如图 4-21 所示。设 a_0、b_0 为视线水平时 A、B 两尺上的正确读数，a、b 是视线倾斜了 i 角后，A、B 两尺的实际读数。若前、后视距相等，则 i 角对 A、B 两尺读数的影响 x 相等。

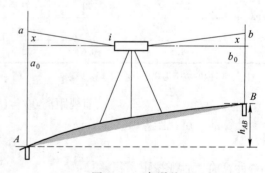

图 4-21 i 角误差

$$h_{AB} = a - b = (a_0 + x) - (b_0 + x)$$
$$= a_0 - b_0$$

在野外作业前，水准仪应进行 i 角误差的检验和校正。如《公路勘测规范》要求 i 角不得大于 20″。

4.5 水准测量数据处理

水准测量过程中不可避免地会存在各种误差，因此在外业观测结束并且检查外业观测手簿无误后，需要对水准测量的观测数据进行相应的处理，从而减弱测量误差对观测结果的影响，其具体步骤如下。

4.5.1 附合水准路线

4.5.1.1 根据实际情况绘制水准路线示意图

图 4-22 所示为一附合水准路线测量示意图，A、B 为已知高程的水准点，1、2、3 点为待测水准点，各测段实测高差、测站数如图 4-22 所示。

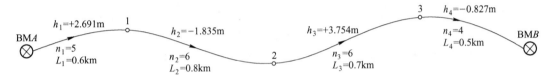

图 4-22 附合水准路线示意图

4.5.1.2 将已知数据和观测数据表

将点号、测段长度、测站数、观测高差即已知水准点 A、B 的高程填入表 4-4 水准测量成果计算表中。

表 4-4 水准测量成果计算表

点号	距离/km	测站数	实测高程/m	改正数/mm	改正后高差/m	高程/m	点号	备注
BMA						89.763	BMA	
	0.6	5	+2.691	−10	+2.681			
1						92.444	1	
	0.8	6	−1.835	−13	−1.848			
2						90.596	2	
	0.7	6	+3.754	−11	+3.743			
3						94.339	3	
	0.5	4	−0.827	−8	−0.835			
BMB						93.504	BMB	
Σ	2.6	21	+3.783	−42	+3.741		Σ	
辅助计算	$f_h = \sum h - (H_B - H_A) = 3.783 - (93.504 - 89.763) = 0.042\text{m} = +42\text{mm}$ $f_{h容} = \pm 40\sqrt{L} = \pm 40\sqrt{2.6} = \pm 64\text{mm} \quad |f_h| < |f_{h容}|$							

4.5.1.3　计算高程闭合差

对于闭合水准路线如果观测过程中没有误差，各测段高差之和应等于终点和起点的高程之差，即：

$$\sum h = H_B - H_A \tag{4-5}$$

实际上，由于测量工作中存在着误差，使式（4-5）不等，其差值即为高差闭合差，以符号f_h表示，即：

$$f_h = \sum h - (H_B - H_A) \tag{4-6}$$

对于闭合水准路线各段高差代数和的理论值为零，故：

$$f_h = \sum h \tag{4-7}$$

对于支水准路线要进行往返测，往测高差与返测高差代数和的理论值为零，故：

$$f_h = \sum h_{往} + \sum h_{返} \tag{4-8}$$

本例中，$f_h = \sum h - (H_B - H_A) = 3.783 - (93.504 - 89.763) = 0.042 = +42$mm。

4.5.1.4　计算高差闭合差的容许值$f_{h容}$

根据《工程测量规范》(GB 50026—2007) 中规定四等水准测量高差闭合差容许值为：

$$平地 \quad f_{h容} = \pm 20\sqrt{L} \tag{4-9a}$$

$$山地 \quad f_{h容} = \pm 6\sqrt{n} \tag{4-10a}$$

式中　L——路线总长度，km；

　　　n——测站总数。

图根水准测量的高程闭合差容许值为：

$$平地 \quad f_{h容} = \pm 40\sqrt{L} \tag{4-9b}$$

$$山地 \quad f_{h容} = \pm 12\sqrt{n} \tag{4-10b}$$

本例中采用图根水准测量平地公式进行计算，即：

$$f_{h容} = \pm 40\sqrt{L} = \pm 40\sqrt{2.6} = \pm 64\text{mm}$$

因$|f_h| < |f_{h容}|$，说明观测成果精度符合要求，可对高差闭合差进行调整。如果$|f_h| > |f_{h容}|$，说明观测成果不符合要求，必须重新测量。

4.5.1.5　高差闭合差的调整

由于存在闭合差，使测量成果产生矛盾。为此，必须在观测值上加一定的改正数，改正数之和与闭合差应大小相等、符号相反，以消除矛盾。

在同一条水准路线上，假设观测条件是相同的，可认为各测站产生误差的机会是相同的。因此，闭合差调整的原则和方法是按与测站数（或测段距离）成正比例、并与闭合差反符号改正到各相应测段的高差上，得各测段高差闭合差的改正数v_i，即：

$$v_i = -\frac{f_h}{\sum n} n_i \quad 或 \quad v_i = -\frac{f_h}{\sum L} L_i \tag{4-11}$$

式中　　v_i——第 i 段的高差改正数，mm；

$\sum n$，$\sum L$——水准路线的总测站数、总长度，km；

n_i，L_i——第 i 测段的测站数、测段长度，km。

本节中，按路线长度进行调整，各段改正数分别填入表4-4第5栏内相应位置中。

计算检核：

$$\sum v_i = -f_h \tag{4-12}$$

4.5.1.6　计算各测段改正后高差

各测段改正后高差等于各段观测高差加上相应的改正数，即：

$$\bar{h}_i = h_i + v_i \tag{4-13}$$

式中，$\bar{h}_i$ 为第 i 段改正后高差，m。

将各测段改正后的高差填入表4-4第6栏内。

计算检核：

$$\sum \bar{h} = H_B - H_A \tag{4-14}$$

4.5.1.7　计算待定点高程

根据已知水准点 A 的高程和各测段改正后的高程依次可推算出各待测点高程。

计算检核：

$$H_{B推算} = H_3 + \bar{h}_4 = H_{B已知} \tag{4-15}$$

4.5.2　闭合水准路线

由图4-6（b）知，从 BMA 点开始，经过所求点 1、2、3 又回到 BMA 点，则所测各段高差之和，若无误差，应等于零。由于测量误差的存在，实际所测各段高差之和不等于零，产生了高差闭合差，用 f_h 表示，则：

$$f_h = (H_B - H_A) - \sum h_测 = -\sum h_测 \tag{4-16}$$

f_h 为闭合水准路线高差闭合差。其容许值、各段高差改正数及平差后的高差的计算，均与附合水准路线相同。

4.5.3　支水准路线

由图4-6（a）知，从已知水准点 A 测至待求点 1、2 后，再从 2、1 返回到 A 点。将往返测两次高差进行比较，其差值即为高差闭合差。其容许值、各段高差改正数及平差后的高差的计算，也与附合水准路线相同。

4.6　水准测量的误差及其消减方法

水准测量误差按其来源可分为仪器误差、观测与操作者的误差及外界环境的影响等三个方面。

4.6.1 仪器误差

仪器误差主要包括水准仪校正后的误差和水准尺误差。

（1）水准仪校正后的误差。仪器虽在测量前经过校正，但仍会存在残余误差。因此造成水准管气泡居中，水准管轴居于水平位置而望远镜视准轴却发生倾斜，致使读数误差。这种误差与视距长度成正比。观测时可通过中间法（前后视距相等）和距离补偿法（前视距离和等于后视距离总和）消除。针对中间法在实际过程中的控制，立尺人是关键，通过应用普通皮尺测量距离，然后立尺，简单易行。而距离补偿法不仅烦琐，并且不容易掌握。

（2）水准尺误差。水准尺误差主要包含尺长误差（尺子长度不准确）、刻划误差（尺上的分划不均匀）和零点差（尺的零刻划位置不准确），对于较精密的水准测量，一般应选用尺长误差和刻划误差小的标尺。尺的零误差的影响，控制方法可以通过在一个水准测段内，两根水准尺交替轮换使用（在本测站用作后视尺，下测站则用为前视尺），并把测段站数目布设成偶数，即在高差中相互抵消。同时可以减弱刻划误差和尺长误差的影响。

4.6.2 观测误差

观测误差主要包括符合水准管气泡居中误差、水准尺估读误差、视差误差和水准尺的倾斜误差。

（1）符合水准管气泡居中误差。由于符合水准气泡未能做到严格居中，造成望远镜视准轴倾斜，产生读数误差。读数误差的大小与水准管的灵敏度有关，主要是水准管分划值 τ 的大小。此外，读数误差与视线长度成正比。水准管居中误差一般认为是 0.15τ，根据公式 $m_{居} = 0.075\tau D/\rho$，DS_3 级水准仪水准管的分划值一般为 $20''$，视线长度 D 为 $75m$，$\rho = 206265''$，那么，$m_{居} = 0.3mm$。由此看来，只要观测时符合水准管气泡能够认真仔细进行居中，且对视线长度加以限制，与中间法一致，此误差可以消除。

（2）水准尺估读误差。在水准尺上估读毫米时，估读误差与测量人员眼的分辨能力、望远镜的放大倍率及视线长度有关。因此，在水准测量时，要根据测量的精度要求严格控制视线长度。

（3）视差误差。当尺像与十字丝平面不重合时，观测时眼睛所在的位置不同，读出的数也不同，因此，产生读数误差。所以在每次读数前，控制方法就是要仔细进行物镜对光，以消除视差。

（4）水准尺的倾斜误差。水准尺如果是向视线的左右倾斜，观测时通过望远镜十字丝很容易察觉而纠正；但是，如果水准尺的倾斜方向与视线方向一致，则不易察觉。水准尺倾斜总是使读数偏大。读数误差的大小与水准尺倾斜角和读数的大小（即视线距地面的高度）有关。水准尺的倾斜角越大，对读数的影响就越大；读数越大，对读数的影响就越大，水准尺的倾斜角产生的读数误差可以用公式 $\Delta a = a(1 - \cos\gamma)$ 计算。假定 $\gamma = 3°$，$a = 1.5m$，则 $\Delta a = 2mm$，由此可以看出，此项影响是不可忽视的。因此，在水准测量中，立尺是一项十分重要的工作，一定要认真立尺，使尺处于铅垂位置。尺上有圆水准的应使气泡居中。必要时可用摇尺法，即读数时尺底置于点上，尺的上部在视线方向前后慢慢摇动，读取最小的读数。当地面坡度较大时，尤其应注意将尺子扶直，并应限制尺的最大读数。

4.6.3　外界环境的影响

外界环境的影响主要包括仪器下沉、水准尺下沉、地球曲率及大气折光、温度的影响。

（1）仪器下沉。仪器下沉是指在一测站上读的后视读数和前视读数之间仪器发生下沉，使得前视读数减小，算得的高差增大。为减小其影响，当采用双面尺法或变更仪器高法时，第一次是读后视读数再读前视读数，而第二次则先读前视读数再读后视读数。即"后、前、前、后"的观测程序。这样的两次高差的平均值即可消除或减弱仪器下沉的影响。

（2）水准尺下沉。水准尺下沉的误差是指仪器在迁站过程中，转点发生下沉，使迁站后的后视读数增大，算得的高差也增大。如果采取往返测，往测高差增大，返测高差减小，所以取往返高差的平均值，可以减弱水准尺下沉的影响。最有效的方法是应用尺垫，在转点的地方必须放置尺垫，并将其踩实，以防止水准尺在观测过程中下沉。

（3）地球曲率及大气折光的影响。如图 4-23 所示，用水平面代替水准面对高程的影响，可以用公式 $\Delta h = D^2 / (2R)$ 表示，地球半径 $R = 6371\text{km}$，当 $D = 75\text{m}$ 时，$\Delta h = 0.44\text{cm}$；当 $D = 100\text{m}$ 时，$\Delta h = 0.08\text{cm}$；当 $D = 500\text{m}$ 时，$\Delta h = 2\text{cm}$；当 $D = 1\text{km}$ 时，$\Delta h = 8\text{cm}$；当 $D = 2\text{km}$ 时，$\Delta h = 31\text{cm}$；显然，以水平面代替水准面时高程所产生的误差要远大于测量高程的误差。所以，对于高程而言，即使距离很短，也不能将水准面当作水平面，一定要考虑地球曲率对高程的影响。实测中采用中间法可消除上述影响。大气折光使视线成为一条曲率约为地球半径 7 倍的曲线，使读数减小，可以用公式 $\Delta h = D^2 / (14R)$ 表示，视线离地面越近，折射越大，因此，视线距离地面的角度不应小于 0.3m，其影响也可用中间法消除或减弱。此外，应选择有利的时间，一日之中，上午 10 时至下午 4 时这段时间大气比较稳定，大气折光的影响较小，但在中午前后观测时，尺像会有跳动，影响读数，应避开这段时间，阴天、有微风的天气可全天观测。

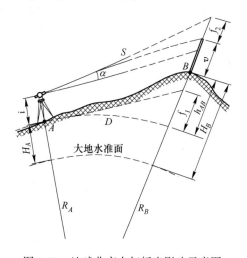

图 4-23　地球曲率大气折光影响示意图

（4）温度影响。温度的变化不仅引起大气折光的变化，而且当烈日照射水准管时，由于管壁和管内液体的受热不均，气泡向着温度更高的方向移动，从而影响仪器的水平，产生气泡居中误差。因此，在阳光强烈时进行水准测量，应注意撑伞遮阳。

4.7　三角高程测量

当地形高低起伏、两点间高差较大而不便于进行水准测量时，可以使用三角高程测量的方法测定两点间的高差和点的高程。根据测量距离方法的不同，三角高程测量又分为光电测距三角高程测量和经纬仪三角高程测量，前者可以代替四等水准测量，后者主要用于山区图根高程控制。

4.7.1　三角高程测量原理

三角高程测量原理是根据测站与待测点两点间的水平距离 D 或斜距 S 和测站向目标点所观测的竖直角 α 来计算两点间的高差。由第 3 章可知高差计算公式为：

$$h_{AB} = S\sin\alpha + i - v \tag{4-17}$$

或

$$h_{AB} = D\tan\alpha + i - v \tag{4-18}$$

这个公式是在把水准面当作水平面、观测视线是直线的条件下导出的，当地面两点间的距离小于 200m 时是适用的。两点间距离大于 200m 时就要顾及地球曲率，并加一曲率改正数 f_1，简称为球差改正。由第 1 章知识可知：

$$f_1 = \Delta h = \frac{D^2}{2R} \tag{4-19}$$

式中，$R = 6371km$，为地球平均曲率半径。

由于地球表面的大气层受重力影响，低层空气的密度大于高层空气的密度，观测垂直角时的视线穿过密度不均匀的介质时会形成一条向上凸的曲线，使视线的切线方向向上抬高，测得的垂直角偏大，如图 2-22 所示。这种现象称为大气垂直折光。

可以将受大气垂直折光影响的视线看成是一条半径为 $\frac{R}{K}$ 的圆曲线，K 称为大气垂直折光系数。仿照式（4-19），可得大气垂直折光改正（简称气差改正）为：

$$f_2 = -K\frac{D^2}{2R} \tag{4-20}$$

球差改正与气差改正之和为：

$$f = f_1 + f_2 = (1 - K)\frac{D^2}{2R} \tag{4-21}$$

式中，f 简称两差改正，因 K 值大约在 0.08~0.14 之间，所以 f 恒大于零。

大气垂直折光系数 K 是随地区、气候、季节、地面覆盖物和视线超出地面高度等条件的不同而变化的，目前，人们还不能精确地测定它的数值，一般取 $K = 0.14$ 计算两差改正 f。表 4-5 列出了水平距离 $D = 100 \sim 3500m$ 时两差改正数 f 的值。

表 4-5 三角高程测量地球曲率和大气折光改正

D/m	f/mm	D/m	f/mm
100	1	2000	270
500	17	2500	422
1000	67	3000	607
1500	152	3500	827

顾及两差改正 f，采用水平距离 D 或斜距 S 的三角高程测量的高差计算公式为：

$$h_{AB} = S\sin\alpha + i - v + f \tag{4-22}$$
$$h_{AB} = D\tan\alpha + i - v + f \tag{4-23}$$

由于折光系数 K 不能精确测定，使两差改正 f 带有误差。距离 D 越长，误差也越大。为了减少两差改正数 f，《城市测量规范》规定，代替四等水准的光电测距三角高程，其边长不应大于 1km。减少两差改正误差的另一个方法是，在 A、B 两点同时进行对向观测，此时可以认为 K 值是相同的，两差改正 f 也相等，往返测高差分别为：

$$h_{AB} = D\tan\alpha_A + i_A - v_B + f \tag{4-24}$$
$$h_{BA} = D\tan\alpha_B + i_B - v_A + f \tag{4-25}$$

取往返测高差的平均值为：

$$\bar{h}_{AB} = \frac{1}{2}(h_{AB} - h_{BA}) = \frac{1}{2}\left[(D\tan\alpha_A + i_A - v_B) - (D\tan\alpha_B + i_B - v_A)\right] \tag{4-26}$$

可以抵消 f。

4.7.2 三角高程测量的观测与计算

4.7.2.1 三角高程的观测

在测站上安置经纬仪或全站仪，量取仪器高 i，在目标点上安置觇牌或反光镜，量取觇牌高 V。

用望远镜中横丝照准觇牌或反光镜中心，测量该点的竖直角，用全站仪或光电测距仪测量两点间的斜距。

《城市测量规范》规定，代替四等水准测量的光电测距三角高程导线观测应符合下列规定。

（1）边长的观测应采用不低于 II 级精度的测距仪往返各测一测回，测距时，要同时测定气温和气压值，并对所测距离进行气象改正。

（2）竖直角观测应采用觇牌为照准目标，用 DJ_2 级经纬仪或全站仪按中丝法观测三测回，竖直角测回差和指标差均不应大于 7″。对向观测高差较差不应大于 $\pm 40\sqrt{D}$（mm）（D 为以 km 为单位的测距边水平距离），附合路线或环线闭合差同四等水准测量要求。

（3）仪器高和觇牌高应在观测前后用经过检验的量杆各量测一次，精确读数至 1mm，当较差不大于 2mm 时，取中数。

4.7.2.2 三角高程的计算

根据式（4-24）或式（4-25）进行光电测距三角高程导线的计算一般在表 4-6 所示的表格中进行。

表 4-6 三角离程测量的高差计算

起算点	A		B	
待定点	B		C	
往返测	往	返	往	返
斜距 S/m	593.391	593.400	491.360	491.301
竖直角 α/(°)	+11	−11	+6	−6
仪器高 i/m	1.440	1.491	1.491	1.502
觇牌高 v/m	1.502	1.400	1.522	1.441
两差改正 f/m	0.023	0.023	0.016	0.016
高差/m	+118.740	−118.715	+57.284	+57.253
平均高差/m	+118.728		+57.269	

 复习思考题

4-1 设 A 为后视点，B 为前视点；A 点高程是 20.016m。当后视读数为 1.124m，前视读数为 1.428m 时，问 A、B 两点高差是多少，B 点比 A 点高还是低？B 点的高程是多少？并绘图说明。

4-2 何为水准轴，何为视差？产生视差的原因是什么，怎样消除视差？

4-3 水准仪上的圆水准器和管水准器作用有何不同？

4-4 水准管轴和圆水准器轴是怎样定义的？

4-5 转点在水准测量中起什么作用？

4-6 试述水准测量的计算检核。它主要检核哪两项计算？

4-7 将图 4-24 中的数据填入表 4-7 中，并计算出各点间的高差及 B 点的高程。

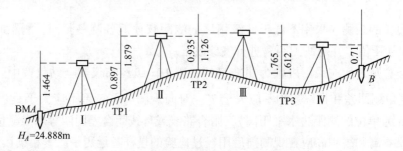

图 4-24 题 4-7

表 4-7 水准记录表

点号	水准尺读数		高差		高程	备注
	后视 (a)	前视 (b)	+	−		
BMA						
TP1						
TP2						
TP3						
B						
计算检核						

4-8 调整图 4-25 中附合水准路线等外水准测量观测成果，记入表 4-8，并求出各点高程。

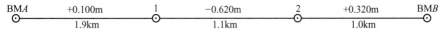

图 4-25 题 4-8

表 4-8 观测结果记录表

点号	距离/km	观测高差/m	改正数/mm	改正后高差/m	高程/m
BMA					500. 320
1					
2					
BMB					500. 160
Σ					

4-9 调整图 4-26 所示的闭合水准路线的观测成果，记入表 4-9，并求出 1、2、3、4 点高程。

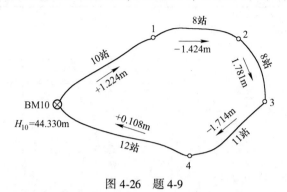

图 4-26　题 4-9

表 4-9　观测结果记录表

测段编号	点名	距离 L /km	测站数	实测高差 /m	改正数 /m	改正后高差 /m	高程 /m	备注
1	2	3	4	5	6	7	8	9
辅助计算								

4-10 简述三角高程的测量原理。

5 现代测量仪器与测绘"3S"技术

第5章微课　第5章课件

5.1 全 站 仪

随着科学技术的不断发展，融光电测距仪、电子经纬仪、微处理仪及数据记录装置为一体的电子速测仪（简称全站仪）已经普及，测绘仪器的研究水平、制造技术、科技含量、适用性程度等，都到了一个新的阶段。

全站仪，即全站型电子速测仪（electronic total station），是一种集光、机、电为一体的高技术测量仪器，是集水平角、垂直角、距离（斜距、平距）、高差测量功能于一体的测绘仪器系统。因其一次安置仪器就可完成该测站上全部测量工作，所以称为全站仪。全站仪自动化程度高、功能多、精度好，通过配置适当的接口，可使野外采集的测量数据直接进入计算机进行数据处理或进入自动化绘图系统。与传统的方法相比，省去了大量的中间人工操作环节，使劳动效率和经济效益明显提高，同时也避免了人工操作、记录等过程中差错率较高的缺陷。

全站仪的厂家很多，主要的厂家及相应生产的全站仪系列有瑞士徕卡公司生产的 TC 系列全站仪、日本 TOPCN（拓普康）公司生产的 GTS 系列、索佳公司生产的 SET 系列、宾得公司生产的 PCS 系列、尼康公司生产的 DMT 系列及瑞典捷创力公司生产的 GDM 系列全站仪。我国南方测绘仪器公司20世纪90年代生产的 NTS 系列全站仪填补了我国的空白，正以崭新的面貌走向国内国际市场。

5.1.1 全站仪的特点

目前工程中使用的全站仪基本都具备以下主要特点。

（1）能同时测角、测距并自动记录测量数据。

（2）机内设有测量应用软件，可以方便地进行三维坐标测量、导线测量、对边测量、悬高测量、偏心测量、后方交会、放样测量等工作。

（3）控制面板具有人机对话功能。控制面板由键盘和显示屏组成。除照准以外的各种测量功能和参数均可通过键盘来实现。仪器的两侧均有控制面板，操作十分方便。

（4）设有双向倾斜补偿器，可以自动对水平和竖直方向进行修正，以消除竖轴倾斜误差的影响。

（5）具有双路通信功能，可将测量数据传输给电子手簿或外部计算机，也可接受电子手簿和外部计算机的指令和数据。这种传输系统有助于开发专用程序系统，提高数据的可靠性与存储安全性。

5.1.2　全站仪的结构

全站仪由以下三大部分组成，如图 5-1 所示。

（1）采集数据设备：主要有电子测角系统、电子测距系统，还有自动补偿设备等。测角部分相当于电子经纬仪，可以测定水平角、垂直角和设置方位角；测距部分相当于光电测距仪，一般用红外光源，测定至目标点（设置反光棱镜或反光片）的斜距，并可归算为平距及高差。

（2）微处理器：微处理器是全站仪的核心装置，主要由中央处理器、随机储存器和只读存储器等构成。测量时，中央处理器接受输入指令，分配各种观测作业，进行测量数据的运算，如多测回取平均值、观测值的各种改正、极坐标法或交会法的坐标计算及运算更为完备的各种软件功能等，各种计算数据和观测数据存储在存储器中。

（3）输入输出部分包括键盘、显示屏和接口。从键盘可以输入操作指令、数据和设置参数；显示屏可以显示出仪器当前的工作方式、状态、观测数据和运算结果；接口使全站仪能与磁卡、磁盘、微机交互通信，传输数据。

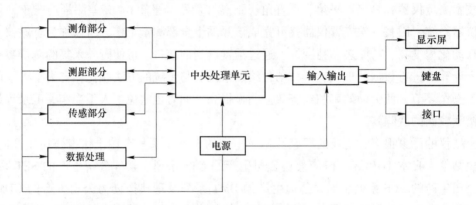

图 5-1　全站仪的结构

全站仪的基本功能如下：

（1）测角功能，测量水平角、竖直角或天顶距；

（2）测距功能，测量平距、斜距或高差；

（3）跟踪测量，即跟踪测距和跟踪测角；

（4）连续测量，角度或距离分别连续测量或同时连续测量；

（5）坐标测量，在已知点上架设仪器，根据测站点和定向点的坐标或定向方位角，对任一目标点进行观测，获得目标点的三维坐标值；

（6）悬高测量，可将反射镜立于悬物的垂点下，观测棱镜，再抬高望远镜瞄准悬物，即可得到悬物到地面的高度；

（7）对边测量，可迅速测出棱镜点到棱镜点的平距、斜距和高差；

（8）后方交会，仪器测站点坐标可以通过观测两坐标值存储于内存中的已知点求得；

（9）距离放样，可将设计距离与实际距离进行差值比较迅速将设计距离放到实地；

（10）坐标放样，已知仪器点坐标和后视点坐标或已知仪器点坐标和后视方位角，即可进行三维坐标放样，需要时也可进行坐标变换；

（11）预置参数，可预置温度、气压、棱镜常数等参数；

（12）测量的记录、通信传输功能。

以上是全站仪必须具备的基本功能。当然，不同厂家和不同系列的仪器产品，在外形和功能上略有区别，这里不再详细列出。

除了上述功能外，有的全站仪还具有免棱镜测量功能，有的还具有自动跟踪照准功能，即测量机器人；另外，有的厂家还将 GPS 接收机与全站仪进行集成，生产出了超站仪。

5.1.3 全站仪的分类

（1）全站仪按其外观结构可分为积木型（又称组合型）全站仪（见图 5-2）、整体型全站仪（见图 5-3）两类。

图 5-2　组合型全站仪　　　　图 5-3　整体型全站仪

（2）全站仪按测量功能分类，可分成经典型全站仪、无合作目标型全站仪（免棱镜全站仪）、智能型全站仪（测量机器人）。

（3）全站仪按测距仪测距分类，还可以分为三类：

1）短距离测距全站仪，测程小于 3km，一般精度为 $\pm(5+5\times10^{-6})$mm，主要用于普通测量和城市测量；

2）中测程全站仪，测程为 3~15km，一般精度为 $\pm(5+2\times10^{-6})$mm，$\pm(2+2\times10^{-6})$mm 通常用于一般等级的控制测量；

3）长测程全站仪，测程大于 15km，一般精度为 $\pm(5+1\times10^{-6})$mm，通常用于国家三角网及特级导线的测量。

（4）自动陀螺全站仪。由陀螺仪 GTA1000 与无合作目标全站仪 RTS812R5 组成的自动陀螺全站仪能够在 20min 内，以最高 $\pm5''$ 的精度测出真北方向，如图 5-4 所示。GTA1800R 这款仪器实现了陀螺仪和全站仪的有机整合，实现了北方向的自动观测，免去了人工观测的劳动量和不确定性。

图 5-4　自动陀螺全站仪

5.1.4　全站仪的使用方法

不同品牌和型号的全站仪，其使用方法不尽相同，但其基本思路相差不大，下面就全站仪的基本功能的使用进行介绍。

（1）水平角测量。

1）按角度测量键，使全站仪处于角度测量模式，照准第一个目标 A。

2）按置盘键或菜单中的置盘功能，设置 A 方向的水平度盘读数，使其微大于 $0°$。

3）照准第二个目标 B，此时显示的水平度盘读数即为两方向间的水平夹角。

（2）距离测量。

1）设置棱镜常数。测距前需将棱镜常数输入仪器中，仪器会自动对所测距离进行改正。

2）设置大气改正值或气温、气压值。光在大气中的传播速度会随大气的温度和气压而变化，$15℃$ 和 $760mmHg$（$1mmHg=133.322Pa$）是仪器设置的一个标准值，此时的大气改正为 0。实测时，可输入温度和气压值，全站仪会自动计算大气改正值（也可直接输入大气改正值），并对测距结果进行改正。

3）量仪器高、棱镜高并输入全站仪。

4）照准目标棱镜中心，按测距键，距离测量开始，测距完成时显示斜距、平距、高差。

全站仪的测距模式有精测模式、跟踪模式、粗测模式三种。精测模式是最常用的测距模式，测量时间约 $2.5s$，最小显示单位 $1mm$；跟踪模式，常用于跟踪移动目标或放样时连续测距，最小显示一般为 $1cm$，每次测距时间约 $0.3s$；粗测模式，测量时间约 $0.7s$，最小显示单位 $1cm$ 或 $1mm$。在距离测量或坐标测量时，可按测距模式（MODE）键选择不同的测距模式。

应注意，有些型号的全站仪在距离测量时不能设定仪器高和棱镜高，显示的高差值是全站仪横轴中心与棱镜中心的高差。

（3）坐标测量。

1）设定测站点的三维坐标。

2）设定后视点的坐标或设定后视方向的水平度盘读数为其方位角。当设定后视点的坐标时，全站仪会自动计算后视方向的方位角，并设定后视方向的水平度盘读数为其方位角。

3）设置棱镜常数。

4）设置大气改正值或气温、气压值。

5）量仪器高、棱镜高并输入全站仪。

6）照准目标棱镜，按坐标测量键，全站仪开始测距并计算显示测点的三维坐标。

为了方便学生使用和操作仪器，下面以南方测绘公司 NTS-340 系列全站仪为例对其功能及使用方法进行介绍。

5.1.4.1　NTS-340 系列全站仪简介

（1）NTS-340 系列全站仪外观及各部件名称如图 5-5 所示。

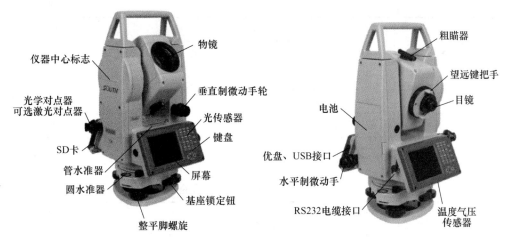

图 5-5 NTS-340 全站仪外观及各部件名称

（2）操作键。NTS-340 全站仪键盘如图 5-6 所示，其主要功能见表 5-1。

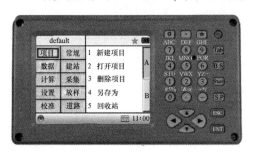

图 5-6 NTS-340 全站仪键盘及显示屏

表 5-1 NTS-340 全站仪键盘功能

按键	功　　能
α	输入字符时，在大小写输入之间进行切换
▣	打开软键盘
★	打开和关闭快捷功能菜单
⏻	电源开关，短按切换不同标签页，长按开关电源
Tab	使屏幕的焦点在不同的控件之间切换
B. S	退格键
Shift	在输入字符和数字之间进行切换
S. P	空格键
ESC	退出键
ENT	确认键

按键	功　能
▲▼◄►	在不同的控件之间进行跳转或者移动光标
0~9	输入数字和字母
—	输入负号或者其他字母
.	输入小数点

（3）显示符号的意义见表 5-2。

表 5-2　NTS-340 全站仪显示符号的意义

显示符号	内　容	显示符号	内　容
V	垂直角	Z	高程
V%	垂直角（坡度显示）	m	以米为距离单位
HR	水平角（右角）	ft	以英尺为距离单位
HL	水平角（左角）	dms	以度分秒为角度单位
HD	水平距离	gon	以哥恩为角度单位
VD	高差	mil	以密为角度单位
SD	斜距	PSM	棱镜常数（以 mm 为单位）
N	北向坐标	PPM	大气改正值
E	东向坐标	PT	点名

5.1.4.2　NTS-340 系列全站仪的使用

（1）开机。对全站仪进行粗平，打开电源开关键。

（2）参数设置。点击图 5-7 中"设置"菜单，可以进行测量单位、通信、电源等相关设置，点击右侧 A、B、C 可以切换显示页。

图 5-7　设置菜单

（3）新建或打开一个项目。每个项目对应一个文件，必须先建立一个项目才能进行测量和其他操作，默认系统将建立一个名为 default 的项目。每次开机将默认打开上次关机时打开的项目。项目中将保存测量和输入的数据，可以通过导入或者导出将数据导入到项目或者从项目中导出，如图 5-8 所示。如果需要新建项目，点击图 5-8（a）右侧"新建项目"，显示如图 5-8（c）所示的界面，输入项目名，项目名称最长为 8 个字符，文件的扩展名为 job，默认会以当前的时间作为项目名称。

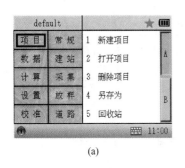
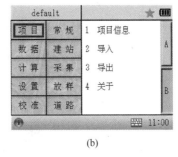

(a)　　　　　　　　　　(b)　　　　　　　　　　(c)

图 5-8　项目管理菜单

（4）建站。在进行测量和放样之前都要进行已知点建站的工作，如图 5-9（a）所示。

1）测站：输入已知测站点的名称，通过■可以调用或新建一个已知点作为测站点，如图 5-9（b）所示。

2）输入当前的仪器高和镜高，如图 5-9（b）所示。

(a)　　　　　　　　　　(b)　　　　　　　　　　(c)

图 5-9　建站程序菜单

3）输入已知后视点的名称，通过■可以调用或新建一个已知点作为后视点［见图 5-9（b）］，也可以直接输入后视角度来设置后视，如图 5-9（c）所示。

（5）后视检查。完成设站后，将棱镜立在后视点，并用全站仪瞄准后视点，点击图 5-9（a）中的"后视检查"，可检查当前的角度值与设站时的方位角是否一致。并将结果显示在如图 5-10 所示的界面中。

在设站后，通过数据采集程序可以进行各种测量工作。

（6）常规测量。在常规测量程序下，可完成角度、距离、坐标等一些基础的测量工作，如图 5-11 所示。

图 5-10　后视检查

1) 角度测量，点击图 5-11 中"角度测量"菜单，显示角度测量界面，如图 5-12 所示。

①V：显示垂直角度。

②HR 或者 HL：显示水平右角或者水平左角。

③［置零］：将当前水平角度设置为零。

④［保持］：保持当前角度不变，直到释放为止。

⑤［置盘］：通过输入设置当前的角度值。

图 5-11　常规测量程序菜单

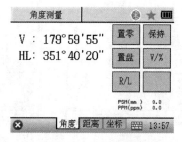

图 5-12　角度测量

2) 距离测量，点击图 5-11 中"距离测量"菜单，显示距离测量界面，如图 5-13 所示。

①SD：显示斜距值。

②HD：显示水平距离值。

③VD：显示垂直距离值。

④点击［测量］：开始进行距离测量。

⑤点击［模式］：进入到测量模式设置。

⑥点击［放样］：进入到距离放样界面，如图 5-14 所示，其中 HD 表示输入要放样的水平距离；VD 表示输入要放样的垂直距离；SD 表示输入要放样的倾斜距离。

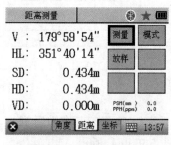

图 5-13　距离测量界面

图 5-14　距离放样

3) 坐标测量。点击图 5-11 中"坐标测量"菜单，显示坐标测量界面，如图 5-15 所示。

①N：北坐标。

②E：东坐标。

③Z：高程。

④［测量］：开始进行测量。

⑤［模式］：设置测距模式。

⑥［镜高］：进入输入棱镜高度界面，进行镜高的设置，如图 5-16 所示。

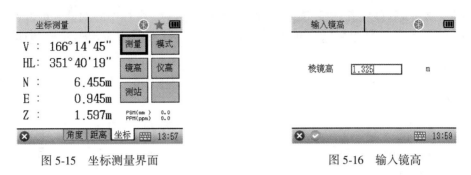

图 5-15 坐标测量界面　　　　　　　　　图 5-16 输入镜高

⑦ [仪高]：进入输入仪器高度界面，设置当前仪器高，如图 5-17 所示。

⑧ [测站]：进入到输入测站坐标的界面，设置测站点坐标，如图 5-18 所示。

图 5-17 输入仪器高　　　　　　　　　图 5-18 输入测站坐标

（7）数据采集。数据采集之前需要设站。设站后点击图 5-19 中的"采集"，可以进行各种数据采集工作。点击点测量进入单点测量界面。

1）在待测点上立棱镜。

2）点击图 5-19 中的"点测量"可以测出待测点的三维坐标，如图 5-20 所示。

图 5-19 数据采集

图 5-20 单点测量

3）输入点名，或使用默认点名（每次保存后点名自动加 1）。

4）输入编码或调用已有编码。

5）选择需要连线的点。

6）点击测距进行距离测量。

7）点击保存，对上一次的测量结果进行保存，如果没有测距，则只保存当前的角度值。如果点击测存则会测距并保存。

8）点击数据可以查看上次测量结果，点击图形将显示当前坐标点的图形。

除此之外，还可以进行距离偏差测量、平面角点测量、圆柱中心测量、对边测量等相关测量工作，由于篇幅限制这里不再一一介绍，如需这方面的应用请参照说明书进行操作。

（8）放样。放样之前需要设站。设站后点击图 5-21 中的"放样"，进入放样界面，如图 5-22 所示。

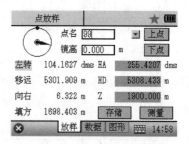

图 5-21　放样界面　　　　　　　　　　　　图 5-22　点放样界面

1）点击图 5-21 中的"点放样"进入点放样界面，如图 5-22 所示。

2）输入放样点的点名或通过点击 ▼，调用或者新建一个放样点。

3）设置镜高。

4）将棱镜放到适当位置，用全站仪瞄准目标。

5）点击图 5-22 中的"测量"，放样界面中将会显示当前棱镜与待放样点间的相对位置。

以上介绍的是全站仪的基本测量功能，目前各大测量仪器公司都针对不同的测量工程开发了特定的程序模块，如 NTS-340 全站仪中的"道路"测量程序，可以提前设置的曲线元素及道路起点、终点等信息，并根据道路的里程进行放样，使道路放样工作的实施更为方便。

5.2　三维激光扫描仪

5.2.1　三维激光扫描系统简介

三维激光扫描系统由三维激光扫描仪（见图 5-23）、数码相机、扫描仪旋转平台、软件控制平台、数据处理平台及电源和其他附件设备共同构成，是一种集成了多种高新技术的新型空间信息数据获取手段。利用三维激光扫描技术，可以深入到任何复杂的现场环境及空间中进行扫描操作，并可以直接实现各种大型的、复杂的、不规则、标准或非标准的实体或实景三维数据的完整采集，进而快速重构出实体目标的三维模型及线、面、体、空间等各种制图数据；同时，还可对采集的三维激光点云数

图 5-23　三维激光扫描仪

据进行各种后处理分析，如测绘、计量、分析、模拟、展示、监测、虚拟现实等操作。采集的三维点云数据及三维建模结果可以进行标准格式转换，输出为其他工程软件能识别处理的文件格式。

5.2.2　三维激光扫描系统的工作原理

地面三维激光扫描系统的工作原理如图 5-24 所示，首先由激光脉冲二极管发射出激光脉冲信号，经过旋转棱镜，射向目标；然后通过探测器接收反射回来的激光脉冲信号，并由记录器记录；最后转换成能够直接识别处理的数据信息，经过软件处理实现实体建模输出。

图 5-24　地面三维激光扫描系统工作原理

利用地面三维激光扫描系统对实体进行扫描时，扫描仪在水平和垂直两个方向上分别有分散的装置用于测量实体的特定部分。首先调制的激光光束经过电子装置部分（见图 5-25 中 A）发射出来，在遇到以高速率旋转的光学装置（通常为光学棱镜）（见图 5-25 中 D）时，在光学装置的表面光束发生反射并且激光以一个特定的角度（见图 5-25 中 B）发射到实体的表面上，并瞬间接收反射回来的信号。扫描仪在完成了一个剖面的测量后，扫描仪的上部（见图 5-25 中 C）就会围绕垂直轴以较小的角度进行顺时针或逆时针的旋转来进行下一个剖面测量的初始化。这样重复进行剖面扫描测量，连接多个剖面，构成一幅扫描块。一个完整的实体往往需要从不同的位置进行多次扫描才可获取完整的实体表面信息。为实现不同位置的多个扫描块之间的精确合并，通常要求不同的扫描块在交接处有小区域的重叠。

扫描过程中，在每个站点上都可以获取大量的点云数据，点云中每个点的位置信息都在扫描坐标系中以极坐标的形式来描述。扫描前，可以在待扫描的区域内布设"扫描控制点"，由 GPS 或者全站仪等传统测量的手段获取控制点的大地坐标。这样就可以把扫描获得的扫描仪坐标系下的扫描点云坐标转换为绝对的大地坐标，为各种工程应用提供标准通用的数据。目前新型的地面三维激光扫描系统不仅能够获取实体几何位置信息，还可以附带获取实体表面点的反射强度值。在不同位置进行扫描时，利用内置或外置的数码相机对扫描实体的影像信息进行采集，为点云后处理提供边缘位置信息和彩色纹理信息。数据获取完毕的首要工作就是依靠相应的软件对扫描点云数据进行后处理、建模输出等工作，如图 5-26 所示。

5.2.3　三维激光扫描系统的特点

三维激光扫描系统，即系统选择激光作为能源进行扫描测量，系统具有如下特点。

（1）快速性：激光扫描测量能够快速获取大面积目标空间信息。应用激光扫描技术进行目标空间数据采集，可以及时测定实体表面立体信息，应用于自动监控行业。

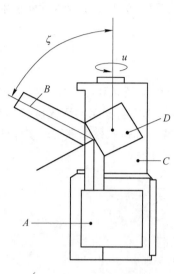

图 5-25　扫描实现过程

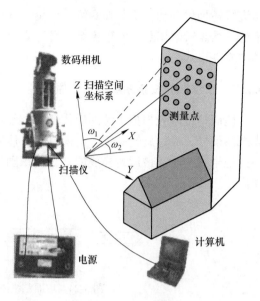

图 5-26　地面三维激光扫描系统工作示意图

（2）非接触性：地面三维激光扫描系统采用完全非接触的方式对目标进行扫描测量，获取实体的矢量化三维坐标数据，从目标实体到三维点云数据一次完成，做到真正的快速原形重构。可以解决危险领域的测量、柔性目标的测量、需要保护对象的测量及人员不可到达位置的测量等工作。

（3）激光的穿透性：激光的穿透特性使得地面三维激光扫描系统获取的采样点能描述目标表面不同层面的几何信息。

（4）实时、动态、主动性：地面三维激光扫描系统为主动式扫描系统，通过探测自身发射的激光脉冲回射信号来描述目标信息，使得系统扫描测量不受时间和空间的约束。系统发射的激光束是准平行光。避免了常规光学照相测量中固有的光学变形误差，拓宽了纵深信息的立体采集；对实景及实体的空间形态及结构属性描述更加完整，采集的三维数据更加具有实效性和准确性。

（5）高密度、高精度特性：激光扫描能够以高密度、高精度的方式获取目标表面特征：在精密的传感工艺支持下，对目标实体的立体结构及表面结构的三维集群数据作自动立体采集。采集的点云由点的位置坐标数据构成，减少了传统手段中人工计算或推导所带来的不确定性。利用庞大的点阵和一定浓密度的格网来描述实体信息，采样点的点距间隔可以选择设置，获取的点云具有较均匀的分布。

（6）数字化、自动化：系统扫描直接获取数字距离信号，具有全数字特征，易于自动化显示输出，可靠性好。扫描系统数据采集和管理软件通过相应的驱动程序及 TCP/IP 或平行连线接口控制扫描仪进行数据的采集，处理软件对目标初始点/终点进行选择，具有很好的点云处理、建模处理能力，扫描的三维信息可以通过软件开放的接口格式被其他专业软件调用，达到与其他软件的兼容性和互操作。

（7）地面三维激光扫描系统具有同步变化视距的激光自动聚焦功能，可以改善实测精度及提高不同测距的散焦效应，有利于对实体原形的逼近。

（8）系统随机外置（或内置）的数码相机可以协助扫描工作进行同步的监测、遥控、选位、拍照、立体编辑等操作，有利于现场目标选择、优化及对复杂空间或不友好环境下的工作。在后期数据处理阶段，图片信息可以对数据进行叠加、修正、调整、编辑、贴图；同时，软件通过平台接口对数码相机提供参数校准、定向和控制数码照片的采集功能，使得系统可在二维或三维环境下，以真彩色或色彩编码形式显示云点数据。同步现场操作的摄像校准功能，有利于现场发现问题现场解决，减少后处理工作的不确定性及返工。

（9）地面三维激光扫描系统对目标环境及工作环境的依赖性很小，其防辐射、防震动及防潮湿的特性有利于进行各种场景或野外环境的操作。系统提供扫描视场及低、中、高三种分辨率的扫描方式，可在振荡模式下对物体重复扫描，为用户提供不同精度的扫描选择。扫描的次数决定采集全景空间内容的多少及后处理中数据拼接的次数，控制工作量的大小。用户根据需要控制扫描的次数，进而改善多次拼接点云所引起的空间变形及拼接的接缝误差。

（10）新型扫描系统集成了 GPS 接收机等高精度定位装置，通过软件平台的坐标转换，可以把点云数据直接输出为大地坐标系下的坐标，从而方便生产需要。

5.2.4 三维激光扫描系统用于沉陷监测的可行性分析

地面三维激光扫描技术是新发展起来的测量技术，它突破传统数据采集的局限性，可以快速直接获得物体表面每个采样点的空间坐标，将此技术应用于矿山沉陷监测，将会获得大量全面的沉陷数据用于开采沉陷的监测与研究。下面就精度、技术、经济等问题对其可行性作具体分析。

5.2.4.1 精度

三维激光扫描仪的单点定位精度，一般短距测量可达亚毫米级，长距测量亚厘米级，而其模型精度远高于此，表面平整的物体测得的模型精度可达 2~3mm，在矿区应用于地表移动观测时由于地表有一定的起伏变化，显然其模型精度会降低，但是一般矿区的变形监测精度要求低于工程变形监测，能达到 10mm 的精度就可以了，而三维激光扫描的单点定位精度就已经可以做到。所以三维激光扫描的精度完全可以达到沉陷监测的要求。

5.2.4.2 技术

由于三维激光扫描测量系统具有快速性、实时性、高密度、高精度等特点。所以使用它对开采沉陷引起的地表移动进行观测，可以较快获得整个区域的空间位置及垂直相对位置的变化，从而确定整个地表移动区域的下沉情况。这样得到的结果更为全面、直观，可为预计参数的求定和地表移动情况的分析提供大量高精度的数据。

三维激光扫描仪获取的点云数据经过数据预处理、拼接匹配、建立模型，最终得到高精度的 DEM 模型，这一过程应用三维激光扫描仪配套的软件就可以完成。

将首次和末次观测得到的 DEM 模型相减，即得到整个区域对应任意坐标的下沉值，然后将区域划分成一定大小的格网，输出格网结点的坐标和下沉值，即获得整个区域的下沉数据。

由于三维激光扫描没有固定的测点，测得的只是坐标值，所以不能直接得到整个地区的水平移动值，所以在地表移动区域内，仍要埋设一些点，以确定下沉盆地的水平移动情况。

但是将下沉盆地拟合好以后，概率积分的其他参数已经确定，只剩下水平移动系数，所以只要在工作面边界上方埋设一定的点，扫描时立上测标，即可得到这些点的水平移动，再根据已经拟合好的盆地模型，求取水平移动系数。

激光三维扫描以非接触方式采集数据，它能提供视场范围有效测程内的基于一定采样间距的采样点三维坐标，并具有较高的测量精度和极高的数据采集效率。与基于全站仪或GPS 的变形监测相比，其数据采集效率较高，且采样点数要多得多，形成了一个基于三维数据点的离散三维模型数据场，这能有效避免以往基于变形监测点数据的应力应变分析结果中所带有的局部性和片面性（即以点代面的分析方法的局限性）。这些技术优势决定了地面激光三维扫描技术在变形监测领域将有着广阔的应用前景。

地面激光三维扫描技术也有它的不足，如数据采集时若存在植被或农作物，就很难扫描到实际的地表，这是在数据采集和数据处理中都必须予以重视并解决的问题。

地面激光三维扫描技术在矿区地表沉陷监测中较其他变形监测技术手段（如全站仪、精密水准仪、GPS 和近景摄影等）在数据采集的效率、模型的数据精度、监测工作的难易程度、数据处理的速度和数据分析的准确性等方面都具有较为明显的优势，可以应用于变形监测。

5.2.4.3　经济

地面三维激光扫描仪目前在国内的价格还是比较昂贵的，但是它具有很高的工作效率，节省了大量人力和时间。比如，一个走向长 1000m、倾向长 200m 的工作面，总面积达到 0.2km^2，监测面积按 0.3km^2 算，加上 20% 的重叠率，就是 0.36km^2，测程选择100m，每次监测的范围约是 0.03km^2，算下来大约需要 20 多站，如果一站 40min，只需要 2d。由于走向两个方向地表移动变形相差不大，也可以只对监测范围的一半进行全面扫描，另一半只沿主断面扫描，这样部分扫描大约 1d 就可以完成。所以虽然仪器价格昂贵，但是工作效率高，并且能够得到高密度、高质量的数据，从性价比来讲是比较划算的。

5.3　无　人　机

5.3.1　无人机测绘和组成

5.3.1.1　无人机简介

无人驾驶飞机简称"无人机"，英文缩写为"UAV"，是利用无线电遥控设备和自备的程序控制装置操纵的不载人飞机，或者由车载计算机完全地或间歇地自主地操作。与有人驾驶飞机相比，无人机往往更适合那些"愚钝、肮脏或危险"的任务。无人机按应用领域可分为军用与民用。军用方面，无人机分为侦察机和靶机；民用方面，无人机+行业应用，是无人机真正的刚需。目前在航拍、农业、植保、微型自拍、快递运输、灾难救援、观察野生动物、监控传染病、测绘、新闻报道、电力巡检、救灾、影视拍摄、制造浪漫等领域的应用，大大拓展了无人机本身的用途，发达国家也在积极扩展行业应用与发展无人机技术。

5.3.1.2 无人机测绘

无人机摄影测量日益成为一项新兴的测绘重要手段，其具有续航时间长、成本低、机动灵活等优点，是卫星遥感与有人机航空遥感的有力补充，如图 5-27 和图 5-28 所示。

图 5-27　固定翼无人机　　　　　　　图 5-28　旋翼无人机

无人机测绘是遥感领域用于地形测绘的新兴技术，使用成本低、反应速度快、易于移动转场，对复杂的野外测绘环境有很好的适应力，不仅可以完成传统飞机的航摄任务，而且可以进入传统手段无法覆盖到的领域。它机身小巧、结构简单，由人工遥控器送飞，地面工作站操控自主飞行拍摄，可灵活应对整个航摄工作。

相较于传统的大飞机搭载摄像机航拍作业的航摄方式，无人机飞行测绘技术优势明显。传统大飞机航飞必须报批军事与民航部门，一般地区航空批文获取非常困难，需两三个月的时间；无人机则在 1000m 以下相对高度飞行不需要报批空管。大飞机对起降场地要求严格，无人机则可实行就地起降，省去了大飞机从机场到测区的路程；并且，大飞机受飞行安全和拍摄能见度的限制，对天气的依赖度很高。无人机可以在阴云天气摄影，飞行高度低，可以获取高分辨率和高清晰度的影像信息；同时，无人机飞行速度慢，航速每小时几十千米，能灵活应付地形复杂条件，得到精准影像。

5.3.1.3 无人机测绘系统组成

无人机遥感测绘系统主要由两部分组成，分别是信息采集系统与信息处理系统，而在这两个主要的组成部分之下，又存在着一些更为明细的部分，主要有无人机遥感平台、飞行控制系统、地面监控系统、遥感相片处理、空中三角测量系统及全数字立体测量系统等。

A　信息采集系统

（1）无人机遥感平台：这一平台在遥感信息采集系统当中具有十分重要的地位与作用，它是遥感信息采集系统的核心设备，主要由以下几个部件共同组成：无人机、传感器及机载飞控等。

（2）飞行控制系统：对于飞行控制系统而言，它是无人机飞行控制的关键部分，其主要作用就是通过对 GPS 导航进行有效利用，完成信号定位及了解加速度计、陀螺等飞行器平台的动态信息，对无人机进行有效的数字化控制，并在此基础之上有效地实现定点信息采集工作。

（3）地面监控系统：地面监控系统主要由 4 个部分组成，分别是便携式计算机、全向天线、供电系统及监控软件，这 4 个部分相互配合，有机结合在一起，共同组成了地面监控系统。通过地面监控软件，可以对必要的飞行参数进行准确而有效的设置，例如航点输入、航线规划、相机曝光、数据的上传与下载、导航模式的选择、基本飞行参数的设置、危险情况下的报警设置等；通过全向天线和数据链与机载飞控系统进行通信，能够对相关的飞行信息进行实时上传与下载。

B　信息处理系统

（1）遥感相片处理：这一遥感信息处理系统组成部分的主要功能是通过对任务航摄规范表、相机检定参数等初始文件进行充分结合，并在此基础之上对原始相片进行所需要的操作处理，主要有航带整理、质量检查、预处理、畸变矫正等。通过一系列的操作形成有效的相片文件以供参考。

（2）空中三角测量系统：这一系统与无人机遥感平台在遥感信息采集系统中的地位相似，具有核心作用与核心地位。充分结合已经整理好的航带列表，并在此基础之上对航相间的相互关系进行准确而有效的确定。同时，这一系统还可以对影像进行内定向，经过影像间连接点的布局、像控点量测、平差计算进行自动空三加密，形成一个系统化的三维立体模型，然后进行模型定向与生成核线影像。

（3）全数字立体测量系统：全数字立体测量系统的组成包括专用的立体观测设备、手轮脚盘、三维鼠标及诸多软件模块。通过对全数字立体测量系统进行有效的使用，能够对数字测绘产品进行有效生产，且自动化程度较高。

5.3.2　无人机测绘工作流程

为适应城镇发展的总体需求，正确、完整的综合地理、资源信息资料是科学决策的基础。各地区、各部门在综合规划、田野考古、国土整治监控、农田水利建设、基础设施建设、厂矿建设、居民小区建设、环保和生态建设等方面，无不需要最新、最完整的地形地物资料，这已成为各级政府部门和新建开发区急待解决的问题。

无人机航拍技术能够准确地反映出地区新发现的古迹、新建的街道、大桥、机场、车站及土地、资源利用情况的综合信息。无人机航拍技术是各种先进手段优化组合的新型应用技术。无人机航拍技术以低速无人驾驶飞机为空中遥感平台，用彩色、黑白、红外、摄像技术拍摄空中影像数据，并用计算机对图像信息加工处理。全系统在设计和最优化组合方面具有突出的特点，是集成了遥感、遥控、遥测技术与计算机技术的新型应用技术。

无人机测绘工程的具体流程如下。

（1）布设并测量外业像控点。像控点是摄影测量控制加密和测图的基础，其布设的精度和数量直接影响航测数据后处理的精度，所以像控点的布设和选择应当规范、精确。

1）选择像控点时，应选择地形测量通视良好且可以明确辨认的地物点和目标点。

2）布设的标志应对空视角好，避免被建筑物、树木等遮挡。

3）黑白反差不大，有阴影地物及某些弧形地物不应作为控制点点位目标。

（2）计划飞行路线。挑选并导入基础地图，突出标记覆盖区域（矩形/多边形），设置需要的地面采样距离（如 5cm/像素），飞机的飞行高度将自动生成（比如 5cm/像素 = 162m 海拔，试用默认的 eBee 飞机及 WX 相机），飞行高度将决定允许的单飞程最大覆盖、自动定义飞行路线及图像获取点。设置图像覆盖率需要立体覆盖率，以设定安全的下降区域。

（3）地面控制点（GCP，也称相控点）的设置。对于 X、Y、Z 的绝对精度可以达到 3cm，如使用 eBee RTK，不需要地面控制点，可根据定义的图像 GSD 优化控制点的大小和形状。

（4）飞行。自动飞行，通过控制软件来监控飞行流程或改变飞行计划，自动降落在预定义的降落区域。

（5）导出图像。内置 SD 卡储存图像及飞行日志（.bbx file），图像导入中每张图片都有地理信息标记，即包含每张图片的中心点的三维 GPS 坐标和拍照的相机 3 个自由度的角度，在 Postflight Terra 3D 现场生成图像质量报告，用于检查图片质量及覆盖率。

（6）生成 Orthomosaics 及 3D 点云。采用相关的飞后图像测量软件建立分割线、参考点、数字高程模型、等高线、堆场量（如果煤矿堆放量）的计算与分析，根据需求导出文件（geoTIFF、obj、dxf、shape、LAS、KML tiles 等格式）到第三方处理软件。

5.3.3 无人机在测绘中的应用

随着无人机遥感技术的不断发展，其在影像获取方面的应用越来越广泛，特别是近年来，无人机航空摄影测量系统应用于大中比例尺地形图、地质灾害等航空摄影测量领域，为传统航空摄影测量提供了更有力的补充。

5.3.3.1 无人机测绘测量遥感在突发事件处理中的应用

在突发事件中，使用常规的方法进行测绘地形图制作往往达不到理想效果，且周期较长，无法实时进行监控。在 2008 年汶川地震救灾中，由于震灾区是在山区，且环境较为恶劣，天气比较多变，多以阴雨天为主，利用卫星遥感系统或载人航空遥感系统，无法及时获取灾区的实时地面影像，不利于进行及时救灾。而无人机的航空遥感系统可以避免以上情况，迅速进入灾区，对震后的灾情调查、地质滑坡及泥石流等实施动态监测，并对汶川的道路损害及房屋坍塌情况进行有效的评估，为后续的灾区重建工作等方面提供更有力的帮助。无人机测绘测量在突发事件处理中的应用取得了很好的效果，并取得了出乎意料的成功。

5.3.3.2 测绘无人机在特殊目标获取方面的应用

A 特殊目标获取

无人机遥感在特殊目标获取方面的应用主要是军事测绘目标的获取等。例如某单位在制作 1:10000 大比例尺地形图时，针对目标（某建筑物）需要获取该地区影像资料数据，由于该目标较小，如果通过其他航拍影像或卫星影像很难获取精准的影像资料。因此，利用无人机遥感对该地区及特殊目标进行获取，获得的影像精度高，并且特殊目标位置准确，对大比例尺图幅的快速制作有很大的帮助，大大节省了人力、物力。

B 布设控制点

通过小中型无人机测绘测量获取的特殊目标影像没有坐标文件，需人工布设控制点。在布置控制点时，主要是以基准点为基础，在航摄区域 1km 的范围内布设控制点 120 个，四周分别布控一个点位，区域边缘尽量多布设点位，中间可适当减少进行布控，其中将误差范围外的点位剔除，并保留 30 个点作为检校点。通过内业处理结果显示达到精度要求。

无人机测绘是传统航空摄影测量手段的有力补充，是地理信息数据采集手段向着更加快速高效精准目标的一种飞跃。开展无人机测绘，是提升测绘地理信息服务保障能力，促进测绘地理信息事业转型升级的迫切需要，也是推进智慧城市建设和应急测绘保障能力建设的重要保障。

使用无人机航摄测绘大比例尺地形图，作业效率比传统测量模式有大幅提高，可有效提高生产效率，缩短生产周期，加快内业、外业数据成产的一体化作业流程；满足项目建设快速完成测绘任务的要求，为大比例尺地形图快速测绘提供了新的技术手段。

随着数字城市、智慧城市建设的全面发展，城市规划及建设对地形图的需求与日俱增，且更新周期越来越短。低空无人机航摄系统，凭借低空作业、机动灵活、高分辨率、高精度、高效率、低成本等特点，已广泛应用于城市规划、低空航空摄影、应急测绘、环保监测、工程勘察等领域。随着无人机航摄技术的不断成熟，续航能力、飞行稳定性、小像幅等缺点也将逐步得到改善，使其有更广阔的应用前景和优势。

5.4 测绘"3S"技术

随着科学技术的发展，测绘理论及技术已经涵盖了全球卫星导航系统（GNSS）、遥感（RS）及地理信息系统（GIS）等相关学科，形成更加丰富、先进的现代测绘科学技术。

5.4.1 GNSS

5.4.1.1 GNSS 概述

GNSS 的全称是全球导航卫星系统（Global Navigation Satellite System），它是泛指所有的卫星导航系统，包括全球的、区域的和增强的，如美国的 GPS、俄罗斯的 Glonass、欧洲的 Galileo、中国的北斗卫星导航系统，以及相关的增强系统，如美国的 WAAS（广域增强系统）、欧洲的 EGNOS（欧洲静地导航重叠系统）和日本的 MSAS（多功能运输卫星增强系统）等，还涵盖在建和以后要建设的其他卫星导航系统。国际 GNSS 系统是个多系统、多层面、多模式的复杂组合系统。

卫星定位系统都是利用在空间飞行的卫星不断向地面广播发送某种频率并加载了某些特殊定位信息的无线电信号来实现定位测量的定位系统。如图 5-29 所示，卫星定位系统一般包含三个部分：第一部分是空间运行的卫星星座，多个卫星组成的星座系统向地面发送某种时间信号、测距信号和卫星瞬时的坐标位置信号；第二部分是地面控制部分，它通过接收上述信号来精确测定卫星的轨道坐标、时钟差异，发现其运转是否正常，并向卫星注入新的卫星轨道坐标，进行必要的卫星轨道纠正等；第三部分是用户部分，它通过用户的卫星信号接收机接收卫星广播发送的多种信号并进行处理计算，确定用户的最终位置。

用户接收机通常固连在地面某一确定目标上或固连在运载工具上，以实现定位和导航的目的。

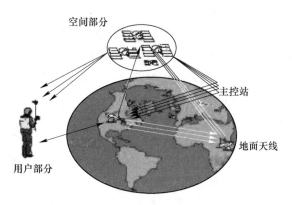

图 5-29　卫星定位系统的三个部分

5.4.1.2　全球卫星导航定位的基本原理

A　基本定位原理方程

GPS 是采用空间测距交会原理进行定位的。如图 5-30 所示，由广播星历提供轨道参数后计算出卫星在地球三维坐标系中的坐标 $(x_i,\ y_i,\ z_i)$，用户利用接收机接收到卫星到测站的距离 ρ_i，根据距离公式可得：

$$\sqrt{(x-x_i)^2+(y-y_i)^2+(z-z_i)^2}=\rho_i$$

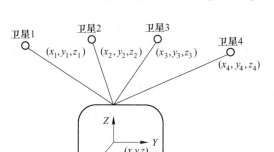

图 5-30　卫星空间测距

从原理上说，只要知道 3 颗卫星至测站距离，就可以实现三维坐标的定位。

B　伪距观测值的特性

在实际中，不能直接观测到卫星与地面几何距离，而是观测到包含了卫星和接收机时钟误差和时间延迟误差的伪距离 ρ_i'，称为伪距观测值，它实际上由式（5-1）计算：

$$\rho_i'=c(T_i-T)=c\big[(T_T+T_{Ri}+T_{Ai}+\Delta T_u)-(T_T+\Delta T_{si})\big] \tag{5-1}$$

式中　　c——光速；

　　　　T_i——接收机收到信号时的钟面读数；

　　T——卫星在该信号发射时的钟面读数；

　　T_T——卫星信号发射时刻的 GPS 系统正确时间；

　　T_{Ri}——信号在真空中运行时间，$T_{Ri} = R/c$，R 为真空几何距离；

　　T_{Ai}——由于空气中有电离层、对流层介质而产生的延迟时间；

　　ΔT_u——为用户接收机钟与 GPS 系统确定时间的偏差；

　　ΔT_{si}——卫星钟与 GPS 系统正确时间的偏差。

　　对式（5-1）略加整理，可得到式（5-2）：

$$\rho_i' = c[T_{Ri} + T_{Ai} + \Delta T_u - \Delta T_s] = cT_{Ri} + cT_{Ai} + c(\Delta t_{us}) \qquad (5-2)$$
$$\Delta t_{us} = \Delta T_u - \Delta T_s$$

　　由此可见，在卫星钟差为已知的前提下，伪距为真空几何距离加电离层延迟和对流层延迟，再加未知的卫星接收机钟差延迟，即：

$$\rho_i = \sqrt{(x - x_i)^2 + (y - y_i)^2 + (z - z_i)^2} + cT_{Ai} + c(\Delta t_{us})$$

式中，T_{Ai} 可以通过信号传播的电离层对流层的理论预先确定，ΔT_s 可由广播星历的计算确定，Δt_{us} 可简写为 Δt_u，共有 x_i、y_i、z_i 和 Δt_u 4 个未知数，观测四颗卫星的伪距可以唯一确定上述 4 个未知参数。

　　以上定位原理说明，用 GPS 技术可以同时实现三维定位与接收机时间的定时。一般来说，利用 C/A 码进行实时绝对定位，各坐标分量精度在 5~10m，三维综合精度在 15~30m；利用军用 P 码进行实时绝对定位，各坐标分量精度在 1~3m，三维综合精度在 3~6m；利用相位观测值进行绝对定位技术比较复杂，目前其实时或准实时各坐标分量的精度在 0.1~0.3m，事后 24h 连续定位三维精度可达 2~3cm。

　　C　GNSS 卫星相对定位原理

　　绝对定位的精度一般较低，对于 GNSS 卫星定位来说，主要是由于卫星轨道、卫星钟差、接收机钟差、电离层延迟、对流层延迟等误差的影响不易用物理或数学的方法加以消除。但是相对定位是确定 ρ_j 点相对 ρ_i 点的三维位置关系，利用 GNSS 定位技术，只要 ρ_j 离 ρ_i 点不太远，例如小于 30km，那么观测伪距 $\rho_j^{S_i}$，$\rho_i^{S_i}$ 大约通过相近的大气层，其电离层和对流层延迟误差几乎相同，利用 $\rho_j^{S_i}$ 和 $\rho_i^{S_i}$ 组成的新观测量，又称差分观测量。利用地面点位置和空中卫星位置可以组成差分观测量，如图 5-31 所示。

$$\Delta\rho_{ij}^{S_k} = \rho_j^{S_k} - \rho_i^{S_k}$$

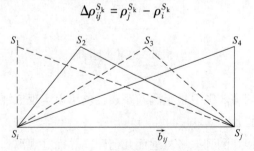

图 5-31　GNSS 相对定位原理

　　它不仅可以大大削弱电离层对流层的影响，还可以大大削弱卫星 S_k 的轨道误差影响，几乎完全消除 S_k 的卫星钟差的影响。

又如组成另一类新的差分观测量：

$$\Delta\rho_i^{S_k S_q} = \rho_i^{S_q} - \rho_i^{S_k}$$

它可以消除接收机的钟差并削弱其通道误差影响。在差分观测量的基础上还可组成二次差分观测量：

$$\Delta\nabla\rho_{ii}^{S_k S_q} = \Delta\rho_i^{S_k S_q} - \Delta\rho_i^{S_k S_q} = \Delta\rho_{ii}^{S_q} - \Delta\rho_{ij}^{S_k}$$

这种二次差分观测量又称为双差观测量，可大大削弱卫星轨道误差、电离层、对流层延迟误差的影响，几乎可以完全消除卫星钟差和接收机钟差的影响。用它们进行相对定位，精度就可以大大提高。

目前广泛应用于地形图测绘和工程放样中的 RTK（实时双差动态定位）技术，就是利用两台 GNSS 接收机分别作为基准站和流动站同时接收相同卫星信号并实时计算出流动站到基准站的坐标差分量，从而得到地面点坐标的一种测量方法。下面以南方 S86 型 GNSS 电台模式为例介绍 GNSS-RTK 的测量方法。

5.4.1.3 GNSS-RTK 的使用

A 仪器参数设置

a 基准站

图 5-32（a）所示为内置电台基准站架设模式，图 5-32（b）所示为外挂电台基准站架设模式。

(a) (b)

图 5-32 基准站的架设

打开 S86T 电源后进入程序初始接口，初始接口如图 5-33 所示。初始接口有设置模式和采集模式两种；初始接口下按 F2 键进入设置模式，不选择则进入自动采集模式。

（1）设置模式。进入设置模式主接口，按 F1 或 F2 选择项目，选好后按 ① 确定，如图 5-34 所示。

第一项为设置工作模式，按 ① 确定进入设置工作模式，如图 5-35 所示。

按 F1 或 F2 键可选择静态模式、基准站工作模式、移动站工作模式及返回设置模式主菜单，第二项为基准站模式。

图 5-33　初始接口

图 5-34　设置工作模式

图 5-35　静态模式设置

进入基准站模式可选择基准站模式设置，如图 5-36 所示。选择修改进入参数设置接口，如图 5-37 所示，按 ⏀ 可分别进入差分格式、发射间隔和记录数据的设置，如图 5-38 所示。

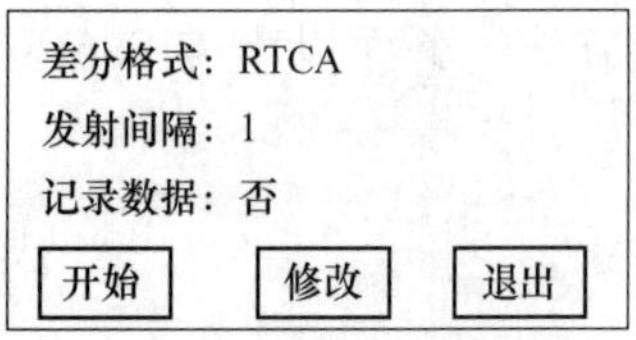

差分格式：RTCA
发射间隔：1
记录数据：否
开始　　修改　　退出

图 5-36　基准站模式设置

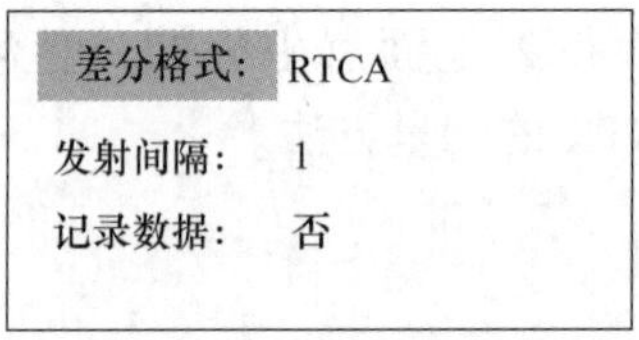

差分格式：　RTCA
发射间隔：　1
记录数据：　否

图 5-37　参数设置接口

图 5-38　差分模式设置

设置完参数后返回图 5-36 界面，选择"开始"，进入模块设置界面，如图 5-39 所示；选择图 5-39 中"修改"项，即进入数据链修改界面，如图 5-40 所示，再按 ⏀ 可分别可以选择内置电台、GPRS 网络、CDMA 网络，外接模块等模式，利用 F1 或 F2 进行选择，⏀ 确定，如图 5-41 所示。

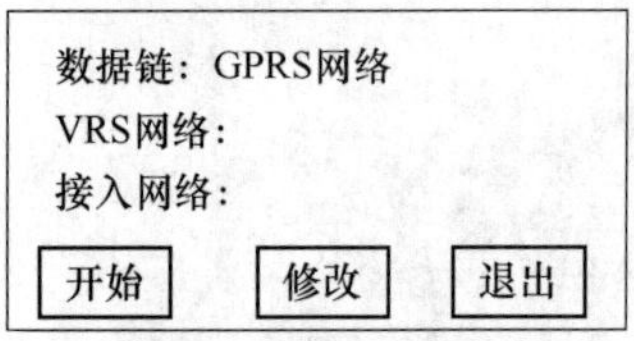

数据链：GPRS网络
VRS网络：
接入网络：
开始　　修改　　退出

图 5-39　模块设置界面

数据链：　GPRS网络
VRS网络：
接入网络：

图 5-40　数据链修改界面

图 5-41　数据链模式设置

若数据链选择电台模式，需进行设置电台通道设置，如图 5-42 所示，按下 F1 或 F2 选择通道，按 ⏀ 确认所选通道，如图 5-43 所示，确认后回到图 5-44，按下 F2 即进入电台设置完成界面，选择"开始"，电台模式设置完成。

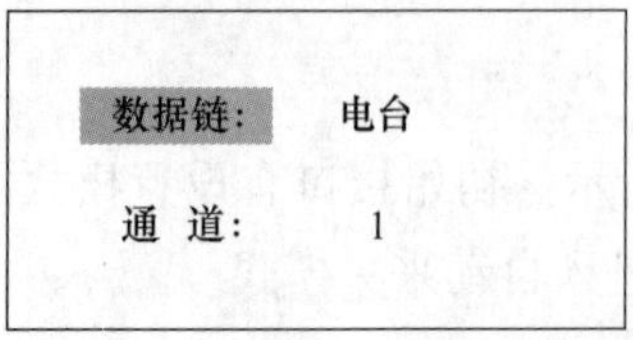

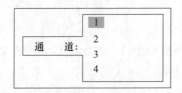

图 5-42　电台通道设置

图 5-43　通道选择

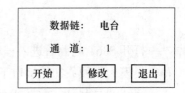

图 5-44　电台设置完成

（2）基准站架设的注意事项。基准站架设的好坏，将影响移动站工作的速度，并对移动站测量质量有着深远的影响，因此用户需注意应使观测站位置具有以下条件：

1）在 10° 截止高度角以上的空间部应没有障碍物；

2）邻近不应有强电磁辐射源，比如电视发射塔、雷达电视发射天线等，以免对 RTK 电信号造成干扰，离其距离不得小于 200m；

3）基准站最好选在地势相对高的地方，以利于电台的作用距离；

4）地面稳固，易于点的保存；

5）用户如果在树木等对电磁传播影响较大的物体下设站，当接收机工作时，接收的卫星信号将产生畸变，影响 RTK 的差分质量，使得移动站很难达到固定解。

b　移动站

移动站模式可选择移动站模式设置，移动站模式参数设置和基准站模式设置方法相同，需要对应基准站相应参数进行设置即可。移动站和基准站要设置相同的差分数据格式、通道（电台频率），图 5-45 所示为移动站的架设模式。

图 5-45　移动站的架设

B　仪器的连接步骤

仪器架设与参数设置完成后，打开 GPS 手簿，进入图 5-46 所示界面。点击"我的设备"，点击"控制面板"，如图 5-47 所示。

图 5-46　GPS 手簿主界面

图 5-47　控制面板

进入控制面板后点击："设备属性"→"蓝牙设备"，进行扫描设备，如图 5-48 所示。

图 5-48　设备属性

搜寻到移动站后，点击"+"键（对应的移动站机身号）→"串口服务"（见图 5-49）；弹出相应的界面→串口号 COM7（默认）或者选择任意一个串口号。如图 5-50 所示，选择 8→点击"确定"。删除设备名称下没有信息的一行串口。点击"OK"键，回到桌面，如图 5-51、图 5-52 所示。

在 GPS 手簿主界面（见图 5-46）中点击"EGStar"，进入工程界面（见图 5-53），点击"工程"→"新建工程"（见图 5-54），工程名称一般以日期命名，点击"确定"。在工程界面点击"配置菜单"，分别进入工程设置、坐标系统设置、电台设置和端口设置，

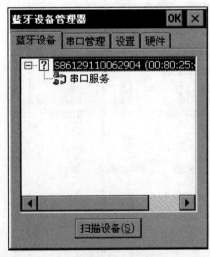

图 5-49　蓝牙设备

图 5-50　串口服务

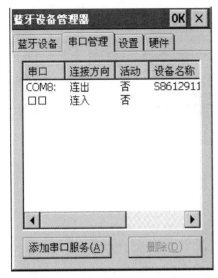

图 5-51 串口管理

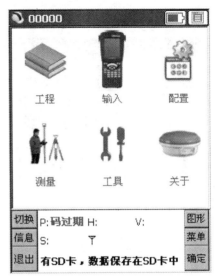

图 5-52 工程界面

如图 5-55 所示。配置菜单（见图 5-57）下工程设置中选择工程所需的坐标系统（见图 5-56），天线高为移动站的高度；坐标系统设置中修改中央子午线经度，中央子午线经度应与当地坐标子午线经度相同，目前一般以三度带计算，也可增加坐标系统名称并写入当地的中央子午线经度；电台设置中，要切换与基准站相同的电台通道；端口设置中端口号与蓝牙搜索时添加的串口号一致，波特率与仪器类型按图 5-57 上显示输入即可。设置完成就可以将基准站与移动站连接起来，如图 5-58 所示。

图 5-53 点击工程

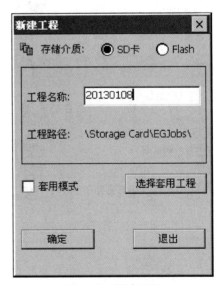

图 5-54 新建工程

C 求转换参数

当基准站安置在未知点时，一般常用求转换参数和校正向导的方式求取坐标的转换参数，如图 5-59 所示。

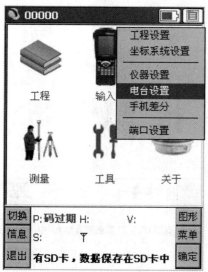

图 5-55　配置菜单

图 5-56　坐标系统编辑

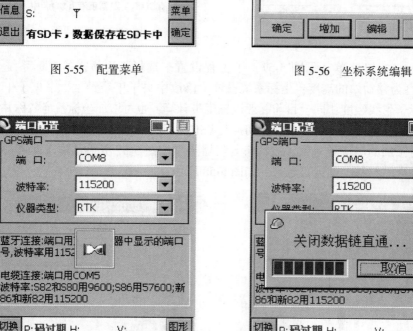

图 5-57　端口配置

图 5-58　设置完成

a　已知多个已知点（大于等于 2 个）

在完成仪器参数设置与连接并得到固定解后，可求取坐标的转换参数，具体步骤如下。

（1）在工程界面的测量菜单（见图 5-60）下选取点测量，进入如图 5-61 所示的界面，分别在各已知点采集各点的坐标，"1" 为测量键，回车为存储键。

（2）进入输入菜单，选取求转换参数，进入如图 5-62 所示界面，按 "增加" 键，输入第一控制点已知坐标值为点号、X、Y、H。在图 5-63 所示界面点击 "确定" →从坐标管理库选点（见图 5-64）→选择对应在第一控制点点位上测量的坐标值（见图 5-65）→点击 "确定"。

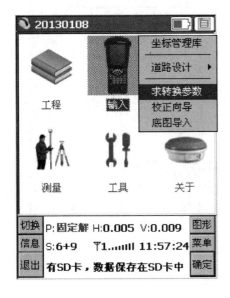

图 5-59　求转换参数

图 5-60　测量菜单

图 5-61　点测量

图 5-62　求坐标转换参数

（3）重复增加，输入第二控制点坐标值：点号、X、Y、H→点击 "确定" →从坐标管理库选点→选择对应在第二控制点点位上测量的坐标值→点击 "确定"（右上角）→点击 "确定"，如图 5-66 所示。

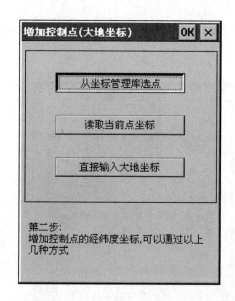

图 5-63 增加控制点（已知平面坐标）   图 5-64 从坐标管理库选点

图 5-65 增加控制点（大地坐标）   图 5-66 坐标管理库

（4）屏幕下方→点击"保存"（见图 5-67）→输入文件名（见图 5-68）→点击"OK"（上方）（见图 5-67），点击"应用"。求参数转换完毕，并将该参数赋值给当工程，如图 5-69 所示。

注：已知坐标与测量坐标相对应。

b 已知一个已知点

在完成仪器参数设置与连接并得到固定解后，可求取坐标的校正参数，具体步骤如下：进入输入菜单，选取 "校正向导"（见图 5-59），进入图 5-70 所示界面，基准站架设在未知点→下一步→输入已知点坐标（见图 5-71）→点击 "校正"→移动站对中杆立直后点击 "确定"，如图 5-72 所示。

图 5-67　保存坐标转换参数

图 5-68　保存文件

图 5-69　选取校正向导

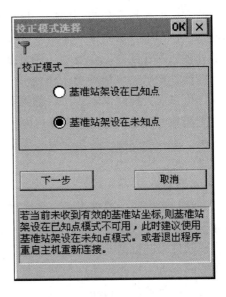

图 5-70　校正模式选择

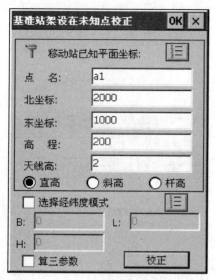

图 5-71　基准站架设在未知点校正

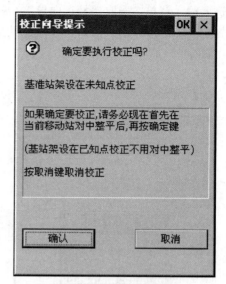

图 5-72　校正向导提示

　　两种情况下求完坐标的转换参数要将移动站立于已知点上，进入点测量菜单看下方的坐标值是否与已知坐标值相符，若出现超出限差要求则需重新求取转换参数。

　　D　GNSS 的工程应用

　　当求完转换参数后，GNSS 可以进行控制测量、碎部测量、点放样、直线放样、道路放样和断面测量等。

　　a　控制测量

　　传统的大地测量、工程控制测量采用三角网、导线网方法来施测，不仅费工费时，要求点间通视，而且精度分布不均匀，且在外业不知精度如何；采用常规的 GPS 静态测量、快速静态、伪动态方法，在外业测设过程中不能实时知道定位精度，如果测设完成后，回到内业处理后发现精度不合要求，还必须返测；而采用 RTK 进行控制测量，能够实时知道定位精度，如果点位精度要求满足了，用户就可以停止观测了，而且知道观测质量如何，这样可以大大提高作业效率。如果把 RTK 用于公路控制测量、线路控制测量、水利工程控制测量、大地测量，则不仅可以大大减少人力强度、节省费用，而且可以大大提高工作效率，测一个控制点在几分钟甚至于几秒钟内就可完成，选取测量菜单下的控制点测量即可。

　　b　碎部测量

　　过去测地形图时一般首先要在测区建立图根控制点，然后在图根控制点上架上全站仪或经纬仪配合小平板测图，现在发展到外业用全站仪和电子手簿配合地物编码，利用大比例尺测图软件来进行测图，甚至于发展到外业电子平板测图等。这都要求在测站上测四周的地貌等碎部点，这些碎部点与测站通视，而且一般要求至少 2 人或 3 人操作，在拼图时一旦精度不合要求还得到外业去返测。现在采用 RTK 时，仅需一人背着仪器在要测的地貌碎部点待上 1~2s，并同时输入特征编码，通过手簿就可以实时知道点位精度，把一个区域测完后回到室内，由专业的软件接口就可以输出所要求的地形图，这样用 RTK 仅需一人操作，不要求点间通视，大大提高了工作效率。采用 RTK 配合电子手簿可以测设各种地形图，如普通测图、铁路线路带状地形图的测设，公路管线地形图的测设，配合测深仪可以用于测水库地形图、航海海洋测图等，选取测量菜单下的点测量即可。

c 放样

工程放样是测量的一个应用分支，它要求通过一定方法采用一定仪器把人为设计好的点位在实地给标定出来，常规的放样方法很多，如经纬仪交会放样、全站仪的边角放样等，一般要放样出一个设计点位时，往往需要来回移动目标，而且要 2 人或 3 人操作；同时在放样过程中还要求点间通视情况良好，故生产应用上效率不是很高，有时放样中遇到困难的情况只有借助很多方法才能放样。而采用 RTK 技术放样时，仅需把设计好的点位坐标输入到电子手簿中，背着 GPS 接收机，它会提醒你走到要放样点的位置，既迅速又方便。由于 GPS 是通过坐标来直接放样的，而且精度很高也很均匀，因而在外业放样中效率大大提高，且只需一个人操作，选取测量菜单下的各类放样功能，输入放样点坐标或工程要素即可。

5.4.1.4 GNSS 卫星定位的主要误差来源

GNSS 定位精度不高，主要是由于在已知数据和观测数据中都含有大量误差的缘故。一般来说，GNSS 卫星定位产生的误差按其来源可以分为以下三类。

A 与卫星相关的误差

(1) 轨道误差：目前实时广播星历的轨道三维综合误差可达 10~20m。

(2) 卫星钟差：简单地说，卫星钟差就是 GNSS 卫星钟的钟面时间同标准 GNSS 时间之差。对于 GPS，由广播星历的钟差方程计算出来的卫星钟误差一般可达 10~20ns，引起等效距离误差小于 6m。

(3) 卫星几何中心与相位中心偏差：可以事先确定或通过一定方法解算出来。

为了克服广播星历中卫星坐标和卫星钟差精度不高的缺点，人们通过精确的卫星测量和复杂的计算技术，并通过互联网提供事后或近实时的精密星历。精密星历中卫星轨道三维坐标精度可达 3~5cm，卫星钟差精度可达 1~2ns。

B 与接收机相关的误差

(1) 接收机安置误差：即接收机相位中心与待测物体目标中心的偏差，一般可事先确定。

(2) 接收机钟差：接收机钟与标准的 GNSS 系统时间之差。对于 GPS，一般可达 $1 \times 10^{-5} \sim 1 \times 10^{-6}$s。

(3) 接收机信道误差：信号经过处理信道时引起的延时和附加的噪声误差。

(4) 多路径误差：接收机周围环境产生信号的反射，构成同一信号的多个路径入射天线相位中心，可以用抑径板等方法减弱其影响。

(5) 观测量误差：对于 GPS 而言，C/A 码伪距偶然误差约为 1~3m；P 码伪距偶然误差约为 0.1~0.3m；相位观测值的等效距离误差约为 1~2mm。

C 与大气传输有关的误差

(1) 电离层误差：50~1000km 的高空大气被太阳高能粒子轰击后电离，即产生大量自由电子，使 GNSS 无线电信号产生传播延迟，一般白天强，夜晚弱，可导致载波天顶方向最大 50m 左右的延迟量。误差与信号载波频率有关，故可用双频或多频率信号予以显著减弱。

（2）对流层误差：无线电信号在含水汽和干燥空气的大气介质中传播引起的信号传播延时，其影响随卫星高度角、时间季节和地理位置的变化而变化，与信号频率无关，不能用双频载波予以消除，但可用模型削弱。

5.4.2　遥感

5.4.2.1　遥感概述

遥感（RS，Remote Sensing）即遥远的感知，是通过遥感器这类对电磁波敏感的仪器，在远离目标和非接触目标物体条件下探测目标地物，获取其反射、辐射或散射的电磁波信息（如电场、磁场、电磁波、地震波等信息），并进行提取、判定、加工处理、分析与应用的一门科学和技术，如图 5-73 所示。

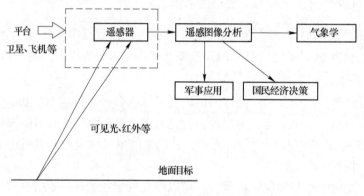

图 5-73　遥感原理

RS 是一门对地观测综合性技术，根据遥感的定义，遥感系统主要由以下四大部分组成。

（1）信息源。信息源是遥感需要对其进行探测的目标物。任何目标物都具有反射、吸收、透射及辐射电磁波的特性，当目标物与电磁波发生相互作用时会形成目标物的电磁波特性，这就为遥感探测提供了获取信息的依据。

（2）信息获取。信息获取是指运用遥感技术装备接收、记录目标物电磁波特性的探测过程。信息获取所采用的遥感技术装备主要包括遥感平台和传感器。其中遥感平台是用来搭载传感器的运载工具，常用的有气球、飞机和人造卫星等；传感器是用来探测目标物电磁波特性的仪器设备，常用的有照相机、扫描仪和成像雷达等。

（3）信息处理。信息处理是指运用光学仪器和计算机设备对所获取的遥感信息进行校正、分析和解译处理的技术过程。信息处理的作用是通过对遥感信息的校正、分析和解译处理，掌握或清除遥感原始信息的误差，梳理、归纳出被探测目标物的影像特征，然后依据特征从遥感信息中识别并提取所需的有用信息。

（4）信息应用。信息应用是指专业人员按不同的目的将遥感信息应用于各业务领域的使用过程。信息应用的基本方法是将遥感信息作为地理信息系统的数据源，供人们对其进行查询、统计和分析利用。遥感的应用领域十分广泛，最主要的应用有军事、地质矿产勘探、自然资源调查、地图测绘、环境监测及城市建设和管理等。

5.4.2.2 遥感分类及特点

遥感按照不同的分类方式分为很多种。如按照工作平台可划分成地面遥感，即把传感器设置在地面平台上，如车载、船载、手提、固定或活动高架平台等；航空遥感，即把传感器设置在航空器上，如气球、航模、飞机及其他航空器和遥感平台等；航天遥感，即把传感器设置在航天器上，如人造卫星、航天飞机、宇宙飞船、空间实验室等。

按照探测方式可分为主动式遥感，即由传感器主动地向被探测的目标物发射一定波长的电磁波，然后接收并记录从目标物反射回来的电磁波；被动式遥感，即传感器不向被探测的目标物发射电磁波，而是直接接收并记录目标物反射太阳辐射或目标物自身发射的电磁波。

此外遥感还可以按照根据应用领域区分：环境遥感、大气遥感、资源遥感、海洋遥感、地质遥感、农业遥感、林业遥感等；根据记录方式层面区分：成像遥感、非成像遥感等。

遥感作为一门对地观测综合性科学，它的出现和发展既是人们认识和探索自然界的客观需要，更有其他技术手段无法与之比拟的特点。

A 大面积观测

遥感探测能在较短的时间内，从空中乃至宇宙空间对大范围地区进行对地观测，并从中获取有价值的遥感数据。这些数据拓展了人们的视觉空间，例如，一张陆地卫星图像，其覆盖面积可达 3 万多平方千米。这种展示宏观景象的图像，对地球资源和环境分析极为重要。

B 时效性强

获取信息的速度快、周期短。由于卫星围绕地球运转，从而能及时获取所经地区的各种自然现象的最新资料，以便更新原有资料，或根据新旧资料变化进行动态监测，这是人工实地测量和航空摄影测量无法比拟的。

C 数据综合性

能动态反映地面事物的变化，遥感探测能周期性、重复地对同一地区进行对地观测，这有助于人们通过所获取的遥感数据，发现并动态跟踪地球上许多事物的变化，同时研究自然界的变化规律。尤其是在监视天气状况、自然灾害、环境污染甚至军事目标等方面，遥感的运用格外重要。

获取的数据具有综合性，遥感探测所获取的是同一时段、覆盖大范围地区的遥感数据，这些数据综合展现了地球上许多自然与人文现象，宏观反映了地球上各种事物的形态与分布，真实体现了地质、地貌、土壤、植被、水文、人工构筑物等地物的特征，全面揭示了地理事物之间的关联性；并且这些数据在时间上具有相同的现势性。

获取信息的手段多、信息量大。根据不同的任务，遥感技术可选用不同波段和遥感仪器来获取信息。例如可采用可见光探测物体，也可采用紫外线、红外线和微波探测物体。

利用不同波段对物体不同的穿透性，还可获取地物内部信息。例如，地面深层、水的下层、冰层下的水体、沙漠下面的地物特性等，微波波段还可以全天候的工作。

　　D　经济社会效益

获取信息往往受条件限制，在地球上有很多地方，自然条件极为恶劣，人类难以到达，如沙漠、沼泽、高山峻岭等。采用不受地面条件限制的遥感技术，特别是航天遥感可方便及时地获取各种宝贵资料。

5.4.2.3　遥感应用

当前遥感已经形成了一个从地面到空中，乃至空间；从信息数据收集、处理到判读分析和应用，对全球进行探测和监测的多层次、多视角、多领域的观测体系，成为获取地球资源与环境信息的重要手段。

为了提高对这样庞大数据的处理速度，遥感数字图像技术随之得以迅速发展。遥感技术已广泛应用于农业、林业、地质、海洋、气象、水文、军事、环保等领域。在未来的十年中，预计遥感技术将步入一个能快速、及时提供多种对地观测数据的新阶段，遥感图像的空间分辨率、光谱分辨率和时间分辨率都会有极大的提高，其应用领域随着空间技术发展，尤其是地理信息系统和全球定位系统技术的发展及相互渗透，将会越来越广泛。

　　A　地理数据获取

遥感影像是地球表面的"相片"，真实地展现了地球表面物体的形状、大小、颜色等信息。这比传统的地图更容易被大众接受，影像地图已经成为重要的地图种类之一。

　　B　获取资源信息

遥感影像上具有丰富的信息，多光谱数据的波谱分辨率越来越高，可以获取红边波段、黄边波段等。高光谱传感器也发展迅速，我国的环境小卫星也搭载了高光谱传感器。这些地球资源信息能在农业、林业、水荆、海洋、生态环境等领域发挥重要作用。

　　C　应急灾害资料

遥感技术具有在不接触目标情况下获取信息的能力。在遭遇灾害的情况下，遥感影像能够方便立刻获取地理信息。在地图缺乏的地区，遥感影像甚至是我们能够获取的唯一信息。在 "5.12" 汶川地震中，遥感影像在灾情信息获取、救灾决策和灾害重建中发挥了重要作用。海地发生强震后，就有多家航天机构的 20 余颗卫星参与了救援工作。

　　D　自然灾害遥感

我国已建立了重大自然灾害遥感监测评估运行系统，可以应用于台风、暴雨、洪涝、旱灾、森林大火等灾害的监测，特别是快速图像处理和评估系统的建立，具有对突发性灾害的快速应急反应能力，使该系统能在几小时内获得灾情数据，一天内做出灾情的快速评估，一周内完成翔实的评估。

例如在台风天，通过灾害遥感可以准确地划分出受台风影响区域，通过气象预警发布有效信息，人们便可由此对农产品采取防护措施，降低损失。

　　E　农业遥感监测

在农业方面，利用遥感技术监测农作物种植面积、农作物长势信息，快速监测和评估农业干旱和病虫害等灾害信息，估算全球范围、全国和区域范围的农作物产量，为粮食供应数量分析与预测预警提供信息。

遥感卫星能够快速准确地获取地面信息，结合地理信息系统（GIS）和全球定位系统（GPS）等其他现代高新技术，可以实现农情信息收集和分析的定时、定量、定位，客观性强，不受人为因素干扰，方便农事决策，使发展精准农业成为可能。

农业遥感基本原理：遥感影像的红波段和近红外波段的反射率及其组合与作物的叶面积指数、太阳光合有效辐射、生物量具有较好的相关性。通过卫星传感器记录的地球表面信息，辨别作物类型，建立不同条件下的产量预报模型，集成农学知识和遥感观测数据，可实现作物产量的遥感监测预报；同时又可避免手工方法收集数据费时费力且具有某种破坏性的缺陷。

农业遥感精细监测的主要内容包括：

（1）多级尺度作物种植面积遥感精准估算产品；

（2）多尺度作物单产遥感估算产品；

（3）耕地质量遥感评估和粮食增产潜力分析产品；

（4）农业干旱遥感监测评估产品；

（5）粮食生产风险评估产品；

（6）植被标准产品集。

F 水质监测

随着工业化和城镇化的快速发展，我国的水污染问题越来越严重，江河湖泊面临严峻的水质污染问题，这也带动了遥感技术在水质监测上的应用。据相关介绍，我国拥有的水质监测及评估遥感技术是基于水体及其污染物质的光谱特性研究而成的。国内外许多学者利用遥感的方法估算水体污染的参数，以监测水质变化情况。做法是在测量区域布置一些水质传感器，通过无线传感器网络技术 24h 连续测量水质的多种参数，用于提高水质遥感反演精度，使其接近或达到相关行业要求。

这种遥感技术信息获取快速、省时省力，可以较好地反映出研究水质的空间分布特征，而且更有利于大面积水域的快速监测。遥感技术无疑给湖泊环境变化研究带来了福音。

5.4.3 地理信息系统

5.4.3.1 地理信息系统概述

A 地理信息系统含义

地理信息系统（GIS, Geographic Information System），有时又称为空间信息系统，它是一种采集、存储、管理、分离、显示与应用地理信息的计算机系统，是分析和处理海量地理数据的通用技术。由地理信息系统的定义，可以得出以下基本含义。

（1）GIS 的物理表达是计算机系统。该系统由若干个子系统组成，例如数据处理、数据分析、功能输出等，并且以计算机硬件和软件为依托，实现这些子系统功能。

（2）GIS 的研究对象是地理实体。GIS 操作的是地理实体数据，即空间数据。所谓的地理实体，是指在现实世界中再也不能划分为同类现象的现象。地理实体的集合构成了GIS 中的地理数据库，地理实体通常分为点状实体、线状实体、面状实体和体状实体，复杂的地理实体由这些类型的实体构成。地理实体数据通过 (X, Y) 坐标串构成的矢量数据结构或者像元系列组成的栅格数据结构的形式存储，为 GIS 的功能实现提供数据支持。

（3）GIS 的优势在于它的空间分析功能。地理数据库中存储了地理实体的空间数据、属性数据及时间数据，混合存储的数据结构和集成表达使其具有独特的空间分析功能、快速的空间查询功能和强大的图形表达方式，以及地理过程的演化模拟和空间决策支持功能。这正是 GIS 与其他 MIS 的最大区别之处，也是 GIS 研究和应用的核心部分。

（4）GIS 与地学等相关科学关系密切。GIS 的核心内容是它的空间数据部分，而空间数据的来源离不开测绘学；GIS 反映的是空间地理实体，所以与地理学关系十分密切，当然还包括地质学、林学、农学等。测绘学为 GIS 提供了高精度和不同空间尺度的数据，而且测绘理论直接可以应用于空间数据的变换和转换处理。地理学是一门研究人-地相互关系的科学，其研究自然界里的生物、物理、化学过程及探求人类活动与资源环境间相互协调的规律，可为 GIS 提供有关空间分析的基本观点与方法，成为 GIS 的基础理论依据。

B　地理信息系统的类型

（1）专题地理信息系统（thematic GIS）。它是具有有限目标和专业特点的地理信息系统，为特定的专门的目的服务。如水资源管理信息系统、矿产资源信息系统、农作物估产信息系统、草场资源管理信息系统、水土流失信息系统、环境管理信息系统等。

（2）区域地理信息系统（regional GIS）。它主要以区域综合研究和全面的信息服务为目标，可以有不同规模，如国家级、地区或省级、市级或县级等为各不同级别行政区服务的区域地理信息系统；也可以是按自然分区或以流域为单位的区域地理信息系统，如加拿大国家地理信息系统、我国的黄河流域地理信息系统等。

（3）地理信息系统工具（GIS tools）。它是一组具有图形图像数字化、存储管理、查询检索、分析运算和多种输出等地理信息系统功能的软件包。这些软件适合于作为地理信息系统支撑软件，以建立专题或区域性的实用型地理信息系统，也可作教学软件。在通用的地理信息系统工具支持下建立区域或专题地理信息系统，不仅可以节省软件开发的人力、物力、财力，缩短系统的建设周期，提高系统的技术水平，而且使地理信息系统技术易于推广，使开发人员将更多的精力投入到高层次的应用模型开发上。

C　地理信息系统的组成

一个典型的地理信息系统主要由 4 部分组成，即计算机硬件系统、计算机软件系统、地理数据、系统的组织和管理人员，如图 5-74 所示。

（1）计算机硬件系统。它是计算机系统中实际物理设备的总称，主要包括计算机主机、存储设备和输入、输出设备、通讯传输设备等。

（2）计算机软件系统。它由核心软件和应用软件组成，其中核心软件包括数据处理、管理、地图显示和空间分析等部分，而特殊的应用软件则紧紧与核心软件相连，并面向一些特殊的应用问题，如网络分析、数字地形模型分析等。

（3）地理数据。地理信息系统的地理数据主要包括空间数据（图形数据）和属性数据。空间数据描述地理实体的位置、大小、形状、方向及拓扑几何关系；属性数据描述地理实体的社会、经济或其他专题数据。属性数据分为定性和定量两种，前者包括名称、类型、特性等；后者包括数量和等级。

（4）系统的组织和管理人员，对于合格的系统设计、运行和使用来说，地理信息系

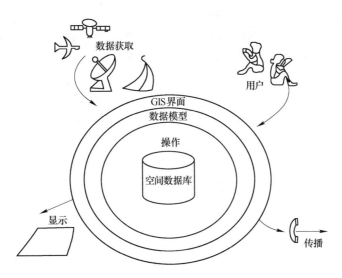

图 5-74 地理信息系统组成示意图

统专业人员是地理信息系统应用成功的关键，而强有力的组织是系统运行的保障。一个周密规划的地理信息系统项目应包括负责系统设计和执行的项目经理、信息管理的技术人员、系统用户化的应用工程师及最终运行系统的用户。

5.4.3.2 地理信息系统基本功能与应用

A 地理信息系统基本功能

由 GIS 的定义可知，GIS 是对数据进行采集、输入、管理、处理、分析和输出的计算机系统，这些也构成了 GIS 的基本功能。在这些基本功能基础上，通过利用空间分析技术、模型分析技术、网络技术、数据库和数据集成技术、二次开发环境等，演绎出丰富多彩的系统应用功能，满足用户的广泛需求。

GIS 的基本功能包括地理数据的采集和编辑、数据库管理、地理数据的查询与空间分析、地理产品的输出等。

（1）地理数据的采集。地理数据的来源多种多样，如现有地图、全野外数字测图、卫星影像、航空相片、调查统计数据、现有的数据文件、数据库等。地理数据的采集是地理信息系统建设的首要任务，它是把上述资料按统一的地图投影系统、统一的地理坐标系统和统一的地理编码系统组织到数据库中的数据处理过程。一般来说，地理信息系统数据库的建设占整个系统建设投资比例的 70% 或更多，并且这种比例在近期内不会有明显的改变。目前可用于地理数据采集的方法有手扶跟踪数字化、扫描数字化、数据转换、摄影测量与遥感数据处理及数字测量等方法。

（2）地理数据的编辑。地理数据的编辑实质上是地理数据的预处理，它是地理信息系统不可缺少的功能之一。从数据处理的角度来看地理数据编辑首要的任务是对错误进行检查和纠正；其次是地理数据的更新，以确保数据库中数据的现势性；最后是地理数据的预加工和后处理。预加工主要包括空间拓扑关系的建立，去除多余点、曲线的光滑、图幅的拼接等；后处理主要指图形的整饰，如经纬线或方格网的生成、图例的标注、图解的注释及图形放大、缩小、平移、旋转、剪裁等。

（3）数据库管理。建立数据库是地理信息系统的关键步骤，它涉及空间数据和属性数据的存储与组织。目前大多数地理信息系统都将两者分开存放，通过公共项（一般定义为地物标识码）来连接。

（4）地理数据的查询与空间分析。地理数据的查询是地理信息系统最基本的分析功能。图文互访是最常用的查询，它包括按属性信息的要求来查询空间位置或按空间位置来查询属性信息。此外还有点、线、面相互关系查询和地址匹配查询等。

地理数据的空间分析是地理信息系统的核心功能，也是地理信息系统与其他计算机系统的本质区别，它包括缓冲区分析、叠加分析、地形分析、网络分析和决策分析等。

（5）地理产品的输出。传统的地图也称为模拟地图，它以符号表示地图要素，通常印制在纸上或其他介质上。其传递的信息直观，很容易被读者所理解。地图包含地理要素和整饰要素，地理要素是地理数据要素符号化的结果；整饰要素是一些说明信息，包括标题、图例、比例尺、指北针、描述性文字等。地理信息系统可以将地理信息以地图、报表、统计图表等形式显示在屏幕上，也可以通过绘图机、硬拷贝机、打印机等输出为模拟地图，屏幕显示的地图通常称为电子地图。

B　地理信息系统应用

地理信息系统作为一种空间信息系统，不仅在地球科学，而且在社会和经济的许多领域中得到了广泛的应用，其主要应用领域如下所述。

（1）自然资源的调查与管理。这是 GIS 的一个传统应用领域。将各种自然资源（例如土地、植被、土壤、森林等）的类型及其空间分布以数字形式存储于 GIS，根据各种类型边界和属性条件的不同组合进行资源量计算、统计分析、区域划分和综合评价，为资源的合理利用和开发提供依据。

（2）区域和城市规划与管理。区域和城市的建设与发展涉及社会、经济、资源、环境、人口、交通等诸多因素，是一个复杂的综合问题。GIS 在城市基建设施的规划与管理方面的应用有着明显的经济效益和社会效益，目前已被普遍采用。

（3）环境、洪水、作物、灾害监测。这是 GIS 的一个大用户。环境问题是全球关注的问题，利用 GIS 将洪水灾害情况、农作物生长、水库地质与旱涝情况等动态监测数据与地理背景存储在一起，可以帮助相关部门完成各项任务。

（4）全球变化的动态监测应用。把遥感资料和 GIS 数据结合在一起，可以形成某专业领域的区域分布图，供研究决策用。如美国地质测量局的地球观测数据中心和加拿大遥感中心合作，将连续 10 天采集的数据结合在一起，形成北美土地覆盖植被指数圈，将它与各种 GIS 数据结合，建立北美土地覆盖数据库，供研究全球变化用。

（5）企业服务方面的应用。GIS 可用于企业生产和管理。利用 GIS 系统，可以把地域分布很广的信息集中在 GIS 之中，为企业管理决策提供更科学、更快捷的服务。如德国的露天煤矿，利用航测方法建立和更新矿区 GIS，在此基础之上设计开采面作业计划、矿石运输路线、废矿石堆放位置，从而使生产达到最佳状态。

（6）军事方面的应用。GIS 在现代战争中也发挥了越来越重要的作用，特别是 GIS 和全球卫星定位系统（GNSS）、遥感技术（RS）的结合，更使军事指挥如虎添翼，取得战争主动权。

C 地理信息系统工具软件简介

国外 GIS 软件比较有影响力的有:

(1) ESRI (Emviromental System Research Institute Inc) 公司的 GIS 产品, 其中, 最主要的是运行于 UNIX/Windows NT 平台上的 Arcinfo, 它由 Workstation Arcinfo 和 Desktop Arcinfo 两部分组成。

(2) Intergraph 公司的 GIS 产品也较有影响力, 其产品包括专业 GIS 系统 (MGE)、桌面 GIS 系统 (Geome-dia) 及互联网 GIS 系统 (Geomedia Web Map)。

(3) Mapinfo 公司的 GIS 产品, 包括 Mapinfo Professional、Map Basic、MapInfo ProServer、Mapinfo MapX、MapInfo MapX- trcm、Spatial Ware、Vertical Mapper 等。

国内 GIS 软件比较有影响力的有:

(1) 武汉大学 GIS 研究中心研制的地理信息系统软件吉奥之星 (Geostar);

(2) 中国地质大学计算中心与长地图形数据公司开发的地理信息系统软件 MapGIS。

5.4.4 测绘 "3S" 技术集成

5.4.4.1 "3S" 集成概述

"3S" 集成是指将 RS、GNSS 及 GIS 三者进行一体化组合, 形成对地观测、空间定位与空间分析的完整体系结构。其中, GNSS 能够实时、快捷、高精度地获取目标精确的位置信息; RS 能够全天候、大范围、快捷便利地提供多尺度、多频率的目标信息; GIS 可对多种来源的时空数据进行综合处理、集成管理、动态存取, 如图 5-75 所示。

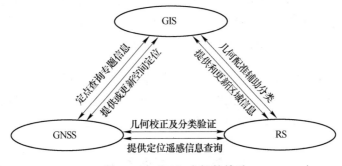

图 5-75 "3S" 之间的关系

"3S" 集成的目的是对现实世界或者现实世界的自然现象通过计算机进行数字模拟和分析, 本质是对地理空间对象的地学特征进行空间描述与表达, 包括从现实世界到比特世界及从比特世界到计算机世界的两个转换过程, 这两个转换过程是通过对空间对象的定位、地学信息的获取及空间分析等功能的综合集成实现的。

5.4.4.2 GIS 与 GNSS 的集成

对于 GIS 来说, GNSS 提供了一种极为重要的实时、动态、精确获取空间数据的方法, 其是 GIS 的重要数据源之一。GNSS 大大拓展了 GIS 的应用方式和应用领域。而对于 GNSS 来说, 虽然能够快速定位, 但无法给出定位点周围的地理实体属性和与其相关的空间信息描述, GIS 则补充了这一点, 所以二者互联互补。

5.4.4.3　GIS 与 RS 集成

RS 信息具有周期动态性、信息丰富、获取效率高等优势，它的出现为 GIS 获取数据提供了更加高效的方法；而 GIS 强大的空间数据管理和分析功能为 RS 数据的应用提供了新的手段，二者优势互补、相互补充，二者集成是必然的。

遥感是 GIS 重要的数据源、有效的数据更新手段；GIS 也可为遥感分析提供有用的辅助信息和手段。GIS 与 RS 集成的途径主要包括：RS 影像与 DLG 数据的集成，目前 GOOGLE、腾讯、百度、高德等的地图和导航功能中均已支持卫星影像和 DLG 数据；RS 影像与 DEM 数据集成；RS 影像与 GIS 数据相互转换等。

5.4.4.4　RS 与 GNSS 结合

RS 影像需要地面控制点坐标作为几何纠正的骨架数据，而这些地面控制点坐标数据大都是通过 GNSS 采集得到；同时也可通过分析 RS 影像数据，基本确定控制点布设位置，提高 GNSS 数据采集的工作效率。

RS 还包含航空摄影测量技术，其空间定位方法称为空中三角测量。该技术可分为两大主要部分：第一部分是数据采集，包括转点、像点坐标或模型点坐标量测、坐标规划和预改正；第二部分是数据处理，一般为区域网平差，平差过程中要引入非摄影测量信息，主要是地面控制点坐标，使空中三角测量纳入规定的物方坐标系，同时对相片系统误差进行有效的改正。

GNSS 辅助空中三角测量就是利用机载 GNSS 接收机与地面基准点的 GNSS 接收机同时、快速、连续地记录相同的 GNSS 卫星信号，通过相对定位技术的离线数据后处理获取摄影机曝光时刻摄站的高精度三维坐标，将其作为区域网平差中的附加非摄影测量观测值，以空中控制取代或减少地面控制；经采用统一的数学模型和算法，整体确定点位并对其质量进行评定的理论、技术和方法。

以 GNSS 中的 GPS 为例，由自动空中三角测量中的多片影像匹配自动转点技术取代常规航测中像点坐标的人工量测，由 GPS 动态差分技术获取 GPS 摄站坐标，以空中控制取代或减少地面控制，即可使解析空中三角测量实现全自动化。

 复习思考题

5-1　简述全站仪有哪些功能。

5-2　简述全站仪数据采集步骤。

5-3　三维激光扫描仪的特点有哪些？

5-4　什么是无人机，无人机在测绘中有哪些应用？

5-5　GNSS 组成包括哪几部分？

5-6　GPS 由哪几个部分组成，都有些什么测量方法？

5-7　什么是 RTK，RTK 的主要用途有哪些？

5-8　RS 技术特点是什么？

5-9　GIS 含义是什么？

5-10　GIS 组成及功能有哪些？

5-11　查找"3S"综合应用案例，并进行相关分析。

6　地　形　图

第 6 章微课　　第 6 章课件

按一定法则，有选择地在平面上表示地球表面各种自然现象和社会现象的图，通称地图。按内容，地图可分为普通地图和专题地图。普通地图是综合反映地面上物体和现象一般特征的地图，内容包括各种自然地理要素（包括水系、地貌、植被等）和社会经济要素（例如居民点、行政区划及交通线路等），但不突出表示其中的某一种要素；专题地图是着重表示自然现象或社会现象中的某一种或几种要素的地图，如地籍图、地质图和旅游图等。本章主要介绍地形图，它是普通地图的一种。地形图是按一定的比例尺，用规定的符号表示地物、地貌平面位置和高程的正射投影图。

由于地形图客观地反映了地物和地貌的变化情况，给分析、研究和处理问题带来了许多的方便，故而在经济、国防等各种工程建设中，均需要利用地形图进行规划、设计、施工及竣工管理。

6.1　地形图基础知识

在地形图上各种地物和地貌采用专门的符号和注记表示。为使全国采用统一的符号，原国家测绘局制定并颁发了各种比例尺的《地形图图式》，供测图、读图和用图时使用。

地形图的内容相当丰富，下面介绍地形图的比例尺、图名、图号、图廓及地物和地貌在地形图上的表示方法。

6.1.1　地形图的比例尺

地形图上任意线段的长度 d 与它所代表的地面上的实际水平长度 D 之比，称为地形图的比例尺。注记在南图廓外下方中央位置。

6.1.1.1　比例尺的种类

A　数字比例尺

数字比例尺一般用分子为 1 的分数表示。即

$$\frac{d}{D} = \frac{1}{\dfrac{D}{d}} = \frac{1}{M} \tag{6-1}$$

或写成 $1:M$，式中 M 为比例尺分母。M 越大，比值越小，即比例尺越小；反之，M 越小，则比值越大，因而比例尺也越大。

为了满足经济建设和国防建设的需要，测绘和编制了各种不同比例尺的地形图。按其大小一般分为：

（1）小比例尺：1:1000000，1:500000，1:200000；

（2）中比例尺：1：100000，1：50000，1：25000，1：10000；

（3）大比例尺：1：5000，1：2000，1：1000，1：500。

B　图示比例尺

为了用图方便，以及减弱由于图纸伸缩变形引起的误差，通常在绘制地形图时，在地形图的正下方绘制一个图示比例尺。图示比例尺由 2 条平行线构成，并把它们分成若干个 2cm 长的基本单位，把最左边的一个基本单位分成 10 等分。如图 6-1 所示为 1：500 的图示比例尺。图示比例尺上所注数字是以 m 为单位的实际距离，左边分为 10 等分，则一等分为 1m（1：500）。图示比例尺除直观、方便外，在使用时不用进行计算。

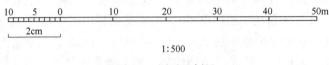

1:500

图 6-1　图示比例尺

使用时，用分规的两脚尖（也可以用直尺）对准欲量距离的两点，然后将分规移至图示比例尺上，使一个脚尖对准"0"分划右侧的整分划线上，而另一个脚尖落在"0"分划线左端的小分划段中，则所量的距离就是 2 个脚尖读数的总和，不足一小分划的零数用目估。

6.1.1.2　比例尺的精度

一般认为，通常人的肉眼能在图上分辨出的最小距离是 0.1mm，因此，把图上 0.1mm 所代表的实地水平距离，称为比例尺的精度，即：

$$0.1 \times M \ mm$$

根据比例尺的精度，可以确定测图时测量实地距离的准确程度；此外，当设计规定确定了要表示地物的最短距离时，可根据比例尺精度确定测图比例尺。例如，测绘 1：1000 比例尺地形图时，其比例尺精度为 0.1m，因此，实地测量距离只需精确到 0.1m 即可；又如，若规定图上应表示出的最短距离为 0.5m，则所采用的图纸比例尺不应小于 $\frac{0.1}{500} = \frac{1}{5000}$。

表 6-1 为几种常用的大比例尺地形图的比例尺精度。由此可见，比例尺越大，表示地物和地貌的情况越详细，其精度也越高；比例尺越小，表示地形变化的状况越粗略，其精度也越低。但是必须指出，同一测区，采用较大比例尺测图的工作量和投资往往比采用较小比例尺测图增加数倍。因此，在各类具体工程中，究竟采用何种比例尺的地形图，应从工程规划、施工实际需要的精度出发，而不应盲目追求更大比例尺的地形图。

表 6-1　比例尺精度

比例尺	1：500	1：1000	1：2000	1：5000	1：10000
比例尺精度/m	0.05	0.10	0.20	0.50	1.00

6.1.2 地形图的分幅和编号

为了便于管理和使用地形图，需要将各种比例尺的地形图进行统一的分幅和编号。一般常用地形图的分幅与编号方法分为两类：一类是按经纬线分幅，称为梯形分幅法（又称为国际分幅法）；另一类是按坐标格网分幅，称为矩形分幅法。

6.1.2.1 梯形分幅和编号

梯形分幅以 1：1000000 地形图为基础，按经纬线度数和经差、纬差值进行分幅，其图幅形状为梯形。

地形图标准分幅的经度差是 6°，纬度差是 4°。如图 6-2 所示，从赤道起，每 4° 为一列，至北（南）纬 88° 各 22 行，依次用英文字母 A、B、C…，V 表示其相应的列号，行号前冠以 "N" 或 "S" 区分北半球和南半球。自 180° 经线起，由西向东每 6° 为一列，将全球分为 60 列，依次用 1、2、…、60 表示行号。这样，每个梯形格网可用英文字母和阿拉伯数字进行编号。例如北京的地理经纬度为东经 116°20′，北纬 39°40′，则其所在 1：1000000 地形图的图号为 J-50（中国国土都位于北半球，故省去编号前的字母"N"）。

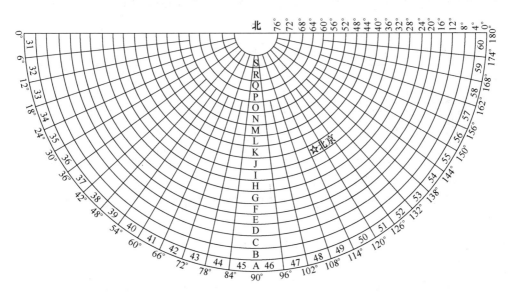

图 6-2 北半球东侧 1：1000000 地图的国际分幅与编号

国家基本比例尺地形图系列共 8 种。表 6-2 为各种基本比例尺地形图的图幅大小和分幅方法。

表 6-2 图幅数量关系及比例尺代码

比例尺	1：1000000	1：500000	1：250000	1：100000	1：50000	1：25000	1：10000	1：5000
比例尺代码	A	B	C	D	E	F	G	H
经差	6°	3°	1°30′	30′	15′	7′30″	3′45″	1′52.5″
纬差	4°	2°	1°	20′	10′	5′	2′30″	1′15″

比例尺	1:1000000	1:500000	1:250000	1:100000	1:50000	1:25000	1:10000	1:5000
行列数		2, 2	4, 4	12, 12	24, 24	48, 48	96, 96	192, 192
图幅数		4	16	144	576	2304	9216	36864

1:500000~1:5000 比例尺地形图的编号以 1:1000000 地形图编号为基础，加上比例尺编码（用英文字母 B、C、D、E、F、G、H 分别表示 1:500000~1:5000 地形图的代码），再加上相应比例尺的行列代码（行列代码均为 3 位数），逐次加密划分而成。故 1:500000~1:5000 比例尺地形图的编号均由 5 个元素、10 位代码组成。如某 1:50000 地形图编号为 J50 E 011 020，编号中 J50 为 1:1000000 地形图编号；E 为比例尺代码；011 为行号；020 为列号。

梯形分幅的图廓点坐标可按经纬度查表得出，故各种比例尺的图廓尺寸不尽相同。

6.1.2.2 矩形分幅

大比例尺地形图一般采用矩形分幅，常用的图幅尺寸为 50cm×50cm 或 40cm×40cm，按统一的直角坐标格网划分，以整千米数的纵横坐标线为图幅边界线。表 6-3 为各种大比例尺地形图正方形分幅及面积。

表 6-3 正方形分幅及面积

比例尺	图幅大小/cm×cm	实际面积/km²	1:5000 图幅内的分幅数	每平方千米图幅数
1:5000	40×40	4	1	0.25
1:2000	50×50	1	4	1
1:1000	50×50	0.25	16	4
1:500	50×50	0.0625	64	16

矩形图幅的编号方法有以下几种。

（1）坐标编号法。坐标编号法一般采用该图幅西南角坐标的千米数为编号，x 坐标在前，y 坐标在后，中间用短线连接，即 $x-y$。例如某图西南角的 x 坐标为 24km，y 坐标为 30km，则该地形图的图号为 24-30。编号时，1:1000、1:2000 地形图取至 0.1km（如 24.0-30.0），1:500 地形图坐标值取至 0.1km（如 24.00-30.00）。

（2）系统编号法。系统编号法与梯形分幅编号的方法类似。某些工矿企业和城镇面积较大，而且测绘有几种不同比例尺的地形图，编号时以 1:5000 比例尺图为基础，并作为包括在本图幅中的较大比例尺的基本图号。例如，某 1:5000 图幅西南角的坐标值 $x=20.0$km，$y=10.0$km，则其图幅编号为 "20—10"，如图 6-3 所示。这个图号将作为该图幅中较大比例尺所有图幅的基本编号。一幅 1:5000 的图可以划分为 4 幅 1:2000 的图，其编号是在 1:5000 图号的后面分别加上罗马数字 Ⅰ、Ⅱ、Ⅲ、Ⅳ，就是 1:2000 比例尺图幅的编号，如图 6-3 中的甲图幅，其编号为 "20—10—Ⅰ"。同样，1:2000 的图幅可以划分成 4 幅 1:1000 的图，其编号是在 1:2000 图号的后面分别加上 Ⅰ、Ⅱ、Ⅲ、Ⅳ，就是 1:1000 图幅的编号，如图 6-3 中的乙图幅，其编号为 "20—10—Ⅳ—Ⅲ"。而图 6-2 中的丙图幅（1:500 的比例尺），其编号为 "20—10—Ⅳ—Ⅱ—Ⅱ"，它是在 1:1000 比例尺的图号后面再加上 Ⅰ、Ⅱ、Ⅲ、Ⅳ。

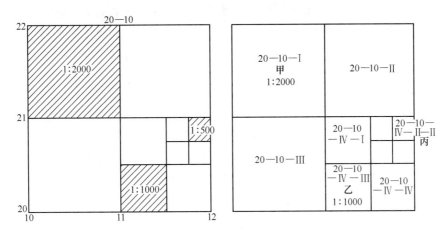

图 6-3 大比例尺地形图矩形分幅

6.1.3 地形图图外注记

6.1.3.1 图名和图号

图名即本图幅的名称，一般以本图幅内最著名的主要地名、厂矿企业、单位或行政及村庄的名称来命名，如图 6-4 的图名为热电厂。

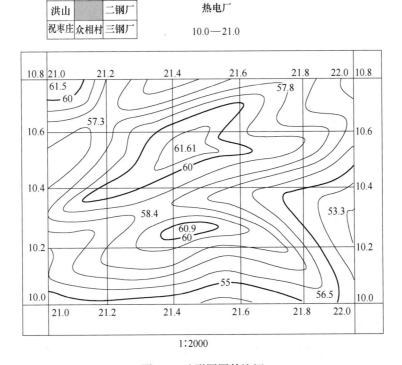

图 6-4 地形图图外注记

为了便于保管、使用及区别各幅地形图所在的位置关系，每幅地形图上都编有图号。图号就是根据地形图的分幅和编号方法编的号，并把它标注在北图廓上方的中央、图名的下方。

6.1.3.2　接图表

接图表说明本幅图与相邻图幅的关系，供索取相邻图幅时使用。通常是中间一格画有斜线的代表本图幅，四邻分别注明相应的图号（或图名），并绘注在图廓的左上方，如图6-4所示。在中比例尺各种图上，除了接图表外，还把相邻图幅的图号分别注在东、西、南、北图廓中间，进一步表明与四邻图幅的相互关系。

6.1.3.3　图廓

图廓是地形图的边界，矩形图幅只有内外图廓之分。内图廓就是图幅的坐标格网线，也是该图幅的边界线。在内图廓外四角处注有坐标值，并在内图廓线内侧，每隔10cm绘有5mm的短线，表示坐标格网线的位置。在图廓内绘有10cm的坐标格网交叉点。外图廓是最外边的粗线，起装饰的作用。

在城市规划及给排水线路等设计工作中，有时需要用1∶10000或1∶25000的地形图。这种图的图廓如图6-5所示，有内图廓、分图廓和外图廓之分。内图廓是经线和纬线，也是该图幅的边界线。图6-5中西图廓经线是东经122°15′，南图廓线是北纬39°50′。内外图廓之间为分图廓，它绘成若干段黑、白相间的线条，每段黑线或白线的长度表示实地经差或纬差1′。

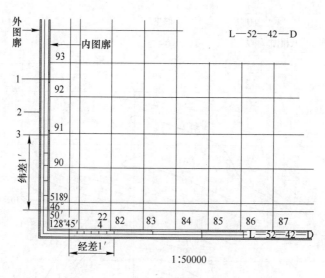

图 6-5　图廓线

6.1.3.4　三北方向关系图

在中、小比例尺图的南图廓线的右下方，还绘有真子午线、磁子午线和坐标纵轴（中央子午线）方向这三者之间的角度关系，称为三北方向图，如图6-6所示。利用该关系图，可对图上任一方向的真方位角、磁方位角和坐标方位角三者之间作相互换算。此外，在南、北图廓线上，还绘有点 P 和 P'，该两点的连线即为该图幅的磁子午线方向，有了它可利用罗盘对地形图进行实地定向。

用于在地形图上量测坡度的是坡度尺，绘在南图廓外直线比例尺的左边。坡度尺的水平底线下边注有两行数字，上行是用坡度角表示的坡度，下行是对应的倾斜百分率表示的坡度，即坡度角的正切函数值，如图 6-7 所示。

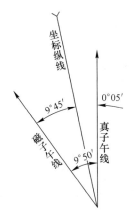

图 6-6　三北方向关系图

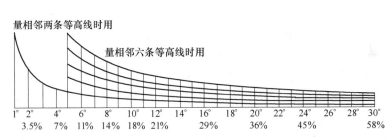

图 6-7　坡度尺

6.1.4　地形图符号

地形是地物和地貌的总称。地面上的地物和地貌，如前所述，应按原国家测绘总局颁发的《地形图图式》中规定的符号表示于图上。我国当前使用的、最新的大比例尺地形图图式是《国家基本比例尺地图图式　第 1 部分：1∶500 1∶1000 1∶2000 地形图图式》（GB/T 20257.1—2017）。

地形图图式中的符号有两类：地物符号和地貌符号。

6.1.4.1　地物符号

根据国家基本比例尺地形图图示，地物符号可以分为以下几类。

（1）依比例符号：地物依比例缩小后，长度和宽度能依比例尺表示的地物符号。如房屋、农田、草地、湖泊等。比例符号不仅能反映地物的平面位置，而且能反映出地物的形状和大小。

（2）半依比例符号：地物依比例缩小后，长度能依比例、宽度不能依比例表示的地物符号。在地形图图示中，符号旁只标注符号的宽度值。如围墙、电力线、管道、垣栅等。半依比例尺符号的中心线就是实际地物的中心线。

（3）不依比例符号：地物依比例缩小后，长度和宽度不能依比例表示的地物符号。在地形图图示中，符号旁标注符号的长度和宽度。如测量控制点、电线杆、独立树、路灯、检修井等，这种符号称为非比例符号。显然，非比例符号只能表示地物的实地位置，而不能反映出地物的形状和大小。

6.1.4.2　地貌符号

地貌形态按其起伏变化大致可分为 4 种类型：地势起伏小，地面倾斜角在 3°以下，比高不超过 20m 的，称为平坦地；地面高低起伏大，倾斜角在 3°～10°，比高不超过 150m 的，称为丘陵地；高低起伏变化悬殊，倾斜角为 10°～25°，比高在 150m 以上的，称为山地；绝大多数地面倾斜角超过 25°的，称为高山地。

地形图上表示地貌的主要方法很多，而在测量上最常用的方法是等高线法。等高线又分为首曲线、计曲线、间曲线和助曲线。

A　等高线

等高线是地面上高程相等的相邻各点连成的闭合曲线。如图 6-8 所示，有一山地被等间距的水平面所截，则各水平面与山地外围交线就是等高线。将每个水平面上的等高线沿铅垂线方向投影到一个水平面上，并按规定和比例尺缩绘到图纸上，便得到了用等高线表示的该山地的地貌图。这些等高线的形状和高程，客观地显示了该山地的空间形态。

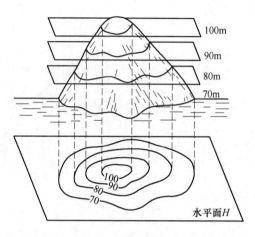

图 6-8　等高线示意图

B　等高距与等高线平距

地形图上相邻等高线间的高差，称为等高距，常用 h 表示，图 6-8 中 $h = 10m$。等高距的大小根据地形图比例尺和地面起伏情况确定。同一幅地形图的等高距是相同的，因此地形图的等高距也称为基本等高距。

大比例尺地形图常用的基本等高距为 0.5m、1m、2m、5m 等。

等高线平距是地形图上相邻两条等高线各取一点所连直线的水平距离，常用 d 表示，它随地面起伏情况不同而改变。相邻两条等高线之间的坡度 (i) 为：

$$i = \frac{h}{dM} \tag{6-2}$$

式中，M 为地形图比例尺分母。

从式 (6-2) 中可以看出，地面坡度与等高距成正比，与等高线平距成反比。

测绘地形图时，要根据测图比例尺、测区地面的坡度情况，并按国家规范要求选择合适的基本等高距。各种大比例尺地形图选择基本等高距情况见表 6-4。

表 6-4　大比例尺地形图的基本等高距　　　　　　　　　　（m）

比例尺	地 形 类 别			
	平地	丘陵地	山地	高山地
1：500	0.5	0.5	0.5 或 1	1
1：1000	0.5	0.5 或 1	1	1 或 2
1：2000	0.5 或 1	1 或 2	1 或 2	2
1：5000	0.5 或 1 或 2	1 或 2 或 5	2 或 5	5

C 等高线的分类

等高线分为首曲线、计曲线、间曲线和助曲线。

（1）首曲线。在地形图上，从高程基准面算起，按规定的基本等高距描绘的等高线称为首曲线。首曲线是地形图上最主要的等高线，一般用 0.15mm 宽的细实线绘制。

（2）计曲线。从高程基准面起算，每隔 5 个基本等高距加粗一条等高线，称为计曲线。例如基本等高距为 2m 的等高线中，高程 10m、20m、30m、40m 等 10m 的倍数的等高线为计曲线。一般为了用图和计算高程的方便，只在计曲线上注记高程，字头指向高处。计曲线一般用 0.3mm 宽的粗实线绘制。

（3）间曲线。在地势比较平坦的地方，地形图上首曲线不足以反映地貌特征时，可在相邻两条等高线之间加绘一条 1/2 基本等高距的等高线，称为间曲线。间曲线一般用 0.15mm 的长虚线表示，描绘时可不闭合。

（4）助曲线。当首曲线和间曲线仍不能反映地貌特征时，可在相邻两条等高线之间加绘 1/4 基本等高距的等高线，称为助曲线。助曲线一般用 0.15mm 宽的短虚线表示，描绘时可不闭合。

D 几种典型地貌的等高线

地球表面形态千变万化，但仍可归纳为几种典型地貌的综合。主要有山头和洼地、山脊和山谷、鞍部、陡崖和悬崖等。了解和熟悉典型地貌的等高线的特征，有助于我们正确地识读、应用和测绘地形图。

a 山头和洼地

地势向中间凸起而高于四周的称为山头；地势向中间凹下且低于四周的称为洼地。图 6-9、图 6-10 中山头和洼地的等高线都是一组闭合曲线，形状相似，可根据注记的高程来区分，其区别在于：山头的等高线由外圈向内圈高程逐渐增加，洼地的等高线外圈向内圈高程逐渐减小。也可以用示坡线来指示斜坡向下的方向。在山头、洼地的等高线上绘出示坡线，有助于地貌的识别。

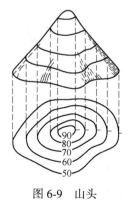

图 6-9 山头

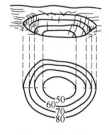

图 6-10 洼地

b 山脊和山谷

山脊的等高线均凸向下坡方向，两侧基本对称，如图 6-11 所示。山脊线是山体延伸的最高棱线，也称分水线。

山谷的等高线均凸向高处，两侧也基本对称。山谷线是谷底点的连线，是雨水汇集流动的地方，所以也称集水线。山脊线和山谷线是表示地貌的特征线，所以也称地性线。地性线是构成地貌的骨架，在测图、识图及用图中具有重要的作用。

c　鞍部

相邻两个山头之间的低洼部分像马鞍，称为鞍部。鞍部左右两侧的等高线是近似对称的两组山脊线和两组山谷线的组合，如图 6-12 所示。

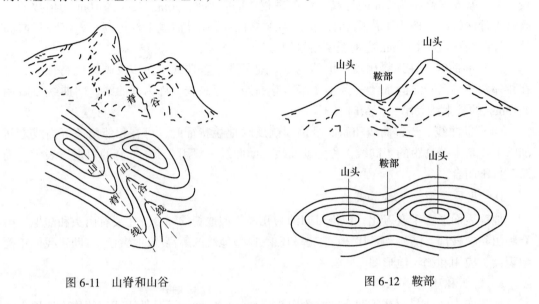

图 6-11　山脊和山谷　　　　　　　　　图 6-12　鞍部

d　陡崖、断崖和悬崖

陡崖是坡度在 70° 以上的陡峭崖壁。如果用等高线表示，将非常密集或重合为一条线，因此采用陡崖符号来表示这部分等高线，如图 6-13（a）所示。

断崖是垂直的陡坡，这部分的等高线几乎重合在一起，所以在地形图上常常用锯齿形的符号来表示，如图 6-13（b）所示。

悬崖是上部突出、下部凹进的陡坡。悬崖上部的等高线投影到水平面时，与下部的等高线相交，下部凹进的等高线部分用虚线表示，如图 6-13（c）所示。

E　等高线的特征

综上所述，用等高线表示地貌，具有如下特征：

（1）同一条等高线上所有点的高程一定相等，但高程相等的点不一定在同一等高线上；

（2）等高线是闭合曲线，不能中断（间曲线和助曲线除外），如果不在同一幅图内闭合，则必定在相邻的其他图幅内闭合（等高线遇上地物时中断）；

（3）除陡崖、悬崖外，不同高程等高线不相交、不重合；

（4）地性线与山谷和山脊的等高线正交，即地性线应和改变方向处的等高线的切线垂直相交，如图 6-11 所示；

（5）在同一幅地形图内，基本高线距是相同的。地面坡度与等高距成正比，与等高

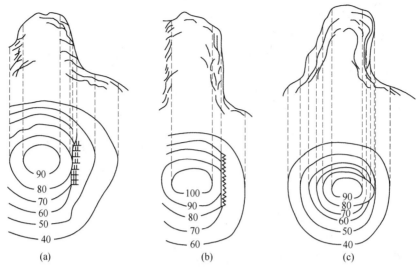

图 6-13 陡崖、断崖、悬崖

线平距成反比。坡度一致的倾斜地面的等高线是一组间距相等且平行的直线。

地形图是表示地物、地貌平面位置和高程的正射投影图，因此，测绘的基本工作就是确定地面上地物、地貌特征点的位置。为了保证所测点位的精度，减少误差积累，测绘过程中应该遵循"从整体到局部，先控制后碎部"的原则，测量工作须先建立控制网，然后根据控制网进行碎部测量。

6.2 小区域控制测量

控制网分为平面控制网和高程控制网。测定控制点平面位置 (x, y) 的工作，称为平面控制测量；测定控制点高程 H 的工作，称为高程控制测量。国家控制网是在全国范围内建立的控制网，是全国各种比例尺测图的基本控制，并为确定地球的形状和大小提供研究资料。国家控制网是用精密测量仪器和方法，依照施测精度，按一等、二等、三等、四等四个等级逐级控制建立的。

平面控制测量的目的是确定控制点的平面位置。建立平面控制网的经典方法有三角测量和导线测量。如图 6-14 所示，一等三角锁是国家平面控制网的骨干；二等三角网布设于一等三角锁环内，是国家平面控制网的全面基础；三等、四等三角网为二等三角网的进一步加密。平面控制网除了经典的三角测量和导线测量外，还有卫星大地测量。随着科学技术的发展和现代化测量仪器的出现，三角测量这一传统定位技术大部分已被卫星定位技术所取代。《全球定位系统（GPS）测量规范》（GB/T 18341—2016）将 GPS 控制网分为 A~E 五个等级。

图 6-15 所示为国家水准网布设示意图。一等水准网是国家高程控制网的骨干；二等水准网布设于一等水准环内，是国家高程控制网的全面基础；三等、四等水准网为国家高程控制网的进一步加密。建立国家高程控制网采用精密水准测量方法。

在城市或厂矿地区，一般在上述国家控制点的基础上，根据测区的大小、城市规划和

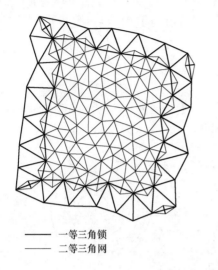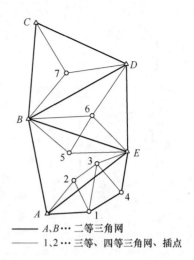

一等三角锁
二等三角网

A、B … 二等三角网
1、2 … 三等、四等三角网、插点

图 6-14　国家三角网

一等水准路线
二等水准路线
三等水准路线
四等水准路线

图 6-15　国家水准网

施工测量的要求，布设不同等级的城市平面控制网，以供地形测图和施工放样使用。

2007 年《工程测量规范》（GB 50026—2007）中平面控制网的导线测量的主要技术要求见表 6-5、表 6-6。

表 6-5　导线测量的主要技术要求

等级	导线长短 /km	平均长度 /km	测角中误差/(″)	测距中误差 /mm	测距相对中误差	测回数			方位角闭合差/(″)	相对闭合差
						DJ$_1$	DJ$_2$	DJ$_6$		
三等	14	3	±1.8	±20	≤1/150000	6	10		±3.6$\sqrt{n}$	≤1/55000
四等	9	1.5	±2.5	±18	≤1/80000	4	6		±5$\sqrt{n}$	≤1/35000
一级	4	0.5	±5	±15	≤1/30000		2	4	±10$\sqrt{n}$	≤1/15000
二级	2.4	0.25	±8	±15	≤1/14000		1	3	±16$\sqrt{n}$	≤1/10000
三级	1.2	0.1	±12	±15	≤1/700		1	2	±24$\sqrt{n}$	≤1/5000

注：（1）表中 n 为测站数。

　　（2）当测区测图的最大比例尺为 1∶1000 时，一、二、三级导线的平均边长及总长可适当放长，但不应大于规定的 2 倍。

表 6-6 图根导线测量的主要技术要求

导线长度 /m	相对闭合差	边长	测角中误差/(″)		DJ$_6$ 测回数	方位角闭合差/(″)	
			一般	首级控制		一般	首级控制
≤1.0M	≤1/2000	≤1.5测图最大视距	±30	±20	1	±60√n	±40√n

注：(1) M 为测图比例尺的分母。

(2) 隐蔽或施测困难地区导线相对闭合差可放宽，但不应大于 1/1000。

直接供地形测图使用的控制点，称为图根控制点，简称图根点。测定图根点位置的工作，称为图根控制测量。图根点的密度（包括高级点），取决于测图比例尺和地物、地貌的复杂程度。平坦开阔地区图根点的密度可参考表 6-7 的规定；困难地区、山区，表中规定的点数可适当增加。

表 6-7 一般地区解析图根点的个数

测图比例尺	图幅尺寸/cm×cm	解析控制点/个
1∶500	50×50	8
1∶1000	50×50	12
1∶2000	50×50	15
1∶5000	40×40	30

注：(1) 表中所列点数指施测该幅图时，可利用的全部解析控制点。

(2) 当采用电子速测仪测图时，控制点数量可适当减少。

至于布设哪一级控制作为首级控制，主要应根据城市或厂矿的规模来确定。中小城市一般以四等网作为首级控制网。面积在 15km² 以下的小城镇可用一级导线网作为首级控制；面积在 0.5km² 以下的测区，图根控制网可作为首级控制。厂区可布设建筑方格网。

城市或厂矿地区的高程控制分为二等、三等、四等水准测量和图根水准测量等几个等级，它是城市大比例尺测图及工程测量的高程控制，其主要技术要求见表 6-8 和表 6-9。同样，应根据城市或厂矿的规模确定城市首级水准网的等级，然后再根据等级水准点测定图根点的高程。

表 6-8 水准测量的主要技术要求

等级	每 km 高差全中误差 /mm	路线长度 /km	水准仪的型号	水准尺	观测次数		往返较差、附合或环线闭合差/mm	
					与已知点联测	附 合或环线	平地	山地
二等	±2	—	DS$_1$	铟瓦	往返各一次	往返各一次	±4√L	—
三等	±6	≤50	DS$_1$	铟瓦	往返各一次	往一次	±12√L	±4√n
			DS$_3$	双面		往返各一次		
四等	±10	≤16	DS$_3$	双面	往返各一次	往一次	±20√L	±6√n
五等	±15	—	DS$_3$	单面	往返各一次	往一次	±30√L	—

注：(1) 结合之间或结点与高级点之间，其路线的长度不应大于表中规定的 0.7 倍。

(2) L 为往返测段，附合或环线的水准路线长度（单位为 km）；n 为测站数。

表 6-9   图根水准测量的主要技术要求

仪器类型	1km 高差中误差/mm	附合路线长度/km	视线长度/m	观测次数		往返较差、附合或环线闭合差/mm	
				与已知点联测	附合或环线	平地	山地
DS$_{10}$	±20	≤5	≤100	往返各一次	往各一次	±40$\sqrt{L}$	±12$\sqrt{n}$

水准点间的距离，一般地区为 2~3km，城市建筑区为 1~2km，工业区小于 1km。一个测区至少应设立 3 个水准点。

本节结合地质、采矿工程的实际需要，着重介绍小地区（10km^2）控制网建立的有关问题。

6.2.1   导线测量

将测区内相邻控制点用直线连接构成的折线称为导线。构成导线的控制点称为导线点。导线测量就是依次测定各导线边的长度和各转折角；根据起算数据，推算各边的坐标方位角，计算各边的坐标增量，从而求出各导线的坐标。

导线测量是建立小地区平面控制网常用的一种方法。特别是在地物分布较复杂的建筑区和矿区，视线障碍较多的隐蔽区、狭窄区和带状地区及地下，多采用导线测量的方法。

导线测量根据测区的不同情况和要求，可布设成闭合导线、附合导线、支导线或导线网。

（1）闭合导线。起讫于同一已知点的导线，称为闭合导线。如图 6-16 所示，导线从已知高级控制点 B 和已知方向 AB 出发，经过 1~4 点，最后仍回到起点 B，形成一闭合多边形。它有 3 个检核条件，即一个多边形内角和条件和两个坐标增量条件。

（2）附合导线。布设在两已知点（或两已知边）之间的导线，称为附合导线。如图 6-17 所示，导线从高一级控制点 B 和已知方向 AB 出发，经过 1~4 点，最后附合到另一已知高级控制点 C 和已知方向 CD。它有 3 个检核条件，即一个多边形内角和条件和两个坐标增量条件。

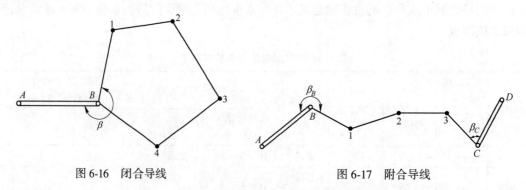

图 6-16   闭合导线   图 6-17   附合导线

（3）支导线。由一已知点和一已知方向出发，既不附合到另一已知点，又不回到原起始点的导线，称为支导线。如图 6-18 所示，就是支导线，B 为已知控制点，α_{AB} 为已知方向，1 点和 2 点为支导线点。因为导线缺乏检核条件，不易发现错误，故其边数一般不超过 3 条。

（4）导线网。由若干个闭合导线、附合导线组成的闭合网成为导线网。导线网检核条件多、精度高，多用于城市控制网。在地形复杂的高精度控制网，也适宜布设成导线网的形式。

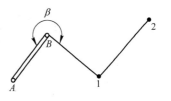

图 6-18　支导线

导线测量的外业工作包括踏勘选点及建立标志、量距、测角等工作。

6.2.1.1　导线点的选择

在踏勘选点前，应调查和收集测区已有的地形图及高一级控制点的成果资料，并把控制点展绘在地形图上，然后在地形图上拟定导线的布设方案，最后到野外去踏勘，实地察看核对、修改、落实点位和建立标志。如果测区内没有地形图资料，则需详细踏勘现场，根据已知控制点的分布、测区地形条件及测图和施工需要等具体情况，合理选定导线点的位置。

实地选点时，应注意以下几点：

（1）相邻点之间应通视良好，地势较平坦，便于角度测量和距离测量；

（2）点位应选在土质坚实处，便于安置仪器和保存标志；

（3）视野应开阔，便于测绘周围的地物和地貌；

（4）导线各边的平均长度应参照表 6-5、表 6-6 的规定，大致相等，除特殊情形外，应不大于 350m，也不宜小于 50m，相邻边长尽量不使其长短相差悬殊；

（5）导线点应有足够的密度，分布较均匀，便于控制整个测区。表 6-10 为图根点的密度要求。

表 6-10　图根点的密度

测图比例尺	1：500	1：1000	1：2000	1：5000
图根点密度/点·km^{-2}	150	50	15	5

导线点选定后，应在点位上埋设标志。一般的图根点，常在每一点位上打一大木桩，在木桩的周围浇灌一圈混凝土，桩顶钉一小钉，如图 6-19 所示，作为临时性标志（也可在水泥地面用红油漆划一圆圈，在圆内点一小点）。如果导线点需要长时间保存，就要埋没混凝土桩（见图 6-20）或石桩，桩顶刻"十"字或嵌入一带"十"字的金属标志，或将标志直接嵌入水泥地面，作为永久性标志。导线点应按顺序统一编号。为了便于寻找，应量出导线点与附近固定而明显的地物点之间的距离，绘一草图，注明尺寸（见图 6-21），称为点之记。

6.2.1.2　导线的外业测量

A　边长测量

图根导线边长可以使用检定过的钢尺丈量或检定过的光电测距仪测量。钢尺量距宜采用双次丈量方法，其较差的相对误差不应大于 1/3000。钢尺的尺长改正数大于 1/10000 时，应加尺长改正数；量距时，平均尺温与检定时温度相差大于±10℃时，应进行温度改正；尺面倾斜大于 1.5% 时，应进行倾斜改正。

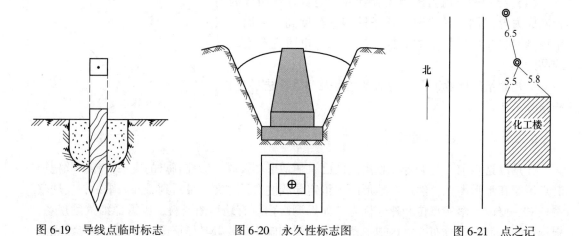

图 6-19　导线点临时标志　　　图 6-20　永久性标志图　　　图 6-21　点之记

B　导线转折角测量

导线转折角是指在导线点上由相邻导线边构成的水平角。导线转折角分为左角和右角。在导线前进方向左侧的水平角称为左角，右侧的水平角称为右角。如果观测没有误差，在同一个导线点测得的左角与右角之和应等于360°。图根导线的转折角可以使用 DJ_6 经纬仪测回法观测一测回。

C　连接角测量

当导线需要与高级控制点连接时，如图6-22所示，必须观测连接角 β_A 和 β_1、连接边 d_{A1}，作为传递坐标方位角和坐标之用，以便求得导线起始点的坐标和起始边的坐标方位角。如果附近无高级控制点，则应用罗盘仪施测导线起始边的磁方位角，并假定起始点的坐标，作为导线的起算数据，由此建立独立的平面直角坐标系。

6.2.1.3　导线测量的内业计算

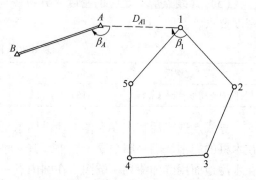

图 6-22　导线与高级控制点连接

导线测量内业计算的目的就是根据起始点的坐标和起始边的坐标方位角，以及所测得的导线边长和转折角，计算各导线点的坐标。

A　坐标计算基本公式

a　坐标正算

根据已知点的坐标、已知边长及该边的坐标方位角，计算未知点的坐标，称为坐标的正算。如图6-23所示，设 A 点的坐标 x_A、y_A 和 A、B 边的边长 S_{AB} 及其坐标方位 α_{AB} 为已知，则未知点 B 的坐标为：

$$\left.\begin{array}{l} x_B = x_A + \Delta x_{AB} \\ y_B = y_A + \Delta y_{AB} \end{array}\right\} \qquad (6\text{-}3)$$

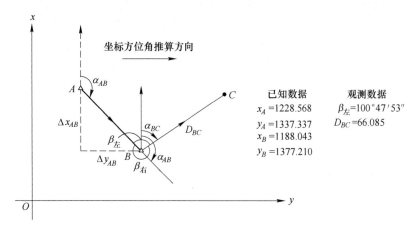

图 6-23　坐标增量与坐标方位角

式中，Δx_{AB}、Δy_{AB} 称为坐标增量，也就是直线两端点 A、B 的坐标值之差。根据图 6-23 中三角原理，坐标增量的计算公式为：

$$\left.\begin{array}{l}\Delta x_{AB} = x_B - x_A = D_{AB}\cos\alpha_{AB} \\ \Delta x_{AB} = y_B - x_A = D_{AB}\sin\alpha_{AB}\end{array}\right\} \tag{6-4}$$

　　b　坐标反算

根据 2 个已知点的坐标求算两点间的边长及其方位角，称为坐标反算。当导线与已知高级控制点连测时，一般应利用高级控制点的坐标，反算出高级控制点间的坐标方位角和边长，作为导线的起算数据与校核。此外，在施工放样前，也要利用坐标反算求出测设（放样）数据。

如图 6-23 所示，若 A、B 为两已知点，其坐标分别为 x_A、y_A 和 x_B、y_B，根据三角原理，可写出如下计算公式：

$$D_{AB} = \sqrt{\Delta x_{AB}^2 + \Delta y_{AB}^2} \tag{6-5}$$

$$\tan\alpha_{AB} = \frac{\Delta y_{AB}}{\Delta x_{AB}} = \frac{y_B - y_A}{x_B - x_A} \tag{6-6}$$

$$或\ R_{AB} = \tan^{-1}\left|\frac{y_B - y_A}{x_B - x_A}\right| \tag{6-7}$$

按上述公式计算出的是象限角，因此必须根据坐标增量 Δx_{AB}、Δy_{AB} 的正负号确定 AB 边象限角所在的象限，然后再根据坐标方位角与象限角的换算关系把象限角换算为 AB 边坐标方位角 α_{AB}。

　　c　坐标方位角的推算

如图 6-23 所示，根据坐标反算公式可计算出 AB 边坐标方位角，在 B 点安置经纬仪观测水平角，则：

$$\alpha_{AB} - \alpha_{BC} = 180° - \beta_{左} \tag{6-8}$$

即：

$$\alpha_{BC} = \alpha_{AB} + \beta_{左} - 180° \tag{6-9}$$

当在 B 点观测右角 $\beta_右$ 时，则有 $\beta_右 = 180° - \beta_左$，将其代入式（6-9）得：

$$\alpha_{BC} = \alpha_{AB} - \beta_右 + 180° \qquad (6\text{-}10)$$

顾及方位角的取值范围为 $0° \sim 360°$，可将式（6-9）和式（6-10）综合为：

$$\left.\begin{array}{l} \alpha_{BC} = \alpha_{AB} + \beta_左 \pm 180° \\ \alpha_{BC} = \alpha_{AB} - \beta_右 \pm 180° \end{array}\right\} \qquad (6\text{-}11)$$

B　闭合导线的坐标计算

导线计算之前，应全面检查导线测量外业观测记录，检查数据是否齐全，有无记错、算错和漏记，成果是否符合精度要求，起算数据是否正确；然后绘制计算略图，把各项数据注于图上相应位置，如图 6-24 所示。

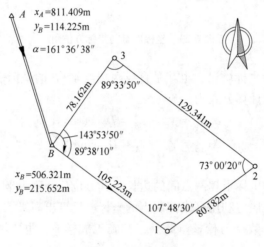

图 6-24　闭合导线

在图中已知 A 点的坐标 (x_A, y_A)、B 点的坐标 (x_B, y_B)，计算出坐标方位角 α_{AB}，如果导线的前进方向为 $B \to 1 \to 2 \to 3 \to B$，则图中观测的 4 个转角及连接角为左角，由 α_{AB} 及连接角 B 可以计算出坐标方位角 α_{AB}。内业计算的目的是求 1、2、3 点的坐标，全部计算在表 6-11 中进行，计算方法和步骤如下。

a　角度闭合差的计算与调整

n 边形闭合导线内角和的理论值为：

$$\sum \beta_理 = (n - 2) \times 180° \qquad (6\text{-}12)$$

由于观测角不可避免地含有误差，致使实测的内角之和 $\sum \beta_测$ 不等于理论值，而产生角度闭合差 f_β，即：

$$f_\beta = \sum \beta_测 - \sum \beta_理 \qquad (6\text{-}13)$$

各级导线角度闭合差的容许值 $f_{\beta容}$，见表 6-5 和表 6-6。若 $f_\beta \geqslant f_{\beta容}$，说明所测角度不符合要求，应重新检测角度；若 $f_\beta \leqslant f_{\beta容}$，即可将闭合差反符号平均分配到各观测角中，即：

$$v_\beta = -\frac{f_\beta}{n} \qquad (6\text{-}14)$$

表6-11 光电测距图根闭合导线坐标计算表

点号	观测角（左角）	改正数	改正后角值	坐标方位角	距离/m	坐标增量		改正后的坐标增量		坐标值	
						x/m	y/m	$\Delta\hat{x}/m$	$\Delta\hat{y}/m$	$\hat{x}/m$	$\hat{y}/m$
1	2	3	4	5	6	7	8	9	10	11	12
B				125°30′28″						506.321	215.652
					105.223	$\begin{array}{c}-14\\-61.115\end{array}$	$\begin{array}{c}+19\\+85.655\end{array}$	−61.129	+85.674		
1	107°48′30″	−13″	107°48′17″	53°18′45″						445.192	301.326
					80.182	$\begin{array}{c}-11\\+47.905\end{array}$	$\begin{array}{c}+15\\+64.298\end{array}$	+47.894	+64.313		
2	73°00′20″	−12″	73°00′08″	306°18′53″						493.086	365.639
					129.341	$\begin{array}{c}-18\\+76.598\end{array}$	$\begin{array}{c}+24\\-104.220\end{array}$	+76.580	−104.196		
3	89°33′50″	−12″	89°33′38″	215°52′31″						569.666	261.443
					78.162	$\begin{array}{c}-11\\-63.334\end{array}$	$\begin{array}{c}+14\\-45.805\end{array}$	−63.345	−45.791		
B	89°38′10″	−13″	89°37′57″	125°30′28″						506.321	215.652
1											
总和	360°00′50″	−50″	360°00′00″		392.908	+0.054	−0.072	0	0		

辅助计算

$\Sigma\beta_{测} = 360°00′50″$

$\Sigma\beta_{理} = 360°$

$f_{\beta} = \Sigma\beta_{测} - \Sigma\beta_{理} = 50″$

$f_{\beta允} = \pm 40\sqrt{n} = \pm 80″$

$f_x = \Sigma\Delta x_{测} = 54mm,\ f_y = \Sigma\Delta y_{测} = 72mm$

$f_D = \sqrt{f_x + f_y} = 89mm$

$K = \dfrac{1}{\dfrac{\Sigma D}{f_D}} = \dfrac{1}{4405} \leqslant \dfrac{1}{4000}$

然后将 v_β 加至各观测角 β_i 上，求出改正后角值：

$$\hat\beta_i = \beta_i + v_\beta \tag{6-15}$$

角度改正数和改正后的角值见表 6-11 的第 3、4 列。改正后之内角和应为 $(n-2) \times 180°$，本例应为 $360°$，$\sum v = -f_\beta$，以资检核。

b　坐标方位角的推算

由式（6-11）得坐标方位角的推算公式为：

$$\left.\begin{array}{l} \alpha_{BC} = \alpha_{AB} + \hat\beta_{左} \pm 180° \\ \alpha_{BC} = \alpha_{AB} - \hat\beta_{右} \pm 180° \end{array}\right\} \tag{6-16}$$

方位角的计算见表 6-11 的第 5 列。

c　坐标增量的计算与调整

求出边长 D_{ij} 的坐标方位角 α_{ij} 后，由式（6-4）计算各边坐标增量，即：

$$\left.\begin{array}{l} \Delta x_{ij} = D_{ij}\cos\alpha_{ij} \\ \Delta y_{ij} = D_{ij}\sin\alpha_{ij} \end{array}\right\} \tag{6-17}$$

坐标增量的计算结果填入表 6-11 的第 7、8 列。

导线边的坐标增量和导线点坐标的关系如图 6-25（a）所示。由图可知，闭合导线各边纵、横坐标增量代数和的理论值应分别等于零，即有：

$$\left.\begin{array}{l} \sum \Delta x_{理} = 0 \\ \sum \Delta y_{理} = 0 \end{array}\right\} \tag{6-18}$$

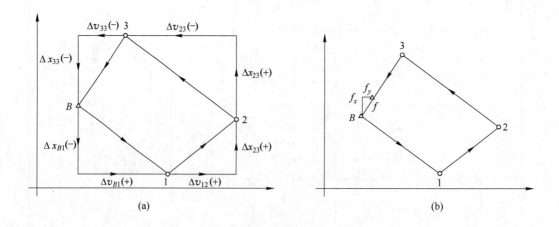

图 6-25　闭合导线坐标闭合差计算原理

由于边长观测值和调整后的角度值有误差，造成坐标增量也有误差。设纵、横坐标增量闭合差分别为 f_x、f_y，则有：

$$f_x = \sum \Delta x_{\text{测}} - \sum \Delta x_{\text{理}} = \sum \Delta x_{\text{测}} \left.\vphantom{\begin{matrix}a\\b\end{matrix}}\right\} \tag{6-19}$$
$$f_y = \sum \Delta y_{\text{测}} - \sum \Delta y_{\text{理}} = \sum \Delta y_{\text{测}}$$

从图 6-25 中可以看出，由于 f_x、f_y 的存在，使导线不能闭合，B—B' 的长度 f_D 称为导线全长闭合差，并用式（6-20）计算：

$$f_D = \sqrt{f_x + f_y} \tag{6-20}$$

仅从 f_D 值的大小还不能显示导线测量的精度，应当将 f_D 与导线全长 $\sum D$ 相比，以分子为 1 的分数来表示导线全长相对闭合差，即：

$$K = \frac{f_D}{\sum D} = \frac{1}{\dfrac{\sum D}{f_D}} \tag{6-21}$$

不同等级的导线全长相对闭合差的容许值 $K_{\text{容}}$ 会有所不同，可参照表 6-5 和表 6-6。若 K 超过 $K_{\text{容}}$，则说明成果不合格，首先应检查内业计算有无错误，然后检查外业观测成果。必要时重测。当 K 值小于 $K_{\text{容}}$ 时，可以将坐标增量闭合差 f_x、f_y 按"反符号按边长成正比"的原则分配到各边的纵、横坐标增量中去，即：

$$v_{\Delta x_{ij}} = -\frac{f_x}{\sum D} D_{ij} \left.\vphantom{\begin{matrix}a\\b\\c\\d\end{matrix}}\right\}$$
$$\tag{6-22}$$
$$v_{\Delta y_{ij}} = -\frac{f_y}{\sum D} D_{ij}$$

计算结果以 mm 为单位，填到表 6-11 中第 7、8 列的右上方。

纵、横坐标增量改正数之和应满足式（6-23）：

$$\sum v_{\Delta x_{ij}} = -f_x \left.\vphantom{\begin{matrix}a\\b\\c\end{matrix}}\right\}$$
$$\tag{6-23}$$
$$\sum v_{\Delta y_{ij}} = -f_y$$

各边增量值加改正数，即得各边的改正后增量：

$$\Delta \hat{x}_{ij} = \Delta x_{ij} + v_{\Delta x_{ij}} \left.\vphantom{\begin{matrix}a\\b\\c\end{matrix}}\right\}$$
$$\tag{6-24}$$
$$\Delta \hat{y}_{ij} = \Delta y_{ij} + v_{\Delta y_{ij}}$$

计算结果填入表 6-11 的第 9、10 列。改正后纵、横坐标之代数和应分别为零，以作计算校核。

d 导线点的坐标推算

导线点坐标推算在表 6-11 的第 11、12 列中进行。本例中，闭合导线从 B 号点开始，依次推算 1、2、3 点的坐标，最后返回到 B 号点，计算结果应与 B 号点的已知坐标相同，以此作为推算正确性的检核。

C　附合导线的坐标计算

附合导线测量的内业计算与闭合导线基本相同，两者的主要差异在于角度闭合差 f_β 和坐标增量闭合差 f_x、f_y 的计算。下面以图 6-26 所示的附合导线为例进行讨论。

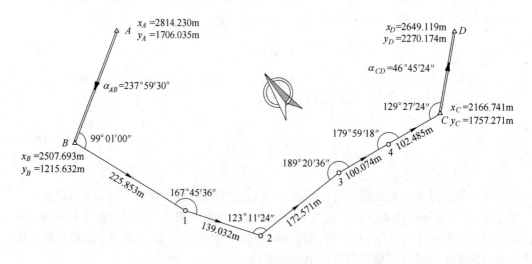

图 6-26　附合导线略图

a　角度闭合差 f_β 的计算

附合导线的角度闭合差是指坐标方位角闭合差，如图 6-26 所示，由已知边长 AB 的坐标方位角 α_{AB}，应用观测的转折角可以依次推算出各边直至 CD 的坐标方位角，设推算出的 CD 边的坐标方位角为 α'_{CD}，则角度闭合差 f_β 定义为：

$$f_\beta = \alpha'_{CD} - \alpha_{CD}$$

角度闭合差力的分配原则与闭合导线相同。

b　坐标增量闭合差 f_x、f_y 的计算

在附合导线中坐标增量之和的理论值为：

$$\left. \begin{array}{l} \sum \Delta x_{理} = x_C - x_B \\ \sum \Delta y_{理} = y_C - y_B \end{array} \right\} \tag{6-25}$$

则坐标增量的闭合差按式（6-26）计算：

$$\left. \begin{array}{l} f_x = \sum \Delta x_{测} - \sum \Delta x_{理} = \sum \Delta x_{测} - (x_C - x_B) \\ f_y = \sum \Delta y_{测} - \sum \Delta y_{理} = \sum \Delta y_{测} - (y_C - y_B) \end{array} \right\} \tag{6-26}$$

计算结果见表 6-12。

6.2.2　小区域高程控制测量

小区域高程控制测量一般采用三等或四等水准测量，也可以采用三角高程和 GNSS 施测，《工程测量规范》规定，三角高程可以代替四等水准测量，GNSS 高程测量仅适用于平原或丘陵地区的五等及以下等级高程测量。

表6-12 光电测距图根附合导线坐标计算表

点号	观测角（左角）	改正数	改正后角值	坐标方位角	距离/m	坐标增量 x/m	坐标增量 y/m	改正后的坐标增量 Δx̂/m	改正后的坐标增量 Δŷ/m	坐标值 x̂/m	坐标值 ŷ/m
1	2	3	4	5	6	7	8	9	10	11	12
A				237°59′30″							
B	91°01′00″	+6″	99°01′06″	157°00′36″	225.853	$\overset{+45}{-207.914}$	$\overset{-46}{+88.212}$	-207.869	+88.166	2507.693	1215.632
1	167°45′36″	+6″	167°45′42″	144°46′18″	139.032	$\overset{+28}{-113.570}$	$\overset{-28}{+80.199}$	-113.542	+80.171	2299.824	1303.798
2	123°11′24″	+6″	123°11′30″	87°57′48″	172.571	$\overset{+35}{+6.133}$	$\overset{-35}{+172.462}$	+6.168	+172.427	2186.282	1383.969
3	189°20′36″	+6″	189°20′42″	97°18′30″	100.074	$\overset{20}{-12.730}$	$\overset{-20}{+99.261}$	-12.710	+99.241	2192.450	1556.396
4	179°59′18″	+6″	179°59′24″	97°17′54″	102.485	$\overset{20}{-13.019}$	$\overset{-21}{101.655}$	-12.999	+101.634	2179.740	1655.673
C	129°27′24″	+6″	129°27′30″	46°45′24″						2166.741	1757.271
D									+541.639		
总和	888°45′18″	+36″	888°45′54″		740.015	-341.100	+541.789				

辅助计算

$f_\beta = \alpha'_{CD} - \alpha_{CD} = 46°44'48'' - 46°45'24'' = -36''$ $x_C - x_A = -340.952$ $y_C - y_A = 541.639$ $K = \dfrac{\Sigma D}{f_D} = \dfrac{1}{3507} < \dfrac{1}{2000}$

$f_x = \Sigma\Delta x_{测} - (x_C - x_B) = -0.148$ $f_y = \Sigma\Delta y_{测} - (y_C - y_B) = 0.150$ $f_D = \sqrt{f_x^2 + f_y^2} = 0.211\text{m}$

$f_{\beta容} = \pm 60''\sqrt{n} = \pm 147''$

6.3　数据采集及地形图绘制

内外业一体化数字测图方法即利用全站仪或 GNSS-RTK 采集碎部点的坐标数据，应用数字测图软件绘制成图，是目前我国测绘单位最常用一种测图方法。该方法有草图法和电子平板法两种。国内有多种较成熟的数字测图软件，南方测绘的 CASS 软件是目前市场上较常用的一种测图软件，本章只介绍 CASS 软件的部分应用。

6.3.1　草图法数字测图

外业使用全站仪测量碎部点三维坐标的同时，领图员绘制碎部点构成的地物形状和类型并记录碎部点的点号（应与全站仪自动记录的点号一致）。内业将全站仪内存中的碎部点三维坐标上传到 PC 机的数据文件中，将其转换成 CASS 坐标格式文件并展点，根据野外绘制的草图在 CASS 中绘制地物。

6.3.1.1　人员组织

（1）观测员 1 人。负责操作全站仪，观测并记录观测数据，观测中应注意经常检查零方向及与领图员核对点号。

（2）领图员 1 人。负责指挥跑尺员，现场勾绘草图。要求熟悉地形图图式，以保证草图的简洁、正确，应注意经常与观测员对点号（一般每测 50 个点应与观测员对一次点号）。草图纸应有固定格式，不应随便画在几张纸上；每张草图纸应包含日期、测站、后视、测量员、绘图员信息；搬站时，尽量换张草图纸，不方便时，应记录本草图纸内的点所隶属的测站。

（3）跑尺员 1 人。负责现场跑尺，要求对跑点有经验，以保证内业制图的方便，对于经验不足者，可由领图员指挥跑尺，以防引起内业制图的麻烦。

（4）内业制图员。一般由领图员担任内业制图任务，操作 CASS 展绘坐标数据文件，对照草图连线成图。

6.3.1.2　野外采集数据上传到 PC 机文件

使用数据线连接全站仪与计算机的 COM 口，设置好全站仪的通信参数，在 CASS7.0 中执行下拉菜单"数据/读取全站仪数据"命令，弹出图 6-27 所示"全站仪内存数据转换"对话框。对话框操作如下。

（1）在"仪器"下拉列表中选择所使用的全站仪类型，对于南方测绘 NTS320 系列全站仪应选择"南方中文 NTS-320 坐标"。

（2）设置与全站仪一致的通信参数，勾选"联机"复选框，在"CASS 坐标文件"文本框中输入保存全站仪数据的文件名和路径；也可以单击其右边的"选择文件"按钮，在弹出的标准文件选择对话框中选择路径和输入文件名。

（3）单击"转换"按钮，CASS 弹出一个提示对话框，按提示操作全站仪发送数据，单击对话框的"确定"按钮，即可将发送数据保存到图 6-27 设定的 dat 坐标文件中。

图 6-27 勾选 "联机" 复选框将全站仪中的数据保存到文件中

6.3.1.3 展碎部点

将 CASS 坐标数据文件中点的三维坐标展绘在绘图区，并在点位的右边注记点号，以方便用户结合野外绘制的草图描绘地物。其创建的点位和点号对象位于 "ZDH"（意为展点号）图层，其中点位对象是 AutoCAD 的 "Point" 对象，用户可以执行 AutoCAD 的 Ddptype 命令修改点样式。

执行下拉菜单 "绘图处理/展野外测点点号" 命令，在弹出的标准文件选择对话框中选择一个坐标数据文件，单击 "打开" 按钮，根据命令行提示操作即可完成展点。执行 AutoCAD 的 Zoom 命令，键入 E 按回车键即可在绘图区看见展绘好的碎部点点位和点号。

6.3.1.4 根据草图绘制地物

单击屏幕菜单的 "坐标定位" 按钮，屏幕菜单变成图 6-28（a）所示界面。用户可以根据野外绘制的草图和将要绘制的地物在该菜单中选择适当的命令执行。

假设根据草图，33、34、35 号点为一幢简单房屋的 3 个角点，4、5、6、7、8 号点为一条小路的 5 个点，25 号点为一口水井。

（1）绘制简单房屋的操作步骤。单击屏幕菜单中的 "居民地" 按钮，选择 "普通房屋"，在弹出图 6-28（b）的 "普通房屋" 对话框中选择 "四点简单房屋"，单击 "确定" 按钮，关闭对话框，命令行的提示及输入如下：

已知三点/②已知两点及宽度/③已知四点<1>：1

输入点：（节点捕捉 33 号点）

输入点：（节点捕捉 34 号点）

输入点：（节点捕捉 35 号点）

（2）绘制一条小路的操作步骤。单击屏幕菜单中的 "交通设施" 按钮，选择 "其他道路"，在弹出的 "其他道路" 对话框中选择 "小路"，单击 "确定" 按钮，关闭对话框，根据命令行的提示分别捕捉 4、5、6、7、8 五个点位后按回车键结束指定点位操作，

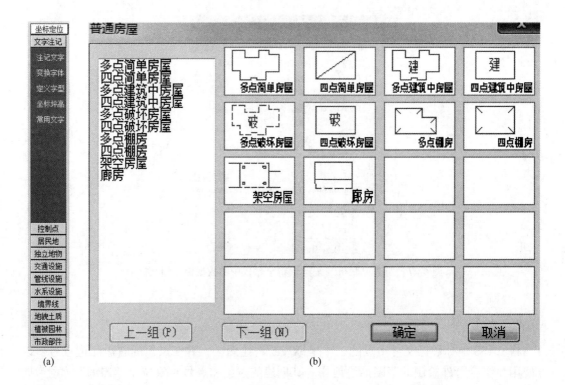

(a)   (b)

图 6-28　"坐标定位"屏幕菜单（a）与"普通房屋"对话框（b）

命令行最后提示如下：

    拟合线<N>? y

    一般选择拟合，键入 y 按"回车"键，完成小路的绘制。

    （3）绘制一口水井的操作步骤。单击屏幕菜单中的"水系设施"按钮，选择"陆地要素"在弹出的"陆地要素"对话框中选中"水井"后单击"确定"按钮，关闭对话框，点击 25 号点位，完成水井的绘制，结果如图 6-29 所示。

6.3.2　电子平板法数字测图

    用数据线将安装了 CASS 的笔记本电脑与测站上安置的全站仪连接起来，将全站仪测得的碎部点坐标自动传输到笔记本电脑并展绘在 CASS 绘图区，完成一个地物的碎部点测量工作后，采用与草图法相同的方法现场实时绘制地物。

    6.3.2.1　人员组织

    （1）观测员 1 人。负责操作全站仪，观测并将观测数据下传到笔记本电脑中。

    （2）制图员 1 人。负责指挥跑尺员、现场操作笔记本电脑、内业处理整饰地形图。

    （3）跑尺员 1 人或 2 人。负责现场跑尺。

    6.3.2.2　创建测区已知点坐标数据文件

    可执行 CASS 下拉菜单"编辑/编辑文本文件"命令调用 Windows 的记事本，创建测

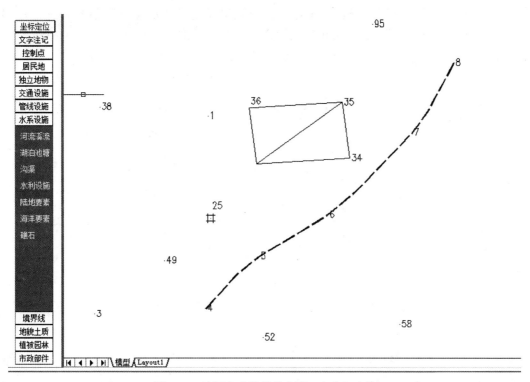

图 6-29 绘制完成的简单房屋、水井与小路

区已知点坐标数据文件。坐标数据文件的格式如下:

    总点数

    点名, 编码, y, x, H

    点名, 编码, y, x, H

    下面为一个包括 8 个已知点的坐标数据文件, 其中 I12 点和 I13 点为导线点 (编码 131500), 其余为图根点 (编码 131700)。

    8

    M1, 131700, 53414.280, 31421.880, 39.555

    M4, 131700, 53387.800, 31425.020, 36.877

    M9, 131700, 53359.060, 31426.620, 31.225

    T31, 131700, 53348.040, 31425.530, 27.416

    T12, 131700, 53344.570, 31440.310, 27.794

    I12, 131500, 53352.890, 31454.840, 28.500

    P15, 131700, 53402.880, 31442.450, 37.951

    I13, 131500, 53393.470, 31393.860, 32.539

已知点编码也可以不输入, 当不输入已知点编码时, 其后的逗号不能省略。

6.3.2.3 测站准备

    测站准备的工作内容是参数设置、定显示区、展已知点、确定测站点、定向点、定向方向水平度盘值、检查点、仪器高、检查。

（1）参数设置。在测站安置好全站仪，用数据线连接全站仪与笔记本电脑的 COM 口，执行下拉菜单"文件/CASS7.0 参数设置"命令，弹出图 6-30（a）的"CASS7.0 参数设置"对话框，它有 4 个选项卡，用户可根据实际需要设置，如图 6-30（b）~图 6-30（d）所示。

图 6-30　参数设置对话框的 4 个选项卡

（2）展已知点。执行下拉菜单"绘图处理/展野外测点点号"命令，选择一个已知点坐标数据文件，如 030330. dat，执行 Zoom 命令的 E 选项使展绘的所有已知点都显示在当前视图内。

（3）测站设置。单击屏幕菜单的"电子平板"按钮，弹出图 6-31（a）所示的"电子平板测站设置"对话框，且屏幕菜单变成图 6-31（b）所示。对话框的操作步骤如下：

1）单击"…"按钮，在弹出的标准文件选择对话框中选择已知坐标数据文件名。

2）在 M9 点安置好全站仪，量取仪器高（假设为 1.47m），单击"测站点"区下的"拾取"按钮，在屏幕绘图区拾取 M9 点为测站点，此时，M9 点的坐标将显示在其下的坐标栏内；在"仪器高"栏输入仪器高 1.47。

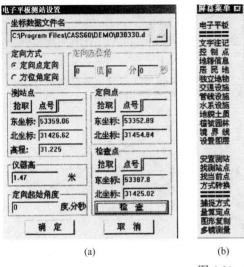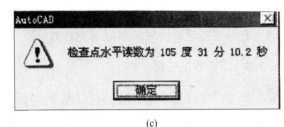

| (a) | (b) | (c) |

图 6-31 测站检核结果提示

3）操作全站仪瞄准 I12 点，并使之为定向点，单击"定向点"区下的"确定"按钮，在屏幕绘图区拾取 I12 点为定向点，此时，I12 点的坐标将显示在其下的坐标栏内。

4）单击"检查点"区下的"拾取"按钮，在屏幕绘图区拾取 M4 点为检查点，此时，M4 点的坐标将显示在其下的坐标栏内，同时弹出图 6-31（c）所示的提示对话框，其中检查点水平角为 105°31′10.2″，用户应立即操作全站仪实测该角以资检核。

6.3.2.4 测图操作

测图过程中，主要是使用图 6-31（b）所示屏幕菜单下的命令进行操作。下面以测绘 4 点 3 层混凝土房屋为例说明操作步骤。

（1）操作全站仪照准立在第一个房角点的棱镜。

（2）单击屏幕菜单的"居民地"按钮，在弹出的图 6-28（b）所示的"居民地"对话框中选择"普通房屋"，然后点击"多点简单房屋"，单击"确定"按钮，命令行提示如下：

绘图比例尺 1：<500> Enter.

已知三点/②已知两点及宽度/③已知四点<1>：Enter

请输入标高（0.00）：1.82

等待全站仪信号……

上述输入的标高 1.82 为棱镜高。CASS 会驱动全站仪自动测距，稍候片刻，测量数据便由全站仪传送到笔记本电脑。注意，有些全站仪要操作仪器手动测距并向串口传输数据，如徕卡全站仪。数据传输完成后，命令行继续提示如下：

选择纠正方式：（1）偏角，（2）偏前，（3）偏左，（4）偏右，（5）不作纠正<5>。

上述纠正方式选项，当棱镜无法立在地物点时非常有用，缺省选项是"5"不纠正，按"回车"键选中该选项。操作全站仪照准竖立在第二个房角点的棱镜，命令行继续重复如下提示两次：

请输入标高（1.82）：Enter

等待全站仪信号……

　选择纠正方式：（1）偏角，（2）偏前，（3）偏左，（4）偏右，（5）不作纠正<5>。

　完成 3 个房角点的测量后，命令行提示如下：

闭合 C/隔一闭合 G/隔一点 J/微导线 A/曲线 Q/边长交会 B/回退 U/连全站仪 T/<指定点>

　输入层数：<1>3

　完成后的 4 点 3 层砼房屋如图 6-32 所示，其中的文字注记"砼 3"是由 CASS 自动加上的，它与房屋轮廓线对象都位于"JMD"图层。

6.3.3　等高线的处理

图 6-32　完成后 4 点砼房屋示例

　等高线是在 CASS 中通过创建数字地面模型 DTM（Digital Terrestrial Model）后自动生成。DTM 是指在一定区域范围内，规则格网点或三角形点的平面坐标（x，y）和其地形属性的数据集合。如果该地形属性是该点的高程坐标 H，则该数字地面模型又称为数字高程模型 DEM（Digital Elevation Model）。DEM 从微分角度三维地描述了测区地形的空间分布，应用它可以按用户设定的等高距生成等高线，绘制任意方向的断面图、坡度图，计算指定区域的土方量等。

　下面以 CASS7.0 自带的地形点坐标数据文件"C：\ CASS60 \ DEMO \ dgx. dat"为例，介绍等高线的绘制过程。

6.3.3.1　建立 DTM

　执行下拉菜单"等高线/建立 DTM"命令，在弹出的图 6-33（a）的"建立 DTM"对话框中勾选"由数据文件生成"单选框，单击翻按钮，选择坐标数据文件 dgx. dat，其余设置如图 6-33 所示。单击"确定"按钮，屏幕显示图 6-33（b）所示的三角网，它位于"SJW"（意为三角网）图层。

6.3.3.2　修改数字地面模型

　由于现实地貌的多样性、复杂性和某些点的高程缺陷（如山上有房屋，而屋顶上又有控制点），直接使用外业采集的碎部点很难一次性生成准确的数字地面模型，这就需要对生成的数字地面模型进行修改，它是通过修改三角网来实现的。

　修改三角网命令位于下拉菜单"等高线"下，命令功能说明如下。

　（1）删除三角形。执行 AutoCAD 的 Erase 命令，删除所选的三角形。当某局部内没有等高线通过时，可以删除周围相关的三角网。如误删，可执行 U 命令恢复。

　（2）过滤三角形。如果 CASS 无法绘制等高线或绘制的等高线不光滑，这是由于某些三角形的内角太小或三角形的边长悬殊太大所致，可使用该命令过滤掉部分形状特殊的三角形。

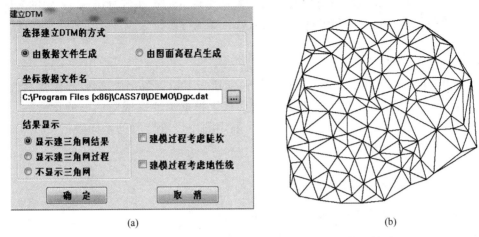

(a)   (b)

图 6-33   "建立 DTM"对话框的设置（a）与 DTM 三角网结果（b）

（3）增加三角形。点取屏幕上任意 3 个点可以增加一个三角形，当所点取的点没有高程时，CASS 将提示用户手工输入高程值。

（4）三角形内插点。要求用户在任一个三角形内指定一个点，CASS 自动将内插点与该三角形的 3 个顶点连接，构成 3 个三角形。当所点取的点没有高程时，CASS 将提示用户手工输入高程值。

（5）删三角形顶点。当某一个点的坐标有误时，可以使用该命令删除它，CASS 会自动删除与该点连接的所有三角形。

（6）重组三角形。在一个四边形内可以组成两个三角形，如果认为三角形的组合不合理，可以使用该命令重组三角形，重组前后的差异如图 6-34 所示。

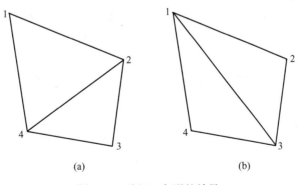

(a)   (b)

图 6-34   重组三角形的效果

（a）重组前；（b）重组后

（7）删三角网。生成等高线后就不需要三角网了，如果要对等高线进行处理，则三角网就比较碍事，可以执行该命令删除三角网。最好先执行下面的"三角网存取"命令将三角网保存好再删除，以便需要时通过读入保存的三角网文件恢复。

（8）三角网存取。有"写入文件"和"读出文件"两个子命令。"写入文件"是将当前图形中的三角网写入用户给定的文件，CASS 自动为该文件加上扩展名 dgx（意为等高线）；"读出文件"是读取执行"写入文件"命令保存的扩展名为 dgx 的三角网文件。

（9）修改结果存盘。三角形修改完成以后，要执行该命令，其修改结果才有效。

6.3.3.3　绘制等高线

对使用坐标数据文件 dgx. dat 创建的三角网执行下拉菜单"等高线/绘制等高线"命令，弹出图 6-35 所示的"绘制等值线"对话框，根据需要完成对话框的设置后，单击"确定"按钮，CASS 开始自动绘制等高线，采用图中设置绘制的坐标数据文件 dgx. dat 的等高线，如图 6-36 所示。

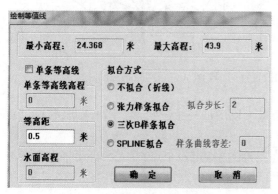

图 6-35　绘制等高线的设置

图 6-36　绘制完成的等高线

6.3.3.4　等高线的修饰

（1）注记等高线。有 4 种注记等高线的方法，其命令位于下拉菜单"等高线/等高线注记"下。批量注记等高线时，一般选择"沿直线高程注记"，它要求用户先使用 AutoCAD 的 Line 命令绘制一条垂直于等高线的辅助直线，绘制直线的方向应为注记高程字符字头的朝向。命令执行完成后，CASS 自动删除该辅助直线，注记的字符自动放置在 DGX（意为等高线）图层。

（2）等高线修剪。有多种修剪等高线的方法，命令位于下拉菜单"等高线/等高线修剪"下。

6.3.4　地形图的整饰

本节只介绍使用最多的添加注记和图框的操作方法。

6.3.4.1　加注记

为图 6-37（b）的道路加上路名"迎宾路"的操作方法如下：单击屏幕菜单的"文字注记"按钮，选择"注记文字"弹出图 6-38 所示的"文字注记信息"对话框，根据需要完成设置后单击"确定"按钮即完成文字注记。

有时还需要根据图式的要求编辑注记文字。如需要沿道路走向放置文字，应使用 AutoCAD 的 Rotate 命令旋转文字至适当方向，使用 Move 命令移动文字至适当地方，结果如图 6-37（b）所示。

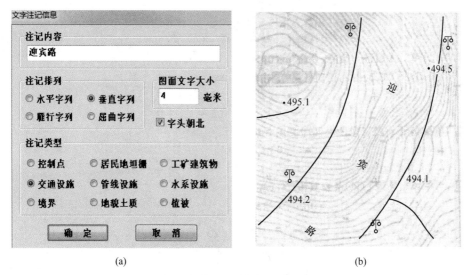

(a)　　　　　　　　　　　(b)

图 6-37　道路注记

图 6-38　"注记"对话框

6.3.4.2　加图框

加图框命令位于下拉菜单"绘图处理"下。下面以图 6-36 的等高线图形加图框为例，说明加图框的操作方法。

先执行下拉菜单"文件/CASS7.0 参数配置"命令，在弹出的图 6-30（d）"CASS7.0 参数设置"对话框的"图框设置"选项卡中设置好外图框中的部分注记内容。

执行下拉菜单"绘图处理/标准图幅（50cm×40cm）"命令，弹出图 6-39 的"图幅整饰"对话框，完成设置后单击"确认"按钮，CASS 自动按照对话框的设置为图 6-36 的等高线图形加图框，并以内图框为边界自动修剪掉内图框外的所有对象。

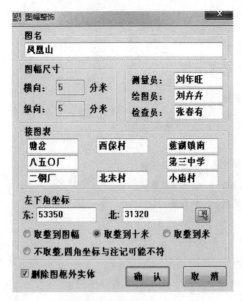

图 6-39　"图幅整饰"对话框

 复习思考题

6-1　地形图比例尺有哪些表示方法？1：500 地形图比例尺精度如何计算？

6-2　地物符号有哪些？等高线有哪几类？

6-3　等高距和等高线平距是如何定义的？等高线有哪些特性？

6-4　如何选取控制点？

6-5　导线的布设形式有哪些？导线的外业工作有哪些内容？

6-6　某闭合导线如图 6-40 所示，已知 B 点的平面坐标和 AB 边的坐标方位角，观测图 6-40 中的 6 个水平角和 5 条边长，试计算 1、2、3、4 点的平面坐标。

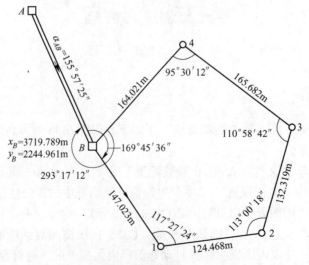

图 6-40　题 6-6

6-7 某附合导线如图 6-41 所示，已知 B、C 两点的平面坐标和 AB、CD 边的坐标方位角，观测图 6-41 中的 5 个水平角和 4 条水平距离，试计算 1、2、3、4 点的平面坐标。

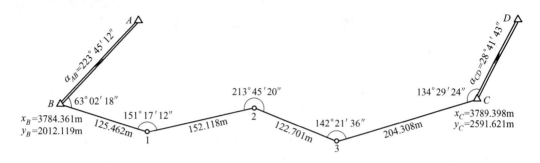

图 6-41　题 6-7

6-8 何为数字化测图，数字测图有哪些方法？

7 地质勘探工程测量

从事地质勘探的技术人员，除需掌握地质勘探知识外，还应熟悉地质勘探工程中的测量工作，以便结合现场需要，正确组织测量业务，合理地使用测量知识。

地质勘探工作是为了详细查明地下资源，并确定矿物的正确位置、形状及储量。地质勘探工程测量的任务是及时为地质勘探提供可靠的测绘资料，配合地质勘探作业以保证任务的完成。地质勘探工程测量的主要工作是：

（1）提供地质勘探工程设计和研究地质构造的基础资料；

（2）根据地质工程的设计在实地给出工程施工的位置和方向；

（3）测定竣工后工程点的平面坐标和高程；

（4）提供编写地质报告和储量计算的有关资料和图件。

地质勘探工程测量的主要内容有地质填图测量、坑探工程测量、钻探工程测量和地质剖面测量。

为了进行上述测量工作，一般应先在勘探区建立测量控制网，作为地质勘探工程测量的依据。勘探区首级平面控制，可根据勘探面积、勘探网密度和地形条件，布设四等或5″控制锁（网）及经纬仪导线网。在此基础上再以线形锁、测角交会、导线等方法进行加密。独立控制网的高程用等外水准测定，加密点的高程可视精度要求采用等外水准或三角高程测定。

当勘探区已建立地形测量控制，且控制精度能够满足工程测量的要求时，应利用其作为一切勘探工程测量的平面和高程控制，不必重新布置控制网；如其密度不够，可视需要在原有的基础上进行加密。

地质勘探工程测量的各项具体工作，应根据任务具体情况按设计的图件和文字资料要求进行，并与有关部门密切联系，相互配合，以保证工作顺利开展。

7.1　地质填图及坑探测量

7.1.1　地质填图测量

在矿区勘探开始时，首先通过地质填图详细查清地面地质情况，划分岩层，确定矿体分布，以便正确了解矿床与地质构造的关系及其规律，指导下一步勘探设计，并作为储量计算的地表依据。

地质填图采用地形图作为底图，将地质点测绘到地形图上，然后根据地质点描绘岩层和矿体界限，并填绘各地层符号。地形图的比例尺必须与填图比例尺相同，填图比例尺是根据矿体的具体情况确定的。凡矿床生成条件简单、产状较有规律、规模较大、品位变化较小、采用的比例尺较小；反之则较大。在煤田勘探中，填图比例尺通常有1∶5000、

1：10000、1：25000、1：50000 等几种。

地质点一般包括露头点、改造点、岩体和矿床界限点、水文点等。地质点的位置是由地质人员实地观察确定的，确定后即用油漆注明编号，并在点旁插旗标志。

测定地质点是在勘探控制网的基础上进行的，一般采用经纬仪测绘法，也可采用图解交会法测定。地质点测定误差相对于附近控制点的位置中误差不得超过图上 0.4mm，最大误差不得超过 1.2mm。其高程精度应与地形地质图的等高线相适应。

地质点测量一般由地质人员与测量人员在野外共同完成。地质人员在选择地质点，描述地质内容和绘制草图的同时，兼做立尺员，把尺子立在地质点上；测量人员按照地形测图中测碎部点的方法，测定地质点的位置和高程，展绘在地形图上。图 7-1 所示为用地形图作为底图测绘出的部分地质图，图中虚线部分是根据地质点圈定的地质界限，如虚线 1-2 表示侏罗纪（J）和三叠纪（T）地层的分界线（P 为二叠纪、C 为石炭纪、D 为泥盆纪）。

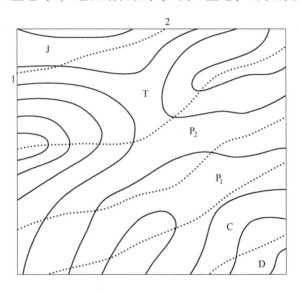

图 7-1 地形地质图

对于 1：25000 比例尺以下的地质填图，由于地形图比例尺较小，测定地质点的精度要求不高，一般由地质人员依据测量控制点和明显的地形、地貌点，按罗盘交会和目测法标定在野外使用的地形图上，然后再转绘到地形地质图上。

7.1.2 坑探测量

为了某种地质目的而挖掘的探槽、探井、探巷等，称为坑探工程。

探槽是在表土厚度较小的地段，为揭露基岩的某地质现象而挖的一条槽沟。一般垂直于岩层或构造线走向布置，如图 7-2 中的 AB 和 CD。探槽宽度通常在 1m 左右，长度则根据实际情况决定，从几米至几百米不等，深度以见基岩为止。

探井是垂直地表向下挖掘的圆形或方形小井，其深度因地表覆盖层的厚度而异，一般在 30m 以内。如图 7-2 中的 E、F、G、H 均为探井。

探巷是由地表向岩层或矿体挖掘的小坑道，有倾斜和水平两种，一般长度在 20m 以内，如图 7-3 所示。

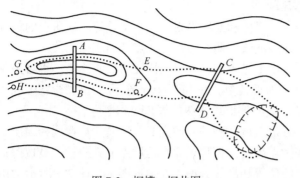

图 7-2　探槽、探井图

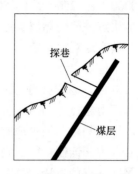

图 7-3　探巷

坑探工程测量的主要任务是根据地质设计的要求，将图上设计好的工程位置测设到实地上，以此作为施工的依据；施工结束后，再测定其平面位置和高程，展绘于图上。所以，坑探工程测量分为工程位置的布设和定测两项工作。

工程位置的布设，一般在现场依据地形图用目估法进行。当精度要求较高时，可根据控制点，用极坐标法或角度交会法等进行布设（具体步骤参照本章7.4节所述）。

工程位置的测定是以控制点为依据，用经纬仪视距导线或经纬仪测角交会法进行，并计算出平面坐标和高程。次要的槽、井可用视距导线点作为测站点，用极坐标法测定其方向、距离和高程，然后用量角器将工程位置直接展绘于图上。探井的位置以井口中心为准；探槽则应测定两个端点及其转折点的位置；探巷除测定坑口位置外，还需测定坑道的方向、长度和倾角。

测定在图上的坑探工程位置点，对其附近测量控制点位置中误差不得超过图上0.2mm，最大误差不得超过0.4mm。次要槽、井等可放宽2倍。其高程对附近测量控制点的高程中误差不得超过地形地质图基本等高距的1/7。

7.2　钻探工程测量

钻探工程是通过机械回转钻进，向地下钻成直径小而深度大的钻孔，从孔内取得岩芯和矿芯［见图7-4（a）］，作为观察分析的资料，并依据这些资料来探明地下矿体的范围、深度、厚度、倾角及其变化情况。它是探矿的主要技术手段。

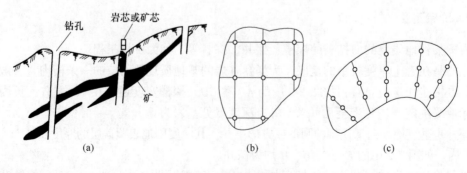

图 7-4　钻探工程示意

随着矿床种类和赋存情况的不同，钻孔密度和分布的几何形状也不同，一般都是布成勘探线［见图 7-4（c）］或勘探网［见图 7-4（b）］，目前主要采用勘探线。勘探线、勘探网及钻孔的位置，都是由地质人员根据地质资料预先在图上设计的。

钻探工程测量的主要任务是钻孔位置测量。按其工作程序孔位测量分为初测、复测和定测三个步骤。

7.2.1　初测

初测是根据钻孔设计坐标将其位置测设于实地，以便设钻施工。通常采用下列几种方法测设孔位。

（1）极坐标法。极坐标法是在控制点离钻孔位置较近时采用。如图 7-5 所示，A、B 为已知控制点，C 为设计的钻孔位置，其坐标均为已知。首先用 A、B、C 点的坐标按坐标反算公式计算出 β 角和边长 S_{BC}；然后在 B 点安置经纬仪，照准 A 点，正镜根据 β 角标定一点 C'，再倒镜根据 β 角标定一点 C''，取 C' 与 C'' 的平均位置，沿 B 与平均位置连线方向量平距 S_{BC} 定出孔位 C，并用木桩作孔位标志。

（2）角度交会法。角度交会法一般用于地形较复杂的地带。如图 7-6 所示，P 为设计钻孔位置，根据通视情况选定控制点 A 和 B 作为交会的起算点。首先根据钻孔 P 的设计坐标与 A、B 点的坐标，计算出 S_{AP}、S_{BP} 及 β_A 和 β_B；然后在 A 点安置经纬仪，照准 B 点，给出 β_A，定出 AP 方向，再用视距定出 AP 长度 S_{AP}，得 P' 点，同时沿 AP 在 P' 点前后定出 P_1 和 P_2 两点；再将仪器安置于 B 点，用相同方法给出 β_B 角，定出 BP 方向，同时观察 P' 是否在视线上。若不在则将标尺沿 P_1、P_2 的连线移动，直至尺子位于 BP 的视线方向上，此时尺子的位置即为钻孔 P 的位置。

钻孔位置确定后，应于钻孔设站，检查交会角，检查角值与计算角值之差不得大于 3′。

不论采用哪一种方法布孔，当孔位在实地确定后，应立即在其附近建立校正点，作为复测钻孔位置的依据。校正点要建在不妨碍平整机台的地方，以免被破坏。根据不同的地形条件，可采用下列方法建立校正点。

（1）十字交叉法。在孔位四周选择四个校正点，使两连线的交点与孔位吻合，如图 7-7所示。

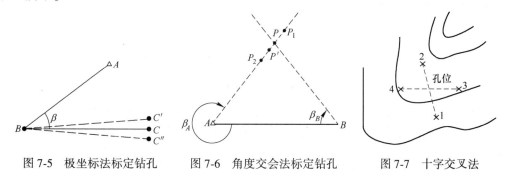

图 7-5　极坐标法标定钻孔　　图 7-6　角度交会法标定钻孔　　图 7-7　十字交叉法

（2）直线通过法。在孔位前后确定两个校正点，使两点的连线通过孔位中心，并量取孔位到两端点的距离，如图 7-8 所示。

（3）距离交会法。在孔位四周选择三个以上校正点，分别量出它们到钻孔中心的距离。

图7-8　直线通过法

7.2.2　复测

钻孔位置的复测是在平整机台后进行，根据校正点，按校正点与孔位间的几何关系，以垂球投影法对孔位进行校核，其偏差不得超过图上的0.1mm。若平整机台后，表示孔位的木桩已经丢失，此时可利用校正点重新标出孔位。如发现对校正点有怀疑或者是其木桩已丢失，则应按布孔的操作方法重新测定孔位。

复测时除校正钻孔位置外，还应采用三角高程法测定出平整机台后孔位的高程。

7.2.3　定测

钻探完毕封孔后，应测定封孔标石或封孔套管中心的平面坐标及高程。平面坐标的测定可采用经纬仪导线法或经纬仪测角交会法，高程的测定可采用水准测量或三角高程测量方法。

钻探资料是计算矿产储量的重要依据，所以对钻孔位置的定测精度要求较高，其中心位置对附近测量控制点的位置中误差不得超过图上0.1mm（孔位初测可放宽2~3倍）。其高程对附近测量控制点的高程中误差不得超过地形地质图基本等高距的$\frac{1}{10}$。

7.3　地质剖面测量

地质剖面测量是沿着给定的方向（一般为勘探线方向），准确地测出位于该方向线上的地形特征点、地物点、勘探工程点（钻孔、探井、探槽）及地质点的平面位置与高程，并按规定的比例尺绘制成纵剖面图。

剖面测量的目的在于提供勘探设计、工程布设、储量计算和综合研究的资料，它贯穿于地质普查与勘探的整个过程中。根据地质工作不同阶段的要求，剖面测量一般分为普查剖面和勘探剖面两种。除精度要求不高的普查剖面可在已有的地形图上切绘外，一般均要进行实测。

对于1∶500比例尺剖面测量，应采用经纬仪测角、钢尺量距；对于1∶1000~1∶5000的剖面测量可采用经纬仪视距法进行。

7.3.1　剖面线端点的测设

根据剖面端点的设计坐标和附近测量控制点的坐标，计算测设数据，然后按布设钻孔的方法在实地标定出剖面端点位置。端点标定到实地后，应立即根据周围的测量控制点采用前方交会、后方交会或其他方法测定其平面坐标，并用三角高程或等外水准测定其高程。

剖面端点对附近测量控制点的位置中误差在图上不得超过0.1mm，高程误差不得超过地形地质图基本等高距的1/20。两端点的方位与设计方位的最大偏差不得超过式（7-1）的要求，即：

$$\Delta\alpha'' = \frac{0.4 \times M}{S}\rho'' \qquad (7-1)$$

式中　　M——比例尺的分母；

　　　　S——两端点间水平距离；

　　　　ρ''——206265″。

7.3.2　剖面控制点的测设

　　为了保证剖面测量的精度，在剖面线上应按表7-1规定的间距布设若干个控制点。布设方法以地形条件而定。

　　（1）在地形起伏不大、通视良好的地区，可将经纬仪架设在任一端点上瞄准另一端点，直接在剖面线上选定剖面控制点的位置；并以木桩标记之；然后用测定端点的方法测定其平面坐标与高程，并计算出剖面端点到各控制点的距离及各控制点之间的距离。

表 7-1　剖面控制点间距

剖面图水平比例尺	1：500	1：1000	1：2000	1：5000
间距/m	100	200	350	500

　　（2）在地形起伏较大、通视不好的地区，应先在图上沿剖面线设计控制点的位置，并依据设计坐标，按极坐标法或交会法，将其测设到实地，然后再测定其实地点位的平面坐标及高程。

　　剖面控制点位置及高程的测量精度，与端点的要求相同。

7.3.3　剖面测量方法

　　首先将经纬仪安置在剖面端点上，照准剖面另一端点或中间的控制点，然后沿视线方向按照测量地形点的同样方法测出地形坡度变化点、地物点、工程点及地质点的水平距离与高程。当视线过长或不通视时，应迁站到控制点或根据端点在前进方向的适当位置增设测站点，继续测量，直到测到剖面末端为止，如图7-9所示（一般采用视线高程法）。

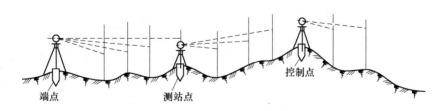

图 7-9　纵断面水准测量

　　剖面测完后，应及时做检核计算，同一剖面两端点间测量的水平距离总和与由剖面两端点坐标反算值的相对闭合差，以及由一端点测至另一端点的高程闭合差，应不超过表7-2中的规定。

表 7-2　剖面测量精度

项　目	剖面比例尺			
	1：500	1：1000	1：2000	1：5000
长度相对闭合差	1/700	1/400		
高程闭合差	1/3			

7.3.4　剖面图的绘制

　　剖面图是根据剖面线上各点高程和各点到起始端点的水平距离绘制的。绘图之前，应检查整理观测记录，求出剖面线上各控制点、测站点、地形地物点、工程点及地质点到起始端点的水平距离，并求出各点的高程。

　　绘制剖面图时，先根据剖面线上最低点和最高点的高程，按高程比例尺设计一组高程线绘在纸上，高程线由许多条等间隔的相互平行的水平线组成，每条高程线为10m或100m的整倍数。然后在最下边的一条高程线定出起始端的位置，根据各点到端点的水平距离，按规定的水平比例尺将各点标出；再根据高程线的注记，分别在过各点垂直高程线的方向定出各剖面点的空间位置，并依次将各剖面点连成圆滑的曲线，即为剖面图，如图 7-10所示。地质工程点和主要地质点，在剖面上应加编号和注记；在剖面上的两端还应注记剖面线的方位角；在剖面图的下面标出剖面线和坐标线交点的位置，并注上相应的坐标值，如图 7-10 所示。

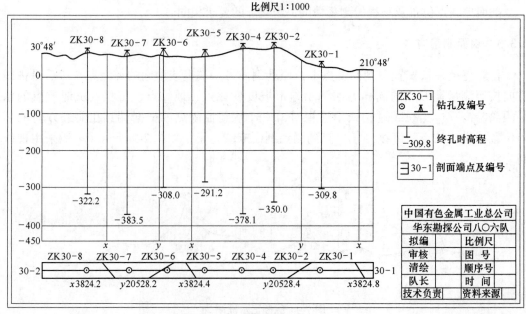

图 7-10　地质剖面图（单位：m）

　　在剖面图上标出纵、横坐标线的作用，主要是为了在图上量取地面和地下任意点的坐标，便于在储量计算中能将剖面图和地形地质图对照使用。展绘坐标时，首先在平面图上量出剖面线与各坐标线交点至起始端点的距离 S_{Ax_i}、S_{Ay_i}，如图 7-11 所示；按水平比例尺将坐标线与剖面线的交点位置，标在剖面图的最低一条高程线上，然后由交点位置作垂线即得各坐标线在剖面图上的位置，如图 7-10 所示。

各坐标线与起始端点的距离按下列公式计算：

$$S_{Ax_i} = \frac{x_i - x_A}{\cos\alpha} \qquad (7\text{-}2)$$

$$S_{Ay_i} = \frac{y_i - y_A}{\sin\alpha} \qquad (7\text{-}3)$$

式中　x_A，y_A——剖面端点的坐标；

x_i，y_i——方格网线的坐标；

α——A—B 剖面线的方位角。

地质剖面图绘制完成后，应在其下方绘制剖面投影平面图，比例尺与剖面图相同。首先，在欲绘的平面图图廓的中央绘一条与高程线平行的直线，作为剖面投影线；将剖面图上的 x 及 y 坐标线垂直投影于直线上，依剖面线方位角绘制投影平面图的 x 及 y 坐标线，并注记相应的坐标值；然后再将剖面图上其他各点直接投影到直线上，加注同样的编号或注记，如图 7-10 所示。

最后整饰图廓，绘制图签、图例、注记图名和比例尺。

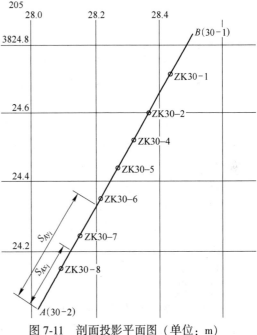

图 7-11　剖面投影平面图（单位：m）

 复习思考题

7-1 地质勘探工程测量的主要任务是什么？

7-2 钻孔位置测量分为哪几种，每一步如何测定？

7-3 地质剖面测量的顺序是什么？

7-4 地质剖面图包括哪些内容，如何绘制剖面图？

8 井筒控制测量

第 8 章微课　第 8 章课件

　　将矿区平面坐标、高程系统和框架传递至井下，使井上下能采用统一的坐标和高程系统而进行的测量工作称为矿井联系测量。联系测量包括平面联系测量与高程联系测量两部分，前者称为定向测量，后者称为导入高程（标高）测量。

　　联系测量的目的是统一井上下的坐标系统和高程系统。其重要性如下：

　　（1）为了解地面建筑物、铁路及水体与井下巷道、回采工作面之间的相互位置关系，需要绘制井上下对照图，以便及时准确地掌握矿井生产动态，采取预防措施；

　　（2）为了确定相邻矿井之间的保护煤柱，需要准确地掌握两矿井间巷道及采空区的空间相对位置关系；

　　（3）许多重大工程，如井筒的延伸贯通和井口间的巷道贯通，以及由地面向井下指定开凿小井或打钻等，都需要在一个统一的平面坐标系统和高程系统中才能得到解决。

　　联系测量的任务如下：

　　（1）测量井下经纬仪导线起始点的方位角；

　　（2）测量井下经纬仪导线起始点的平面坐标；

　　（3）测量井下水准基点的高程。

　　前两项任务是通过平面联系测量完成的，后一项任务是由高程联系测量完成的。

　　在进行联系测量之前必须在井口附近的地面埋设永久控制点，称为近井点和高程基点（统称为定向基点），通过近井控制测量，纳入矿区平面坐标及高程控制系统和框架，然后以近井点和高程基点为基础，进行井上下联系测量。

　　联系测量方法因矿井开拓方式不同而不同，在以平硐或斜井开拓的矿井中，从地面近井点开始，沿平硐或斜井进行经纬仪导线测量和高程测量，就能将地面的平面坐标、方位角及高程直接传递到井下导线的起始点和起始边上；而以立井开拓时，则需进行专门的测量工作。本章主要介绍立井联系测量的基本原理与方法。

8.1　近井控制测量

　　近井控制测量就是将在井口附近埋设的定向基点与矿区或国家平面坐标系和高程系统联测，以达到井上下采用统一坐标系统和高程系统的目的。

　　近井控制测量包括近井平面控制测量和近井高程控制测量。近井平面控制测量就是测定定向基点的平面位置，近井高程控制测量是测定其高程。

8.1.1　定向基点布设

8.1.1.1　布设要求

　　为了满足一些重要井巷工程测量的精度要求，多井口矿井在选择近井网（定向基点）

的布设方案时，应统一规划、合理布置，尽可能使各定向基点位于同一个平面网中，并使相邻井口的近井点构成控制网中的一条边或力求间隔边数最少，如图 8-1 所示。

定向基点应尽可能埋设在便于观测、利于保存和不受采动影响的地点；近井点至井口的连测导线边数应不超过 3 条；高程基点不得少于 2 个（近井点可兼作高程基点）。近井点和高程基点标石构造与埋设方法如图 8-2 所示。

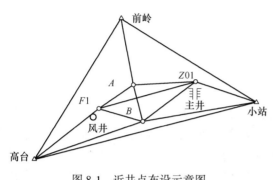

图 8-1　近井点布设示意图

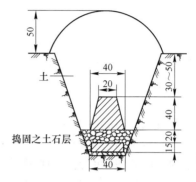

图 8-2　定向基点埋石（单位：cm）

8.1.1.2　布设精度

矿区二等、三等、四等三角网、导线网及矿区 B 、C 级 GPS 控制网中的只要埋设符合上述要求，均可作为近井点，也可在此基础上测定。

近井点的精度，对于测定它的起算点而言，其点位中误差不得大于 ±7cm ，后视方位角中误差不得超过 ±10″，高程基点的测定，应不低于四等水准测量的精度。

8.1.2　矿井定向

平面联系测量的任务是将地面的平面坐标和方位角传递到井下经纬仪导线的起始点和起始边上，使井上下采用同一坐标系统。

在平面联系测量中，方位角的传递有着重要的意义。在图 8-3（a）中，点 1～点 5 为井下导线点正确位置。若由于联系测量误差影响而使 1 点偏离到 1′点，偏离距离为 e，则其他各点也同样偏离正确位置一段同样的距离 e。这说明起始点的位置误差对导线其他各点的影响不随导线的延长而增大，为一常量。但起始边方位角误差影响则不同。如图 8-3（b）所示，若平面联系测量使起始边 1-2 的方位角产生了误差 ε，使其成为 1-2′，如果不考虑井下导线测量的误差，即井下导线的几何形状不变，则误差 ε 使原来导线绕点 1 转了一个角度 ε 而成为 1—2′—3′—4′—5′的位置。很明显∠515′=ε，因此有

$$e_5 = \frac{S_5 \varepsilon}{\rho}$$

若导线有更多点时，则一般公式为：

$$e_i = \frac{S_i \varepsilon}{\rho}$$

式中　S_i——点 i 至起始点 1 的距离；

　　　ρ——3438′（一弧度的分数）。

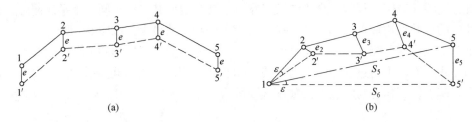

图 8-3　方位角传递误差

当 $\varepsilon = 3'$，$S = 3000\text{m}$ 时，

$$e = \frac{3000 \times 3'}{3438'} \approx 2.62\text{m}$$

由此可见，离起始点越远，由起始边方位角误差所引起的导线各点点位误差就越大。坐标误差一般不超过 20mm，影响甚微。这说明，在平面联系测量中，方位角传递的误差是主要的。因此把平面联系测量简称为矿井定向，并用井下导线起始边方位角的误差作为衡量矿井定向精度的标准。采用几何方法定向时，从近井点推算的两次独立定向所求得的井下起始边方位角互差，对两井和一井定向测量分别不得超过 1′和 2′；当一井定向测量的外界条件较差时，在满足采矿工程要求的前提下，互差可放宽至 3′。

8.1.3　地面近井点的设立

为了把地面坐标系统中的平面坐标及方向传递到井下，在定向之前，必须在地面井口附近设立作为定向时与垂球线连接的点（叫作"连接点"）。但一般由于井口建筑物很多，因而连接点不能直接与矿区地面控制点通视以求得其坐标及连接方向，为此，必须在定向井筒附近设立一"近井点"。在井口附近建立的近井点和水准基点应满足下列要求：

（1）尽可能埋设在便于观测、保存和不受开采影响的地点；

（2）近井点至井口的连接导线边数应不超过 3 个；

（3）水准基点不得少于 2 个（近井点都可作为水准基点用）。

多井口矿井的近井点应统一合理布置，尽可能使相邻井口的近井点构成三角网中的一个边，或力求间隔的边数最少。近井点及水准基点的构造与埋设如图 8-4 所示。图 8-4（a）为建筑物顶面上的测点；图 8-4（b）和（c）为在非冻土地区的浇注式测点和预制混凝土测点；图 8-4（d）~（f）为在冻土地区的钢管混凝土测点、预制混凝土测点和钻孔浇注式测点。

近井点可在矿区三等、四等三角网的基础上，用插网、插点［见图 8-5（a）］和敷设经纬仪导线［见图 8-5（b）］等方法测设。其精度对四等三角点来说，规程要求点位中误差应不超过 ±7cm，方位角中误差应不超过 ±10″。

凡埋设位置符合前述要求的二~四等三角点或同级导线点，均可作为近井点。以 10″小三角网作为首级控制的小矿区，10″小三角点或同级导线点也可作为近井点。由近井点向井口定向连接点连测时，应敷设测角中误差不超过 5″或 10″（用于以 10″小三角网作为首级控制的小矿区）的闭合导线或复测支导线。由于连测导线的边数少，所以导线的相对闭合差分别应不超过 1/12000 和 1/8000。连测导线点应埋设标石，并尽可能与三角点方向连测。

井口水准基点的高程测量，应按四等水准测量的精度要求测设。

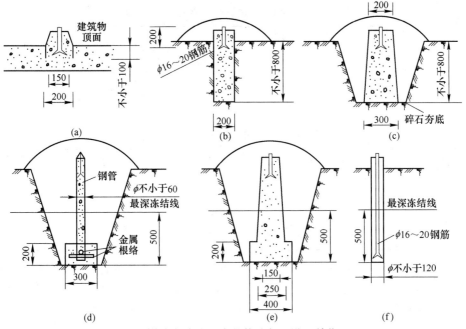

图 8-4 近井点与水准基点的构造与埋设（单位：mm）

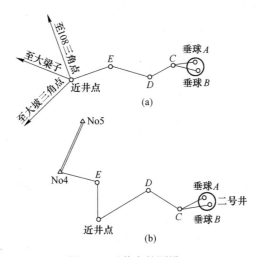

图 8-5 近井点的测设

关于测设近井点和水准基点的具体施测方法和精度要求，见表 8-1~表 8-4。

表 8-1 水平方向观测要求及限差

等级	仪器类型	观测方法	测回数	光学测微器两次重合读数之差/(")	半测回归零差/(")	一测回内2c互差/(")	同一方向值各测回互差/(")
四等	J_1	方向	6	1	6	9	6
	J_2	方向	9	3	8	13	9
	J_2	方向	3	3	8	13	9
	J_6	方向	6		18		24
	J_2	方向	2	3	8	13	9
	J_6	方向	3		18		24

表 8-2　边长丈量要求

导线等级	钢尺根数	丈量总次数	定线最大偏差丈量/mm	尺段高差较差丈量/mm	读数次数	估读/mm	温度读至/℃	同尺各次或同段各尺的较差/mm	丈量方法
5″	1~2	2	50	10	3	0.5	0.5	2	精密丈量
10″	1~2	2	100	10	2	0.5	0.5	3	精密丈量

表 8-3　光电测距仪测定边长要求

测边等级	仪器类型	测回数	人次（时间段）	测回中数互差/cm
5″、10″导线边	短程红外测距仪 DCH、HGC-1	3	1（1）	2.5

表 8-4　水准观测技术要求及限差表

等级	附合路线长度/km	仪器		观测次数		往返较差、符合或环线闭合差		视线长度/m	前后视距差/m	前后视距累积差/m	视线高差/m	基辅分划（红黑面）读数差/mm	基辅分划（红黑面）高差之差/mm
		水准仪	水准尺	与已知点联测的	附合或环线的	一般地区	山地						
四等	15	DS₃	双面	往返	一次	$\pm20\sqrt{R}$	$\pm25\sqrt{R}$	80	5	10	0.2	3.0	5.0

注：表中 R 为水准点间路线长度（km）或为附合或环线长度（km）。

　　除了在地面需要设立近井点和连接点外，还应当在井下定向水平上的井底车场内，至少设立 3 个永久导线点和 2 个水准基点。永久导线点可作为水准基点。水准基点也可设于巷道帮上。通过联系测量将地面的平面坐标、方位角及高程传递到这些永久点上，作为井下控制测量的起始数据。

8.1.4　GPS 的应用

　　目前，在大型矿山绝大多数都配备了 GPS 卫星定位系统用户设备。因此，目前人们在选择定向基点测量方法时，首选 GPS 定位方法。下面简要介绍 GPS 定位原理和方法。

8.1.4.1　全球定位系统（GPS）的基本概念

　　美国的全球卫星定位系统（GPS）具有全球性、全天候、连续实时的三维定位、测速、导航和授时、良好的抗干扰和保密功能等特点。在地球上任何地方、任何时间至少可见 4 颗 GPS 卫星，一般区域可见 6~8 颗。目前，GPS 定位系统已在大地测量、工程测量、控制测量、矿山测量、精密工程测量，以及动态观测、设备安装、时间传递、导弹制导、速度测量等方面得到广泛应用。

　　全球定位系统（GPS）主要由空间星座部分、地面监控部分和用户部分组成，如图 8-6 所示。

　　GPS 定位系统的空间卫星星座包含了 24 颗卫星，其中包括 3 颗备用卫星。卫星分布在 6 个轨道面内，每个轨道上分布有 4 颗卫星。卫星轨道面相对地球赤道面的倾角约为 55°，每个轨道在经度上相隔 60°，轨道高度为 20200km，卫星轨道周期为 11h58min。

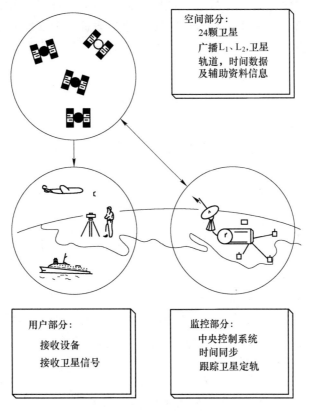

图 8-6　卫星定位系统

GPS 卫星所发射的信号，包括载波信号、测距码和数据码等多种信号分量。GPS 卫星取 L 波段的两种不同频率的电磁波为载波，载波 L_1 和 L_2 的频率和波长分别为：

$$f_1 = 154 \times f_0 = 1575.42 \text{MHz}, \quad \lambda_1 = 19.03 \text{cm}$$

$$f_2 = 120 \times f_0 = 1227.60 \text{MHz}, \quad \lambda_2 = 24.42 \text{cm}$$

在载波 L_1 上，调制有 C/A 码、P 码（或 Y 码）和数据码，而在载波 L_2 上，只调制有 P 码（或 Y 码）和数据码。

GPS 定位系统的地面监控部分，主要由分布在全球的 5 个地面站组成，包括 5 个监控站、1 个主控站和 4 个信息注入站。

（1）监控站：接收卫星下行信号数据并传送至主控站，监控卫星导航运行和服务状态。

（2）主控站：卫星轨道估计，卫星控制，定位系统的管理。

（3）注入站：卫星轨道纠正信息，卫星钟差纠正信息，控制命令的上行注入卫星。

用户设备主要由 GPS 接收机、数据处理软件和微处理机及其终端设备组成。用户设备通过接收 GPS 卫星发射的无线电信号，获得必要的定位信息和观测量，经数据处理而完成定位工作。

利用 GPS 进行定位是以 GPS 卫星和用户接收机之间的距离（或称信号传播路径）为基础，并根据已知的卫星瞬时坐标，确定用户接收机所对应的点位，即观测站的三维坐标（X、Y、H）。GPS 卫星通过发射天线发射信号，该信号从卫星（经过一定的时间差）到达接收机天线。卫星信号传播至接收机的时间差与电磁波传播速度的乘积，即为卫星与接收机之间的距离。该距离还可以通过测定卫星载波信号相位在路径上的变化的周数来推导，与电磁波测距原理相似。用 GPS 定位系统既可进行绝对定位，也可进行相对定位。

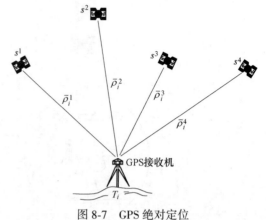

　　绝对定位一般称为单点定位，利用 GPS 进行绝对定位的基本原理是以 GPS 卫星和用户接收机之间的距离观测量为基础，把 GPS 卫星看成是飞行的已知点，根据已知的卫星瞬时坐标（根据卫星的轨道参数可确定其瞬时位置），来确定观测站的位置。如图 8-7 所示，这种方法的实质是空间距离后方交会测量。在 1 个观测站上，原则上同时观测 3 颗卫星取得 3 个距离观测量，就可确定观测站的位置。由于卫星钟与用户接收机钟不同步（钟差）等因素

图 8-7　GPS 绝对定位

的影响，因此观测到的距离实际上是伪距，因此，在 1 个观测站上为了实时求解 4 个未知量，即点位的 3 个坐标分量和 1 个钟差参数，便至少需要观测 4 个同步伪距观测值，也就是说至少必须同时观测 4 颗卫星。

　　应用 GPS 进行绝对定位，根据接收机所处的状态不同，可分为动态绝对定位和静态绝对定位。实践表明，目前静态绝对定位的精度约为米级，而动态绝对定位的精度仅为 10~40m。这一精度远不能满足矿山测量工作精密定位的要求。

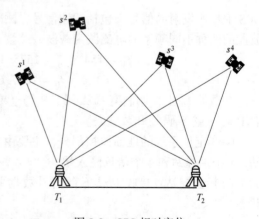

　　GPS 相对定位，是目前 GPS 定位中精度最高的一种定位方法。相对定位的最基本方法，是用两台 GPS 接收机，分别安置在同步观测边（基线）的两端，并同步观测相同的 GPS 卫星（至少为 3 颗），以确定基线端点在地心坐标系中的相对位置或基线向量，如图 8-8 所示。这种方法，一般可以推广到多台接收机安置在若干条基线的端点，通过同步观测相同的 GPS 卫星，确定多条基线的情况。由于在两个观测站或多个观测站同步观测相同卫星的情况下，卫星、接收机的误差及卫星信号的传播误差，对观测量的影响基本相

图 8-8　GPS 相对定位

同，所以利用观测量的不同组合，进行相对定位，就可以有效地消除或减弱误差的影响，从而提高相对定位的精度。根据用户接收机在定位过程中所处的状态不同，相对定位可分为动态相对定位和静态相对定位。

8.1.4.2　采用全球定位系统（GPS）进行近井基点定位测量

　　国家标准《全球定位系统（GPS）测量规范》将 GPS 定位测量按精度依次划分为

AA、A、B、C、D、E 六个级别。其中 AA 级主要用于全球性地球动力学研究、地壳变形测量和精密定轨；A 级主要用于区域性的地球动力学研究和地壳变形测量；B 级主要用于局部变形监测和精密工程测量；C 级主要用于大、中城市及工程测量的基本控制网；D、E 级主要用于中小城市、城镇和测图、地籍、土地信息、房产、物探、建筑工程等控制测量。根据相邻井口的位置和井下贯通巷道的距离及贯通工程的精度要求，一般选择 C 级或 D 级。

GPS 定位测量工作，按其性质分为外业和内业两大部分。定位测量主要工作包括：GPS 测量的技术设计、选点、测站标志的埋设、野外数据采集及成果质量的检核，测后数据处理及技术总结。如果按照 GPS 测量的工作程序，则大体可分为 GPS 网的设计、选点与埋点、外业观测、成果检核与数据处理几个阶段。

8.1.5 井筒中心与十字中线的标定

8.1.5.1 井筒中心与十字中线

圆形竖井（立井）的井筒中心就是井筒水平断面的几何中心。

井筒十字中线是指通过井筒中心，并互相垂直的两条水平方向线。其中一条与井筒提升中心线相平行或重合，称为井筒主十字中线。通过井筒中心的铅垂线称为井筒中心线，如图 8-9 所示。

斜井和平硐井筒的主要中心线是指井口位置的巷道中心轴线，而斜井井口中心是斜井中心线上的设计变坡点，如图 8-10 所示。

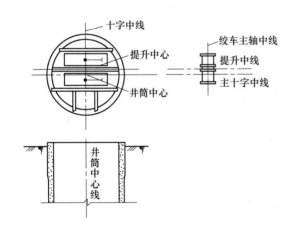

图 8-9 竖井井筒中心和十字中线

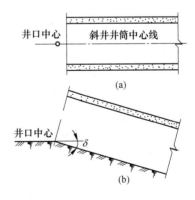

图 8-10 斜井中心线
(a) 平面图；(b) 竖直断面图

井筒中心和井筒十字中线在建井初期及其以后的生产阶段都十分重要。例如，工业广场位置，以及主要建筑物的定位；立井提升机械设备的安装和检查；井筒中的灌道、灌道梁和其他设备及井底车场等，都是以井筒中心和十字中心线为依据进行标定的。因此，必须妥善保护好十字中线的标桩。

8.1.5.2　井筒中心与十字中线的标定

标定井筒中心与十字中线，应准备图纸资料，计算标定数据，然后到现场进行标定。

A　图纸准备

标定井筒中心及井筒十字中线应准备下述资料：

(1) 矿井附近控制网资料；

(2) 井筒中心设计坐标及井筒十字中线的坐标方位角；

(3) 工业广场平面图和施工总平面图；

(4) 井筒施工期间的临时设备平面布置图；

(5) 工业广场矿柱设计图。

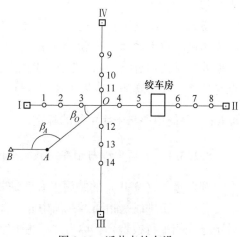

图 8-11　近井点的布设

测量人员应根据上述资料，到现场踏勘，合理选择埋设十字中线标桩的位置，保证它们在施工过程中不受破坏，互相通视，而且便于长期保存。在现场踏勘过程中，发现测量控制点离开井筒较远时，应在井筒附近按有关规范要求建立平面和高程控制点，这些点称为近井点，如图 8-11 中的 A 点。

B　计算标定数据

图 8-11 中，A、B 为近井点，O 为井筒中心，它们的坐标都是已知的，十字中线的坐标方位角由设计给出。这时，即可算得水平角 β_A、β_O 和边长 S_{AO}。

C　其他标定

井筒中心的平面位置与高程位置，用第 9 章所讲的方法进行标定。

标定出 O 点之后，在 O 点安置经纬仪，后视 A 点，按角度 β_O 标出 $O\mathrm{I}$ 的方向线，在距井筒较远处打一木桩 I，以 $O\mathrm{I}$ 方向为起始方向，用精确方法分别测出 90°、180°、270°，得到 $O\mathrm{IV}$、$O\mathrm{II}$、$O\mathrm{III}$ 方向（见图 8-11），用木桩固定。最后重新测出十字中线之间的夹角，检查是否满足设计要求。

在井筒十字中线上应埋设永久标志桩，其方法与平面控制点相同。如图 8-11 中的 Ⅰ、Ⅱ、Ⅲ、Ⅳ点和 1~14 点，都应埋设永久标桩。井筒十字中线点在井筒每侧不得少于 3 个，点间距一般不应小于 20m，离井筒最近的标桩距井筒边沿不应小于 15m。

标定井筒中心和十字中心线的精度要求见表 8-5。

表 8-5　标定井筒中心和十字中心线的精度要求

条　件	实测位置与设计位置的允许互差			两十字中线的垂直程度误差 /(″)
	井筒中心平面位置 /m	井口高程 /m	主中心线方位角 /(′)	
井巷工程与地面建筑未施工前	0.50	0.05	3	±30
井巷工程与地面建筑已施工时	0.10	0.03	1.5	±30

8.2 竖井施工测量

8.2.1 竖井掘进、砌壁和装备时的测量

8.2.1.1 竖井掘进时的测量工作

竖井井筒施工时，先根据井筒中心和井筒毛断面设计半径，在实地上画出破土范围，进行破土施工。

破土后，井筒中心成为虚点。为了找出井筒中心，可以沿井筒十字中线拉两条钢丝，其交点即为井筒中心；也可以用两台经纬仪交出井筒中心，然后，从交点处自由悬挂垂球线，指示井筒下掘，如图 8-12 所示。

破土下掘 3m 左右，应砌筑临时锁口的承托部分，以便安置临时锁口框架及井盖门等，固定井位，封闭井口；然后，根据井筒中心点下放的垂球线继续掘进，待掘进到第一砌壁段后，随即由下向上砌筑永久井壁，同时砌筑永久锁口。

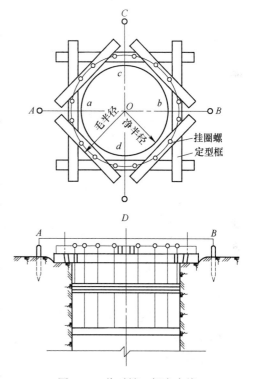

图 8-12 临时锁口标定中线

A 临时锁口框架的标定

锁口框架必须水平安装在地表面，并按井筒十字中线找正，其方法如下：

(1) 安装框架之前，应在框架上标出十字中心线方向的点 a、b、c、d，如图 8-12 所示；

(2) 用经纬仪沿井筒十字中心线方向标出 A、B、C、D 四点，各距井壁 3~4m，埋设大木桩，桩顶钉小钉作为标志，各桩顶应同高；

(3) 将锁口框架安置在井口预定位置后，在实地上沿 AB、CD 拉两根细钢丝挂上垂球，使框架上 a、b、c、d 对准 A、B、C、D 方向；

(4) 用水准测量方法将框架安置在设计高程上，并检查框架是否水平，其垂直和水平误差均不得超过 ±20mm。

还有一种施工方法是采用混凝土浇灌或用料石砌筑临时锁口，而不用临时锁口框。砌筑这种临时锁口时，测量人员只要给出井筒十字中线和井口的设计高程，即可进行施工。标定方法同上。井口高程可用水准测量方法自水准基点引测。这种临时锁口可以服务于整个井筒的砌筑，待全部砌筑工作完毕后，再浇灌永久锁口，如图 8-13 所示。

B 在井盖梁上标定井筒中心

井盖梁安装好后，应将井筒中心标定在井盖梁上，以便悬挂垂球线，指示井筒下掘。

标定井筒中心一般有两种方法。

（1）在井盖梁上，当提升吊桶不占用井筒中心位置时，用角钢做成定点板，板上刻一小缺口，如图 8-14 所示。然后将角钢置于横梁上，用两台经纬仪校正缺口，使之位于井筒中心的位置，并固定角钢，这时即可过缺口悬挂垂球线。

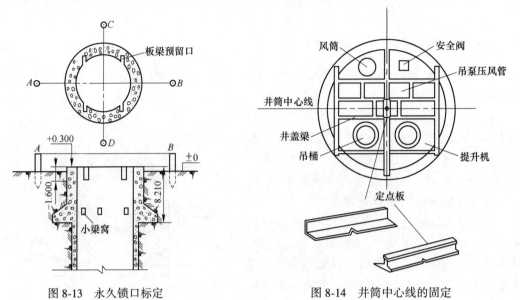

图 8-13　永久锁口标定　　　　　　　图 8-14　井筒中心线的固定

（2）在井盖梁上，当提升吊桶不占用井筒中心位置时，用角钢做成临时定点杆，如图 8-15 所示。施工前，应将缺口位置用经纬仪校正，然后用螺钉临时固定在横梁上。掘进过程中，施工人员随时可以将定点杆取下或安上，既不影响施工，又可以悬挂垂球线来检查掘进方向。

除此之外，还可以用边垂线指示井筒掘进，如图 8-16 所示。这时，以下放的中心垂球线为准，按一定的半径把掘进的边线点标投到井盖上或井壁上，由边线点下放 4 条边垂线来指示掘进方向。

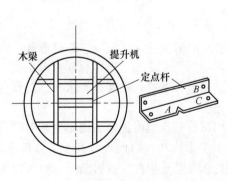
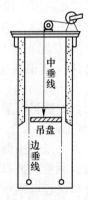

图 8-15　在井盖梁上标定井筒中心　　　图 8-16　边垂线指示掘进

无论用中垂线或边垂线指示井筒掘进方向，其垂线上的垂球质量都与井深有关。当井深为 10~15m 时，垂球质量应不小于 10kg；当井深为 50~200m 时，垂球重量应不小于 20kg；当井深为 200m 以上时，垂球质量应不小于 30kg。

近年来，我国研制了一种激光投点仪。它的基本构造和使用方法与激光指向仪相仿。激光指向仪给出巷道的中腰线，而激光投点仪给出立井井筒的中心线。当立井开拓时，用激光的光束代替原始的垂球线，可以提高施工效率。但是，在使用激光投点仪时，因为施工使仪器受震动或其他原因的影响，光束可能会改变方向，故要求经常检查，用井筒中心悬挂垂球线的方法检查校正激光的光束方向。

8.2.1.2 竖井砌壁时的测量工作

A 井壁高程点的标定

竖井施工通常是自上而下分段掘进。井筒掘进完一段后，依据井筒中心线由下而上砌筑永久井壁。为了控制高程位置，每隔 30~50m 在永久井壁上建立高程点，并注记编号。高程点的标定步骤如下：

（1）在井盖上靠近井壁处钻一小长方孔，用小铁板覆盖一半，并用水准仪测出小铁板上沿高程；

（2）由小孔下放钢尺，放到井深约 40m 处，即可在井壁上设置第一个高程点；

（3）井筒掘进过程中，从第一个高程点起，依次向下转设高程点，并用钢尺依次测出各点高程；

（4）在马头门和硐室上方，至少应设两个高程点，其高程应往返测量。

B 梁窝平面位置的标定

预留梁窝是井筒砌壁时的一项主要测量工作。首先，应根据井筒施工平面图，预先计算出梁窝中心的放线点 1、2、3、4 等点（见图 8-17）的坐标，将放线点的平面位置标定在井盖上；然后，通过各点下放垂球线，按此垂球线在模板上确定预留梁窝的中线平面位置。

C 梁窝高程位置的确定

确定梁窝的高程位置，一般采用长钢丝牌子线法。

首先，制作长钢丝牌子线。在地面上用规定的拉力将钢丝展平，按设计的梁窝层间距在钢丝上焊上小铁牌，铁牌底缘表示梁窝层间距；其次，将制作好的钢丝牌子线沿主梁位置下放，或沿井筒十字中心线上的边垂线点下放，施以展平时的拉力，使第一块牌子对准第一层梁窝的设计高程；然后，固定牌子线（见图 8-18），每个牌子的位置就是每层梁窝的高度，并把高程位置标定在井壁上。

8.2.1.3 竖井装备时的测量工作

A 竖井剖面测量

井筒砌壁之后，应进行井筒剖面测量，以便查明井壁的竖直程度，检查提升容器与井壁的最小距离，然后才能安装罐道梁。

立井剖面测量是自上而下，沿每层梁窝或每隔 5~10m 进行。测量时，首先靠近井壁

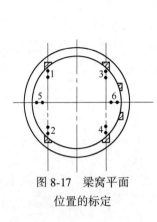

图 8-17　梁窝平面
位置的标定

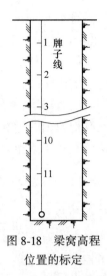

图 8-18　梁窝高程
位置的标定

梁窝下放 4~6 根垂球线 O_1、O_2、O_3、O_4［见图 8-19（a）］，测量垂球线至井壁的距离及各测点的高程；然后，在室内按一定比例尺作剖面图，如图 8-19（b）所示。

B　罐道梁安装测量

罐道梁安装顺序通常是由上而下进行的。先安装第一层罐道梁，然后，以第一层罐道梁为基础，依次安装以下各层罐道梁。因此，第一层罐道梁又称基准梁，需要格外精确地测量。

a　第一层罐道梁的安装测量

第一层罐道梁是在地面组装好，并在梁上标出与十字中线相应的记号 A、B、C，如图 8-20 所示。

在十字中线上拉直钢丝，挂上垂球，使梁上 A、B、C 各点与相应的垂球尖对准，然后检查十字中线的间距 a、b、c、d、e、f、g。梁面高程位置应按高程点找平，使每一层梁的高程与设计高程相符；经核查平面与高程位置均合乎要求后，才可浇注混凝土。

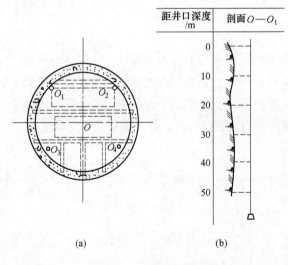

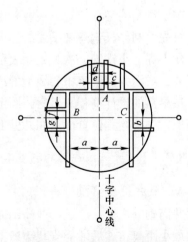

图 8-19　立井剖面测量

图 8-20　罐道梁安装测量

b 各层罐道梁的安装测量

第一层罐道梁安装完毕之后，应把垂球线移设在第一层梁上，并固定之。然后将垂球线直接放到井底，而且在井底安装两根临时罐道梁，使垂球线稳定后，用卡线板固定在梁上（见图8-21），则垂球线即作为安装各层罐道梁的依据。

安装人员在安装各层罐道梁时，一般采用各种规尺（见图8-22）进行。例如，各层之间的层间距可以用层距尺来控制；梁与梁之间的平距用平距模尺控制；梁与梁之间的角度用直角模尺控制等。最后，使各层梁安装在同一竖直面上，梁上相应标记位于同一垂球线上。

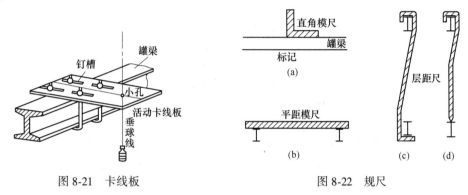

图8-21 卡线板　　　　　　　　图8-22 规尺

8.2.2 井底车场掘进测量

8.2.2.1 马头门的开切

当井筒掘进到设计水平后应检查高程及实际地质情况是否与设计相符，然后掘进马头门和井底车场。

井下马头门的开切，通常是沿井筒主要十字中线方向进行的，如图8-23中Ⅰ、Ⅱ所示。在井筒内该方向线上，悬挂2根垂球线A和B，并用瞄线法在稍高于马头门的井壁上设立M、N两个点，悬挂垂球线，使M、A、B、N都在井筒主要十字中线上，并用瞄线法指示马头门的开切方向。

当井底车场巷道掘进10m左右时需进行传递高程的检查；当巷道掘进20m左右时，应进行矿井联系测量，将地面控制点的坐标和高程传入井下，以便精确地给出井底车场的巷道中线和腰线。

8.2.2.2 马头门开切后巷道中线的标定

通过矿井联系测量，得到井下起始点C、D的坐标与CD边的坐标方位角，由此可以精确地标定出巷道掘进中线，其步骤如下。

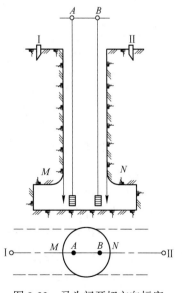

图8-23 马头门开切方向标定

（1）根据井底车场设计图，在巷道中线上选定 a、b 两点，并量出井筒中心到 a、b 两点的水平距离 S_1 和 S_2，如图 8-24 所示。

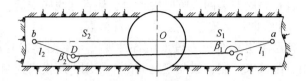

图 8-24　巷道中线的标定

（2）计算 a、b 两点的坐标 x_a、y_a 和 x_b、y_b：

$$x_a = x_O + S_1\cos\alpha_{0a}$$
$$y_a = y_O + S_1\sin\alpha_{0a}$$
$$x_b = y_O + S_2\cos\alpha_{0b}$$
$$y_b = y_O + S_2\sin\alpha_{0b}$$

式中　x_O，y_O——井筒中心坐标；

　　　α_{0a}，α_{0b}——设计巷道中线的正、反坐标方位角。

（3）按坐标反算公式，计算标定数据 l_1、l_2，并算得水平角 β_1、β_2。

（4）分别在 C 点和 D 点安置经纬仪，根据 β_1、β_2 和 l_1、l_2 用极坐标法定出巷道的中线点 a 和 b。

8.2.2.3　井底车场的导线设计

井底车场是连接井筒和主要运输、通风等巷道和各种硐室的总称。它是井下的总枢纽站，由若干个曲线巷道和直线巷道组成，如图 8-25（a）所示。

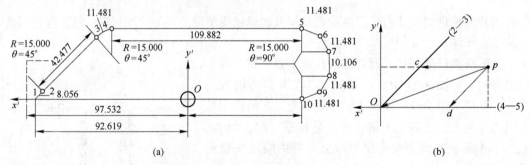

(a)　　　　　　　　　　　　　　　　　　(b)

图 8-25　井底车场导线布设（单位：m）

井底车场的特点是曲线巷道多、道岔多、巷道的断面和坡度的变化多，并常采用相向工作面掘进。

为了做好掘进井底车场的测量工作，测量人员首先要研究和熟悉井底车场的设计图纸。为了校核设计图纸上巷道的几何关系和注记尺寸是否正确，并取得在施工时所需要的测设数据，还应进行井底车场导线设计。设计导线一般沿轨道中心布设。其优点是不受巷道断面变化的影响；当巷道按设计导线铺设轨道时，无须再给轨道中线。

设计井底车场导线的具体步骤如下。

（1）一般选取曲线巷道的起点和终点、道岔的岔心和硐室的入口处等为导线点。导线沿整个井底车场构成一个闭合环。在圆曲线的中间部分是以弦来代替曲线的；在选择弦长时应使弦的数目最少，但又不能使弦线和巷道两帮接触。

（2）检查设计图中所有曲线巷道的曲线半径 R、圆心角 θ 和曲线长度 K 的关系是否对应。可按下式计算：

$$K = \frac{2\pi R\theta}{360}$$

（3）检查图上的角值、长度与注记是否一致。

（4）按设计坡度和水平距离计算各段高差，闭合环的高程闭合差应等于零。

（5）在大比例尺设计图上（1：200 或 1：500）选定导线点的位置。图上选点应使导线点数目尽可能少；相邻点应互相通视，测设方便。

（6）确定导线的边长和水平角。对于直线部分的边长和水平角可以直接从设计图中量取，但曲线部分的边长和水平角需要计算才能获得。

（7）计算角度闭合差。导线的水平角从实际图上量得或计算出来后，应按下式检查角度闭合差是否为零。

当为内角时　　　　　　　　　　$\sum \beta_{内} - 180°(n - 2) = 0$

当为外角时　　　　　　　　　　$\sum \beta_{外} - 180°(n + 2) = 0$

式中，n 为导线点数目。

（8）计算坐标增量闭合差及各点坐标。设计导线点坐标的计算采用统一坐标系统，也可以采用假定坐标系统。采用统一坐标系统时，井筒中心坐标和井筒十字中线的坐标方位角便为起算数据。如采用假定坐标系统时，则井筒中心为坐标原点，井筒十字中线便为坐标轴。设计导线应满足下列条件，即：

$$\sum \Delta x = 0 ; \quad \sum \Delta y = 0$$

式中，Δx、Δy 为设计导线各点的坐标增量。

如不满足时，便产生了闭合差，即：

$$f_x = \sum \Delta x ; \quad f_y = \sum \Delta y$$

而　　　　　　　　　　　　　　$f = \sqrt{f_x^2 + f_y^2}$

式中　f_x, f_y——坐标增量闭合差；

　　　　f——线量闭合差。

则相对闭合差为　　　　　　　　$K = \dfrac{f}{\sum D} = \dfrac{1}{\dfrac{\sum D}{f}}$

由上式计算出来的相对闭合差不超过 1/2000 时，即可分配闭合差。分配时，由于巷道曲线部分的几何要素由设计规定，一般不应变动，所以，闭合差分配在直线巷道的导线边中。然后，推算出各设计导线点的坐标。

8.2.2.4　井底车场导线设计实例

图 8-25（a）所示为某矿山的井底车场的设计导线图。设计是按假定坐标系统进行的。以 O 点为坐标原点，O_1 边为 x' 方向。则 $x'_O = 0$，$y'_O = 0$，$\alpha_{O1} = 0°00'00''$；根据表 8-6 中所列数据，计算结果为：

$$f_\beta = 2340 - (n - 2) \times 180° = 0$$

$$f_x' = -0.051\text{m}, \ f_y' = +0.018\text{m}$$

$$f = \sqrt{f_x^2 + f_y^2} = 0.054\text{m}, \ \sum S = 384.096\text{m}$$

相对闭合差为

$$K = \frac{f}{\sum S} = \frac{0.054}{384.096} = \frac{1}{7100} < \frac{1}{2000}$$

由于相对闭合差小于1/2000，故可进行分配。

分配坐标增量比较简单的方法是图解法（也称矢量分解法）。将增量改正数加在两条最长而又互相不平行的边（2—3）及（4—5）上即可。过 O 点作 x' 和 y' 轴，如图 8-25（b）所示，在图中作两条直线，使它们分别平行于图 8-25（a）中的边（2—3）和（4—5）。用 1:1 的比例尺根据 f_x 和 f_y 将 f 绘出，得到 p 点。连接 p 点和 O 点，pO 即为导线的改正数。将 pO 投影在边（2—3）和（4—5）上，即得到在边（2—3）上的工作上的改正数 pd 和边（4—5）上的改正数 pc，由图上量得 pc 为 0.033m，pd 为 0.025m。因 pc 和 pd 都和边（4—5）及（2—3）的方向相反，故应在这些边中减去图解求得的改正数。

最后检查，若 $\sum \Delta x' = 0$，$\sum \Delta y' = 0$ 即可推算各点的坐标。导线设计完毕，将水平角、边长注记在大比例尺图上。施工时，按有关方法在现场进行标定。

平面位置检查后，还需要沿轨道中线检查轨面高程和坡度。设计部门对井底车场的线路都给出了线路坡度图，图中表明了各段线路的长度、坡度和坡度变化点的高程。通过验算看其是否一致并要计算高程闭合差；高程闭合差应等于零。如发现差错则要与设计部门联系解决。

最后绘制 1:200 或 1:500 的导线图，并将角度、边长、方位角和导线点的坐标编制成成果表。所编制的图表便是巷道掘进测量的依据，见表 8-6。

表 8-6　井底车场导线计算

导线点	照准点	导线角	方位角 象限角	边长 S/m	坐标增量/m		坐标/m	
					$\Delta x'$	$\Delta y'$	x	y
	O						0.000	0.000
O	O	180°00′	0°00′					
	1			92.619	92.619	0	92.619	0.000
1	0	315°00′	315°00′					
	2		南东 45°00′	8.056	−5.696	+5.696	+86.923	+5.696
2	1	180°00′	135°00′	47.452	−30.018	+30.018		
				−0.025	+0.018	−0.018		
	3		南东 45°00′	42.477	−30.036	+30.036	+56.905	+35.714
3	2	202°30′	157°30′					
	4		南东 22°30′	11.481	−10.607	+4.394	+46.298	+46.108

导线点	照准点	导线角	方位角 象限角	边长 S/m	坐标增量/m		坐标/m	
					$\Delta x'$	$\Delta y'$	x	y
4	3	202°30′	180°00′	109.849 -0.033 109.882	-109.849 +0.033 -109.882	 0	 -63.551	 +40.108
	5							
5	4	202°30′	202°30′ 南西 20°30′	11.481	-10.607	-4.394	-74.158	+35.714
	6							
6	5	225°00′	247°30′ 南西 67°30′	11.481	-4.394	-10.607	-78.552	+25.107
	7							
7	6	202°30′	270°00′ 北西 90°00′	10.106	0	-10.106	-78.552	+15.001
	8							
8	7	202°30′	292°30′ 北西 67°30′	11.481	+4.394	-10.607	-74.158	+4.394
	9							
9	8	225°00′	337°30′ 北西 22°30′	11.481	+10.607	-4.394	-63.551	0.000
	10							
10	9	202°30′	0 00					
	0			63.551	+63.551	0	0.000	0.000
$\Sigma\beta$		23°40′	$\Sigma S = 384.096$		$\Sigma\Delta x' =$ -0.051	$\Sigma\Delta y' =$ +0.018	$f_s = 0.054$	$\dfrac{f_s}{\Sigma S} = \dfrac{1}{7100}$

8.3 平面联系测量

8.3.1 一井定向

通过一个竖井的几何定向，就是在井筒内悬挂两根钢丝，钢丝的一端固定在井口上方，另一端系上重锤自由悬挂至定向水平。再按地面坐标系统求出两根钢丝的平面坐标及其连线的坐标方位角；在定向水平通过测量把垂线与永久导线点连接起来，这项工作称为连接。这样便能将地面的坐标和方向传递到井下，从而达到定向的目的。因此，整个定向工作分为投点和连接两部分。现分叙如下。

8.3.1.1 投点

所谓投点，就是在井筒中悬挂重锤线至定向水平。

在由地面向井下定向水平投点时，由于井筒内风流、滴水等因素的影响，会使钢丝偏斜。如图 8-26 所示，A、B 为两根钢丝在地面的位置，由于悬挂垂线偏斜，使得它们在定

向水平的位置 A'、B' 分别相对于 A、B 产生线量偏差 e_A、e_B，该偏差称为投点误差。由投点误差引起的两垂球线连线方向的误差 θ 称为投向误差。在最不利的情况下，即两根钢丝分别向 AB 连线两侧偏斜时的投向误差为

$$\tan\theta = \frac{e_A + e_B}{AB}$$

因 e_A、e_B 很小，θ 也很小，故上式可简化为

$$\theta = \frac{e_A + e_B}{AB}\rho$$

式中，$\rho = 206265''$（一弧度的秒值）。

设 $\quad e_A = e_B = 1\text{mm}$，$AB = 3\text{m}$，则投向误差为

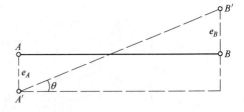

图 8-26   投向误差

$$\theta = \frac{e_A + e_B}{AB}\rho = \pm\frac{2 \times 206265}{3000} \approx \pm 138''$$

上例说明，仅 1mm 的投点误差，就能引起方位角误差达 $2'$。由式 $\theta = \frac{e_A + e_B}{AB}\rho$ 可以看出，要减少投向误差，必须加大两垂球线间的距离和减少投点误差 e。但由于井筒直径有限，两垂线间的距离不能无限增大，一般不超过 3~5m，因此，在投点时必须采取措施减少投点误差。通常采用下述方法：

（1）采用高强度小直径的钢丝，以便加大垂球质量（一般 30~50kg），并减少对风流的阻力；

（2）将重锤置于稳定液中，以减少钢丝摆动；

（3）测量时，应关闭风门或暂停风机，并给钢丝安上挡风套筒，以减少风流的影响等。

此外，挂上重锤线后，还应检查钢丝是否自由悬挂。常见的检查方法有比距法（比较井上、井下两钢丝间距）、信号圈法（自地面沿钢丝下放小铁丝圈，检查是否受阻）、钟摆法（使钢丝摆动，观察摆动周期是否正常）等。确认钢丝自由悬挂后，即可开始连接工作。

8.3.1.2 连接

连接的方法很多，我国普遍采用连接三角形法和瞄直法。瞄直法精度低，仅适用于小型矿井。

A   连接三角形法

连接三角形是在井上、井下井筒附近选定连接点 C 和 C' ［见图 8-27（a）］，在井上、井下形成以两垂球连线 AB 为公共边的两个三角形 $\triangle ABC$ 和 $\triangle ABC'$，称这两个三角形为连接三角形，如图 8-27（b）所示。为了提高精度，连接三角形应布设成延伸三角形，即尽可能将连接点 C 和 C' 设在 AB 延长线上，而使 γ、α 及 γ'、β' 尽量小（不大于 2°），同时，连接点 C 和 C' 还应尽量靠近一根垂球线。

连接三角形法的外业工作：

地面连接时，测出 δ、φ 和 γ 角，丈量 DC 边和延伸三角形的 a、b、c 边。

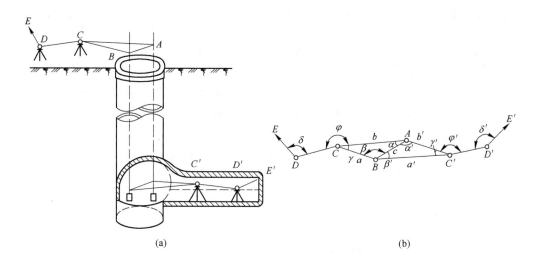

(a)　　　　　　　　　　　　　(b)

图 8-27　一井定向井上、井下连接图

井下连接时，测出 γ'、φ' 和 δ' 角，丈量延伸三角形的 a'、b' 边和 $C'D'$ 边。之所以要测 δ 和 δ' 角，量 DC 和 $D'C'$ 边长，是因为连接点 C 和 C' 是在连接测量时临时选定的。

连接三角形法的内业包括解三角形和导线计算两部分。

首先解算三角形，在图 8-27（b）中，角度 γ 和边 a、b、c 均为已知，在三角形 ABC 中，可按正弦定理求出 α 和 β 角，即：

$$\sin\alpha = \frac{a}{c}\sin\gamma; \qquad \sin\beta = \frac{b}{c}\gamma$$

当 $\alpha < 2°$ 及 $\beta > 178°$ 时，可按下列近似公式计算：

$$\alpha'' = \frac{a}{c}\gamma''; \qquad \beta'' = \frac{b}{c}\gamma''$$

同样，可以解算出井下连接三角形中的 α' 和 β' 角。

然后，根据上述角度和丈量的边长，将井上下看成一条由 E-D-C-A-B-C'-D'-E' 组成的导线，按一般导线的计算方法求出井下起始边的方位角 $\alpha_{D'E'}$ 和起始点的坐标 x'_D、y'_D。

为了校核，一般定向应独立进行两次，两次独立定向求得的井下起始边的方位角互差不得超过 $2'$。当外界条件较差时，在满足采矿工程要求的前提下，互差可放宽到 $3'$。

B　瞄直法

在连接三角形中，如使 C 和 C' 点位于 AB 的延长线上，即成瞄直法，如图 8-28 所示。此种情况下，只要在 C 和 C' 点安置经纬仪，测出 β_C 和 β'_C 角，量出 CA、AB、BC' 边长，就可完成定向任务。但实际上要把连接点 C 和 C' 精确地设在 AB 线上是比较困难的。只有非常熟练的测量人员操作，才能达到精度要求。因此，这种方法仅在精度要求不高的小型矿井定向中较为适用。

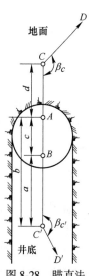

图 8-28　瞄直法

8.3.2　两井定向

当一个矿井有两个竖井，且在定向水平有巷道相通并能进行测量时，定向工作应采用两井定向方法。

两井定向就是在两个竖井中各挂一根垂球线，然后在地面和井下定向水平用导线测量的方法把两根垂球线连接起来，如图 8-29 所示，从而把地面坐标系统中的平面坐标和方位角传递到井下。

两井定向是把两个垂球分别挂在两个井筒内，因此两垂球之间的距离比一井定向大得多。据目前我国矿山情况来说，能进行两井定向的两个井筒之间的最短距离约 30m，因而大大减少了投向误差。设投点误差 $e_A = e_B = 1mm$，根据前述投向误差计算公式，其投向误差为

$$\theta = \frac{e_A + e_B}{AB}\rho = \pm\frac{2 \times 206265}{30000} \approx \pm 13.8''$$

可见，两井定向由投点误差引起的投向误差大大减少，井下起始边方位角的精度也随之提高，这就是两井定向的最大优点。而一井定向受井筒直径限制，两垂线间距离则小得多。所以，凡有条件的矿井，在选择定向测量方案时应首先考虑两井定向。

同一井定向一样，两井定向的全部工作包括投点、连接和内业计算。

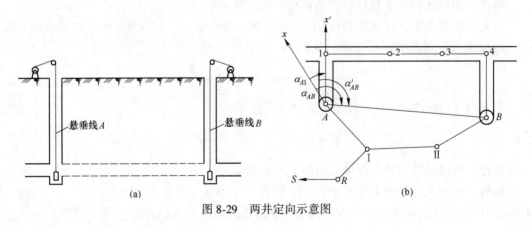

图 8-29　两井定向示意图

8.3.2.1　投点

投点的方法与一井定向相同，但因两井定向投点误差对方位角的影响小，投点精度要求较低，而且每个井筒中只悬挂一根钢丝，所以投点工作比一井定向简单，占用井筒时间短。

8.3.2.2　连接

如图 8-29 (b) 所示，由近井点 R 向两悬垂线 A、B 布设经纬仪导线 R—Ⅰ—A 和 R—Ⅰ—Ⅱ—B，测定 A、B 点位置。如果两井筒相距较远，可在两井筒附近各设一个近井点，分别与 A、B 点连接，而不在两井间布设导线。井下连接时，通过测量导线 A—1—2—3—4—B 将定向水平的两垂球线连接起来。

8.3.2.3 内业计算

由于在一个井筒内仅投下一个点，因此，井下导线边的方位角就不能像一井定向那样直接推算出来。为此，需在井下采用假定坐标系统的方法，并经过换算，才能获得与地面坐标系统一致的方位角，具体解算步骤如下。

（1）根据地面连接导线算出 A、B 的坐标后，用坐标反算公式计算出两悬垂线的连线 AB 在地面坐标系中的方位角和边长：

$$\tan\alpha = \frac{y_B - y_A}{x_B - x_A} = \frac{\Delta y_{AB}}{\Delta x_{AB}}$$

$$S_{AB} = \frac{y_B - y_A}{\sin\alpha_{AB}} = \frac{x_B - x_A}{\cos\alpha_{AB}} = \sqrt{(\Delta x_{AB})^2 + (\Delta y_{AB})^2}$$

（2）建立井下假定坐标系统，计算在定向水平上两悬垂线连线的假定方位角和边长。为了简化计算，常假定 A-1 边为 x' 轴方向，与 A-1 垂直的方向为 y' 轴，A 为坐标原点，即 $\alpha'=0°00'00''$，$x'=0$，$y'=0$。

计算井下连接导线各点假定坐标，直至垂线 B 的假定坐标 x'_B 和 y'_B；再用反算公式计算 AB 的假定方位角及其边长：

$$\tan\alpha'_{AB} = \frac{y'_B - y'_A}{x'_B - x'_A} = \frac{y'_B}{x'_B}$$

$$S'_{AB} = \frac{y'_B}{\sin\alpha'_{AB}} = \frac{x'_B}{\cos\alpha'_{AB}} = \sqrt{(\Delta x'_{AB})^2 + (\Delta y'_{AB})^2}$$

理论上讲，S'_{AB} 归算到地面系统的投影面内后，S'_{AB} 和 S_{AB} 应相等。但由于测角、量边误差的影响，使其 S'_{AB} 和 S_{AB} 不相等。其差值只要在规定的限差以内，即可作为测量和计算的第一检核。

（3）按地面坐标系统计算井下连接导线各边的方位角及各点的坐标。由图 8-29（b）可以看出：

$$\alpha_{A1} = \alpha_{AB} - \alpha'_{AB}$$

式中，若 $\alpha_{AB} < \alpha'_{AB}$，可用 $\alpha_{AB}+360°-\alpha'_{AB}$。

然后根据 α_{A1} 之值以垂线 A 的地面坐标为准，重新计算井下连接导线各边的方位角及各点的坐标，最后算得悬垂线 B 的坐标。

井下连接导线按地面坐标系统算出的 B 的坐标值应和地面连接导线所算得的 B 的坐标值相等。如其相对闭合差不超过井下连接导线的精度时，则认为井下连接导线的测量和计算是正确的，可作为测量和计算的第二检核。

为了检核，两井定向也应独立进行两次，两次求得的井下起始边方位角之差不得超过 $1'$。

8.3.3 陀螺经纬仪定向

采用几何方法定向时，因占用井筒会影响生产，且设备多，组织工作复杂，需要较多的人力、物力，安全技术管理难度大；而用陀螺经纬仪定向就可克服上述缺点，且可大大提高定向精度。

　　陀螺经纬仪的精度级别是按实际达到的一测回陀螺方位角的中误差确定的，分为15″和25″。较为广泛使用的陀螺经纬仪 GKI 型一次定向中误差为 20″。目前，自动化程度较高、高精度（10″）的全站陀螺经纬仪也逐步在大型现代化矿山用于矿井定向。

　　用陀螺经纬仪定向，可采用跟踪逆转点法、中天法、对称分划法或其他方法进行。陀螺经纬仪定向的作业程序如下。

　　（1）在地面已知边上采用 2 测回（或 3 测回）测定陀螺方位角，求得陀螺经纬仪的仪器常数 Δ。

　　由于仪器结构本身的误差，致使陀螺经纬仪所测定的陀螺子午线和真子午线不重合，两者的夹角（即方向差值）称为仪器常数，用 Δ 表示。在井下定向测量前和测量后，应在地面同一条已知边（一般是近井点的后视边）上各测 3 次仪器常数，所测出的仪器常数互差，对于 15″级和 25″级仪器，分别不得超过 40″和 70″。

　　测定方法如图 8-30（a）所示，A 为近井点，B 为后视点，α_{AB} 为已知坐标方位角。在 A 点安置陀螺经纬仪，整平、对中，然后以经纬仪两个镜位观测 B，测出 AB 方向值 M_1，启动陀螺仪，按逆转点法或中天法（对称分划法）2 或 3 个测回测定陀螺北方向值 N_T，再用经纬仪的两个镜位观测 B，测出 AB 的方向值 M_2。取 M_1 和 M_2 的平均值 M 为 AB 线的最终方向值，于是

$$T_{AB陀} = M - N_T$$

$$\Delta = T_{AB} - T_{AB陀} = \alpha_{AB} + \gamma_A - T_{AB陀}$$

式中　$T_{AB陀}$——AB 边一次测定的陀螺方位角；

　　　　T_{AB}——AB 边的大地方位角；

　　　　α_{AB}——AB 边的坐标方位角；

　　　　γ_A——A 点的子午线收敛角。

　　可见，测定仪器常数实质上就是测定已知边的陀螺方位角，根据已知边陀螺方位角，便可求出仪器常数 Δ。

　　（2）井下定向边陀螺方位角的测定及坐标方位角的计算。按地面同样的方法，在井下定向边上测出 ab 边（ab 边的长度不得小于 30m）的陀螺方位角 $T_{ab陀}$，井下定向边 ab 陀螺方位角应观测两个测回。如图 8-30（b）所示，则该边的坐标方位角为：

$$\alpha_{ab} = T_{ab陀} + \Delta_{平} - \gamma_a$$

式中　$T_{ab陀}$——ab 边的陀螺方位角，$T_{ab陀} = M - N_T$；

　　　　γ_a——a 点的子午线收敛角；

　　　　$\Delta_{平}$——仪器常数的平均值。

　　（3）求仪器常数。返回地面后，尽快（距第一次不超过 3d）在原已知边上再用 2 或 3 测回测定陀螺方位角，求得仪器常数。

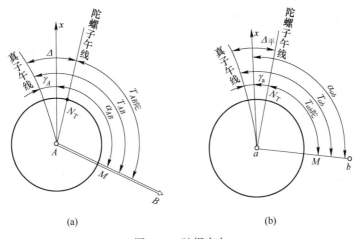

图 8-30　陀螺定向

8.4　高程联系测量

8.4.1　导入高程的实质

　　高程联系测量也称导入标高。它的任务就是把地面坐标系统中的高程，经过平硐、斜井或竖井传递到井下高程测量的起始点上，所以称为导入高程（也称导入标高）。

　　导入高程的方法随开拓的方法不同可分为：

　　（1）通过平硐导入高程；

　　（2）通过斜井导入高程；

　　（3）通过竖井导入高程。

　　通过平硐导入高程，可以用一般井下几何水准测量来完成。其测量方法和精度与井下Ⅰ级水准相同。

　　通过斜井导入高程，可以用一般三角高程测量来完成。其测量方法和精度与井下基本控制三角高程测量相同。上述两种测量方法已于前面详细讲解过，故本节只详细讨论通过竖井导入高程。

　　通过竖井导入高程，是采用一些专门的方法来完成的。在讨论这些方法之前，先来看一看这些方法的共同基础。设在地面井口附近一点 A，其高程 H_A 为已知，一般称 A 点为近井水准基点，如图 8-31 所示。在井底车场中设一点 B，其高程待求。在地面与井下安置水准仪，并在 AB 两点所立的水准尺上取得读数为 a 和 b。如果知道了地面和井下两水准仪视线之间的距离 l，则 AB 两点的高差 h 可按下式求出：

$$h = l - a + b = l + (b - a)$$

　　有了 h，当然就能算出 B 点在统一坐标系统中的高程为：

$$H_B = H_A - h$$

　　因此，通过竖井导入高程的实质，就是如何来求得 l 的长度。所以有人把它称为井深测量，就是这个缘故。根据测量 l 所用的工具不同，将导入标高的方法分为两种：钢尺导入高程和钢丝导入高程。

8.4.2　钢尺导入高程

钢尺导入标高，实质上就是用钢尺丈量井深。用来导入标高的钢尺有 100m、200m、300m 等几种。

用钢尺导入标高如图 8-31 所示。由地面向井下自由悬挂一根钢尺，在钢尺下端挂上重锤，重锤重量等于钢尺检验时的拉力。然后，在井上、下各安置一架水准仪，在 A、B 水准尺上读数分别为 a、b，然后照准钢尺，井上、井下同时读数为 N_1 和 N_2。由图可知，井下水准基点 B 的高程为：

$$H_B = H_A - h$$

式中，$h = (N_1 - N_2) - a + b$。

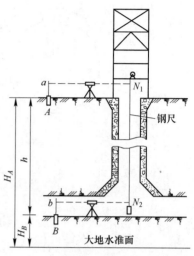

图 8-31　钢尺导入标高

为了校核和提高精度，导入标高应进行两次，两次之差不得大于 $l/8000$（l 为钢尺或钢丝上下标志之间的长度，即井筒深度）。

用钢尺导入标高，必须具备长度大于井深的钢尺，也可以采用 50m 钢尺牢固连接起来。如果井筒较深时，可采用长钢尺或钢丝导入标高。

8.4.3　钢丝导入高程

用钢丝导入高程时，因为钢丝本身不像钢尺一样有刻划，所以不能直接量出长度 l，还必须在井口设一临时比长台来丈量钢丝长度以间接求得 l 之值。

矿井联系测量用的钢丝直径小（$0.5 \sim 2.0$mm）、强度高，不用时均匀绕在小绞车上；导入标高时，将钢丝通过小滑轮由地面挂至井底，以代替钢尺，如图 8-32 所示。其原理及方法与钢尺导入标高相同，只是由于钢丝上没有刻划，故应在钢丝上的水准仪照准处做上标记，即 N_1 和 N_2 处，然后在用小绞车绕起钢丝的同时，在地面丈量出两记号间的长度。也可在地面预先固定两点 m_1 和 m_2，用钢尺量出 m_1m_2 的长度，在用绞车绕起钢丝的同

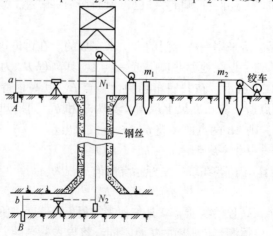

图 8-32　钢丝导入标高

时，就可以用 m_1m_2 的长度来量取 N_1 和 N_2 两记号间的长度，最后不足 m_1m_2 的余长用钢尺量出。用前一种方法时，缠绕钢丝的绞车可靠近井口安置，而不需要固定 m_1 和 m_2 两点。

8.4.4　光电测距仪导入标高

如图 8-33 所示，该方法是将测距仪安置在距井口不远处，在井口安置一个直角棱镜能将光线转折 $90°$，发射到在井下定向水平平放的反射棱镜，这样就可测出地面测距仪到井下棱镜的距离 $L=L_1+L_2$。接着在井口安置棱镜测量距离 L_2。分别测量井口棱镜至地面水准点 A 和井下棱镜至井下水准点 B 的高差 h_1、h_2，则井下 B 点的高程为：
$$H_B = H + h_1 - (L - L_2 + h_2) + \Delta L$$
式中，ΔL 为气象改正值。

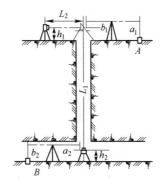

图 8-33　光电测距仪导入标高

复习思考题

8-1　联系测量的任务是什么，为什么要进行联系测量？

8-2　平面联系测量为什么又称矿井定向？

8-3　高程联系测量有哪些方法？

8-4　矿井联系测量的目的是什么，为什么要进行联系测量？

8-5　近井点可采用哪几种方法测定？

8-6　简述一井定向的主要步骤。

8-7　简述陀螺定向井下陀螺定向边的工作步骤。

8-8　高程联系测量有哪些方法？

8-9　井筒十字中线有何重要意义？

8-10　如何标定井筒中心和十字中心线？

8-11　如何安装临时锁口？

8-12　预留梁窝时，平面和高程位置如何确定？

8-13　在井筒装备过程中有哪些测量工作？

8-14　井底车场的掘进中线如何给出？

8-15　试述井底车场设计导线的作用和设计步骤。

8-16　马头门施工的特点是什么，如何标定它的中腰线？

9 井下控制测量

井下测量的目的是确定巷道、硐室及回采工作面的平面位置与高程，为矿山建设与生产提供数据与图纸资料。井下控制测量包括井下平面控制测量和井下高程控制测量。井下控制测量和地面测量工作一样，应遵循"从高级到低级，从整体到局部"的原则。

9.1 巷道平面测量

9.1.1 概述

井下巷道平面测量分为平面控制测量与碎部测量两部分。

井下巷道平面控制测量是从井底车场的起始边和起始点开始，在巷道内向井田边界布设经纬仪导线。起始边的方位角和起始点的坐标是通过联系测量确定的。

在一般矿井中，井下平面控制测量分为两类：一类导线精度较高，沿主要巷道（包括斜井、暗斜井、平硐、运输巷道、矿井总回风巷道、主要采区上下山、石门等）布设，称为基本控制导线。按测角中误差，又可分为7″和15″两级。另一类导线精度较低，沿次要巷道布设，闭（附）合在基本控制导线上，作为采区巷道平面测量的控制，称为采区控制导线，它分为30″和45″两级，见表9-1。

在主要巷道中，为了配合巷道施工，一般应先布设30″或45″导线，用以指示巷道的掘进方向。巷道每掘进30~200m时，测量人员应按该等级的导线要求进行导线测量。完成外业工作后进行内业计算，将计算结果展绘在采掘工程平面图上，供有关部门了解巷道掘进进度、方向、坡度等，以便作出正确的决策。若测量人员填绘矿图之后，发现掘进工作面接近各种采矿安全边界，例如积水区、发火区、瓦斯突出区、采空区、巷道贯通相遇点及重要采矿技术边界等，应立即以书面形式向矿领导和技术负责人报告，同时书面通知安全检查、施工区等有关部门，避免发生事故。

每当巷道掘进300~800m时，就应布设基本控制导线，并根据基本控制导线成果展绘基本矿图。这样做，不仅可以起检核作用，而且能保证矿图精度，提高巷道施工的质量。

在矿山建设中，当井田一翼长超过5km时，应布设7″导线作为基本控制，布设30″或45″导线作为采区控制；当井田一翼小于5km时，根据矿区井田范围大小等具体条件，可以选择7″或15″导线作为基本控制，布设30″或45″导线作为采区控制；当井田一翼长度小于1km的小型矿，则可布设30″或45″导线作为基本控制，相应的采区控制等级更低。由此可见，井下巷道平面控制测量的等级是根据井田范围的大小来决定的。不仅如此，井下巷道测量精度还必须与工程要求相符。例如上述导线不能满足工程要求时，应另行选择更高的导线等级，这样才能保证井下巷道的正确施工，避免不必要的返工浪费。井下导线测量的技术规格和精度要求参见表9-1。

表 9-1 井下导线测量技术规格和精度要求

导线类别	测角中误差/(")	一般边长/m	最大角度闭合差/(")		最大相对闭合差	
			闭(附)合导线	复测支导线	闭(附)合导线	复测支导线
基本控制	±7	40~140	±14$\sqrt{n}$	±14$\sqrt{n_1+n_2}$	1/8000	1/6000
	±15	30~90	±30$\sqrt{n}$	±30$\sqrt{n_1+n_2}$	1/6000	1/4000
采区控制	±30	—	±$\sqrt{n}$	±60$\sqrt{n_1+n_2}$	1/3000	1/2000
	±45	—	±$\sqrt{n}$	±90$\sqrt{n_1+n_2}$	1/2000	1/1500

9.1.2 巷道平面测量的外业

井下巷道平面控制测量的主要形式是经纬仪导线，井下经纬仪导线的布设形式和地面一样，有闭合导线、附合导线和支导线三种。当布设支导线时，应进行往返测量，也称复测支导线。

9.1.2.1 井下导线测量外业

井下导线测量的外业步骤与地面导线一样，包括选点、埋点、测角、量距，其基本原理与地面经纬仪导线相同。

A 选点埋点

选点时应注意通视良好，边长不宜太短，便于安置仪器，测点易于保存、便于寻找（通常设在坚硬岩石的顶板上，巷道分岔必须设点）。

根据巷道存在时间的长短，井下导线点又分为永久点和临时点两种，如图 9-1 与图 9-2 所示。在木棚梁架的巷道中，可用弯铁钉钉入棚子，作为临时测点。永久点一般埋设在主要巷道的顶板上，每隔 300~800m 设置一组，每组由相邻的 3 点组成。有条件时，也可以在主要巷道中全部埋设永久点。永久点应在观测前一天选埋好，临时点可以边选边测。

为了便于管理和使用，导线点应按一定规则进行编号，例如"Ⅲ S25"，表示三水平南翼 25 号导线点。为了便于寻找，在测点附件巷道帮上筑设水泥牌，将编号用油漆写在牌子上，或刻印在水泥牌子上，涂上油漆，做到清晰、醒目，便于寻找。

B 水平角测量

经纬仪安置方法与地面测量相同，由于导线点设在顶板上，仪器安置在导线点之下，故要求仪器有镜上中心，以便进行点下对中。对中时望远镜必须处于水平位置，风速较大时，要采取挡风措施；如果边长较短（例如小于 30m），为了提高测角精度，应按导线测量的规定要求增加对中次数和测回数。我国上海第三光学仪器厂生产的一种垂球，其垂球长度可以伸缩，点下对中十分方便。杭州光学仪器厂生产的一种光学对中器可以装置在脚架上或望远镜的镜筒上方，用于点下对中，不仅对中精度高，而且能提高工作效率。

观测水平角时，在前后视点上悬挂垂球，以垂球线作为觇标，如果需要测量倾角，还要在垂球线上作临时标志（如插小铁钉）。矿灯上蒙一层透明纸，在垂线后面照明，以便观测。在整个测角过程中，用"灯语"进行指挥。测角方法可采用测回法观测导线的左角，当方向数超过两个以上时应采用方向观测法测角。在测量水平角时，为了将导线边的倾斜距离换算成水平距离（见图 9-3），还应同时观测导线边的倾斜角。当各项限差符合表 9-2 中的规定时，方可迁往下一个测站。

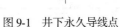

图 9-1 井下永久导线点

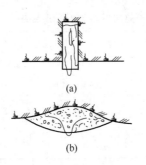

图 9-2 井下临时导线点
(a) 侧视图；(b) 主视图

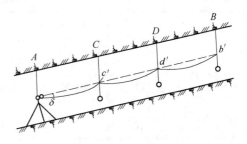

图 9-3 井下水平角测量

表 9-2 井下水平角测量的技术要求   ($''$)

仪 器 级 别	半测回互差	检查角与最终角之差	两测回间互差	两次对中测回间互差
J_2	20	—	12	30
J_6	40	40	30	60

C 边长丈量

在井下导线测量中，边长丈量通常在测角之后进行。量边工具有钢尺、拉力计和温度计。量边方法有悬空丈量和沿底板丈量两种。基本控制导线的边长必须用经过比长的钢尺丈量，同时用拉力计对钢尺施以比长时的拉力，并测定温度。丈量时，每尺段应于不同的位置读数 3 次，读至毫米，3 次测得长度互差不得超过 3mm。计算一条边的正确长度应加入比长、温度、垂曲及倾斜改正数。当加入各种改正数之后的往返水平边长互差不大于平均长度的 1/6000 时，取其平均值作为最后结果。丈量采区控制导线的边长可凭经验施加拉力，不测温度，但必须往返丈量或错动钢尺位置 1m 以上丈量两次，其互差不大于边长的 1/2000 时，取其平均值作为最后结果，否则重新丈量。

当边长超过一尺段时，可用经纬仪进行定线。如图 9-3 所示，经纬仪设置在 A 点，望远镜照准 B 点垂球线上的标志 b'，将望远镜制动，在略小于钢尺一整尺段的距离处设置临时点 C、D，挂上垂球线，A、C、D、B 在一条直线上。然后，在 C、D 垂球线上设置标志 c'、d'，使 c'、d'、b' 与望远镜里的十字丝交点重合，定线便完成了。此后即逐段丈量，最后累加得到总的倾斜长度。测出倾角 δ 后，按下式计算边长水平长度，即：

$$S = L\cos\delta$$

式中 S——水平长度；

   L——倾斜长度；

   δ——倾斜角。

在测量采区导线时，需要 4 人一组，1 人观测，1 人记录，前后视司光员各 1 人；测量基本控制导线时，需要增加 1 人帮助量距、定线等工作。全组应合理分工、密切配合，共同完成外业工作。

在巷道测量中，工作环境黑暗、潮湿、狭窄，来往行人、车辆较多，巷道内又有各种管线障碍。所以，无论测角或量边，都必须注意安全，爱护仪器工具。经纬仪导线测量的外业记录见表 9-3。

表 9-3 井下经纬仪导线测量手簿

测量地点：　　　　　仪器号：　　　　　测量者：　　　　　前视：

测量日期：　　　　　钢尺号：　　　　　记录者：　　　　　后视：

测站点	照准点	水平度盘读数			竖直度盘读数		倾斜长度 L /m	水平长度 S /m	觇标高 上左+右下	仪器高 i /m
		盘左	盘右	左+右 2	左 右	倾角 δ				
1	3	0°46′00″	180°45′54″	45′57″	89°46′54″ 270°13′18″	+0°13′12″	24.633	24.633	1.050 1.3+1.4 1.890	0.880
	2	31°05′36″	211°04′54″	05′15°	89°45′30″ 270°14′34″	+0°14′32″	59.046	59.048		
水平角		30°19′36″	30°19′00″	19′18″			往返 平均值	59.044		
2	1	0°01′30″	180°54′23″	01′00″	90°28′54″ 261°31′00″	-0°28′57″	59.041	59.039	1.210 1.5+0.8 1.720	1.42
	3	179°54′06″	359°53′24″	53′45″	90°31′30″ 269°29′00″	-0°31′15″	20.830	20.829		
水平角		179°52′36″	179°52′45″	52′45″						

应当指出的是，目前国内外有的矿井采用陀螺仪配合电磁波测距仪布设井下高级控制点导线，虽然精度高、速度快，但成本也高，而且受井下环境的影响，要求仪器防爆，故目前尚未推广使用，仅用于测量控制导线的加测边和方位，以提高控制导线的精度。

9.1.2.2 碎部测量

为了将巷道、硐室、采矿工作面的水平投影轮廓展绘在矿图上，应在平面控制测量的基础上，进行碎部测量。

在测角过程中，前视司光者应用小钢尺量出前视照准点到测点的铅直距离，称为量上高；量出照准点到底板的铅直距离，称为量下高；量出照准点至巷道左右帮的距离，称为左量和右量，丈量结果记入手簿（见表 9-3），以便计算导线点的高程和展绘矿图。

测量巷道、硐室和采矿工作面的碎部，可以用支距法还是极坐标法进行。无论用支距法还是极坐标法，都必须用经纬仪导线或罗盘仪导线作为控制。

支距法多用在巷道与工作面碎部测量中，如图 9-4 所示，以导线边为基准线，量取巷道或工作面的特征点至导线边的垂距 b，并量出其垂足至测点的距离 a，然后绘制草图。

极坐标法多用在硐室碎部测量中。如图 9-5 所示，导线测至硐室，在导线点上用仪器测出测点到各特征点方向线与导线边之间的夹角，并丈量出仪器到特征点的水平距离，同时绘出草图，根据所测数据展绘矿图。

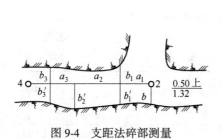

图 9-4　支距法碎部测量　　　　　　　　　图 9-5　极坐标法碎部测量

9.1.3　巷道平面测量的内业

井下导线测量的内业计算与地面导线相同。为了防止发生错误，计算工作分别由两人独立进行，计算格式和实例见表 9-4。计算完毕应较对结果，各项要求符合表 9-1 的规定时，即可展绘矿图。

表 9-4　经纬仪导线成果计算

仪器站	测点	平距 S /m	水平角	方位角	坐标增量/m		坐标/m		站点号	备注
				象限角	$\pm\Delta x$	$\pm\Delta y$	$\pm x$	$\pm y$		
1	8			289°05′04″					1	
							-372.868	-3069.720		
1	8		+2	319°24′24″	-5	-2			2	
	2	59.044	30°19′18″	40°35′36″	+44.835	-38.419	-328.038	-3108.147		
2	1			319°17′12″	-2	-1			3	
	3	20.830	+3	40°42′43″	+15.789	-13.587	-312.251	-3121.735		
			179°52′45″							
3	2		+2	165°32′50″	-3	-1			4	
	4	36.324	26°15′36″	14°27′10″	-35.174	+9.056	-347.428	-3112.670		
4	3			183°39′40″	-2	-1			5	$f_S=\pm\sqrt{f_x^2+f_y^2}$
	5	24.226	+2	3°39′40″	-24.177	-1.547	-371.607	-3114.218		$=\pm\sqrt{0.000353}$
			198°05′48″							$=\pm0.019$
5	4			180°54′51″	-1	0			6	$K=\dfrac{f_S}{\sum S}=\dfrac{0.019}{219.901}$
	6	17.782	+2	0°54′51″	-17.780	-0.284	-389.388	-3114.502		$=\dfrac{1}{11574}$
			177°15′09″							
6	5		+3	11°48′06″	-1	-1			7	
	7	17.851	10°53′12″	11°48′06″	+17.474	+3.651	-371.915	-3110.825		
7	6			68°17′51″	-1	-1			8	
	8	19.212	+3	68°17′51″	+7.104	+17.805	-364.812	-3093.003		
			236°29′42″							
8	7			109°05′04″	-2	-1			1	
	1	24.032	+3	70°54′56″	-8.054	+23.278	-372.868	-3069.726		
			220°47′10″							
合计		219.901	1079°59′40″		+85.202 -85.185	+53.345 -53.837				

展绘矿图（又称填绘矿图）是在绘有坐标方格网的图纸上进行的。根据计算的导线点坐标、碎部测量的记录和草图，将巷道、硐室和工作面的位置轮廓展绘出来，并在点的旁边注上点号和高程。

9.2 巷道高程测量

9.2.1 概述

为了检查和标定巷道的坡度，确定巷道及矿体在竖直面上的投影位置，以及绘制各种竖直面投影图与纵剖面图，必须进行巷道高程测量。如井下巷道竖直面投影图（见图9-6）即是根据巷道的高程绘制的。

巷道高程测量通常分为井下水准测量和井下三角高程测量。当巷道的坡度小于8°时，用水准测量；坡度大于8°时，用三角高程测量。

巷道水准测量按精度不同，可分为Ⅰ级水准和Ⅱ级水准两级。

井下Ⅰ级水准测量的精度要求较高，是矿井高程测量的基础，主要作为井下首级高程控制。井下Ⅰ级水准由井底车场的水准基点开始，沿主要运输巷道向井田边界测设；井底车场内的水准基点称为高程起算点，它的高程是通过联系测量得到的。

井下Ⅱ级水准均布设在Ⅰ级水准点之间和采区的次要巷道内。Ⅱ级水准的精度低，主要用于日常采掘工程中。例如检查巷道的掘进坡度，以及测绘各种纵剖面图等；对于井田一翼小于500m的矿井，Ⅱ级水准可以作为首级高程控制。

井下高程点的设置方法与导线点相同，无论永久点或临时点，都可以设在巷道顶板、底板或两帮上。井下高程点也可以和导线点共用，永久水准点每隔300~800m 设置一组，每组埋设 2 个以上水准点，两点间距以 30~80m 为宜。

井下水准路线随着巷道掘进不断扩展，一般用Ⅱ级水准测量指示巷道掘进坡度，每掘进30~50m时，应设临时水准点，测量出掘进工作面的高程；每掘进 800m 时，则应布设Ⅰ级水准，用以检查Ⅱ级水准，同时建立一组永久水准点，作为继续进行高程测量的基础，如此不断扩展，形成井下高程控制网。

9.2.2 井下水准测量

井下水准测量路线的布设形式、施测方法、内业计算及仪器、工具等，均与地面水准测量相同。只是井下工作条件较差，观测时需要灯光照明尺子，水准尺较短，通常是 2m 长的水准尺。井下水准测量的测站检核和地面一样，用双仪高法或双面尺法进行。变动两次仪高或红黑面尺所测得的两次高差之差，对于 Ⅰ 级水准测量不应超过4mm，对于Ⅱ级水准测量不应超过5mm；闭、附合及支水准路线的高差闭合差：Ⅰ级水准不超过$\pm15\sqrt{R}$mm，Ⅱ级水准不超过$\pm30\sqrt{R}$mm，R 为水准路线单程长度，以百米为单位。

井下水准测量原理与地面基本相同，但由于井下水准点大多数埋设在顶板上，观测时要倒立水准尺，所以，计算立尺点之间的高差可能出现如图9-7所示的四种情况，现分别说明如下：

（1）前后视立尺点都在底板上，如测站（1），有

$$h_1 = a_1 - b_1$$

（2）后视立尺点在底板上，前视立尺点在顶板上，如测站（2），有

$$h_2 = a_2 - (-b_2) = a_2 + b_2$$

（3）前后视立尺点都在顶板上，如测站（3），有

$$h_3 = (-a_3) - (-b_3) = -a_3 + b_3$$

（4）后视立尺点在顶板上，前视立尺点在底板上，如测站（4），有

$$h_4 = (-a_4) - b_4 = -a_4 - b_4$$

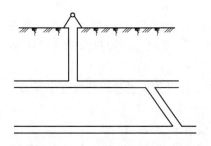

图 9-6　井下巷道竖直面投影图

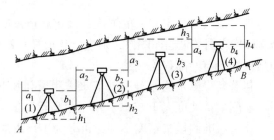

图 9-7　井下水准测量四种形式

在上述四种情况中，不难看出，凡水准尺倒立于顶板时，只要在读数前冠以负号，计算两点间的高差，仍然和地面一样，等于后视读数减去前视读数，即 $h = a - b$。因此，当水准尺倒立在顶板上时，立尺员应将此种情况告诉记录员，使之在记录簿上注记清楚。用符号"⊤"表示立尺点位于顶板上，符号"⊥"表示立尺点位于底板上，"⊣"或"⊦"符号表示立尺点位于左右帮上。外业工作完成之后，即可进行内业计算，其计算方法与地面水准测量相同。井下水准测量的外业记录格式和实例见表 9-5。

表 9-5　井下水准测量记录表

工作地点：　　　　　　　　观测者：　　　　　　　　　　　　检查者：

日　　期：　　　　　　　　记录者：　　　　　　　　　　　　仪器号：

仪器站	测站	距离/m	水准尺读数/m			高差 h/m	平均高差 h/m	高程 H/m	测点位置	转点号	备注
			后视	前视							
				转点	中间点						
1	A		0.936			+2.420		-67.664	⊥	A	
			0.814			+2.418	+2.419				
2	B		-1.580	-1.485				-65.245	⊤	B	
			-1.691	-1.604							
	C			-1.588		+0.008		-65.237	⊤	C	
				-1.696		+0.005	+0.006				

9.2.3　井下三角高程测量

井下三角高程测量由水准点开始，沿倾斜巷道进行。它的作用是把矿井各水平的高程联系起来，即通过倾斜或急倾斜巷道传递高程，测出巷道中导线点或水准点的高程。

井下三角高程测量通常与导线测量同时进行。如图9-8所示，安置经纬仪于A点，照准B点垂球上的标志，测出倾角δ，并丈量测站点A的仪器中心至B点标志的倾斜距离L，量出仪器高i和觇标高v；然后按地面三角高程测量公式计算两点之间的高差，即：

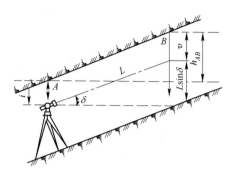

图9-8　井下三角高程测量

$$h_{AB} = L\sin\delta + i - v$$

由于井下测点有时设在顶板或底板上，因此，在计算高差时，也会出现和井下水准测量相同的四种情况。所以在使用上式时应注意：测点在顶板上时，i和v的数值之前应冠以负号，δ为仰角时函数值符号为正，俯角时为负。如图9-8中，$h_{AB} = L\sin\delta - i + v$。

三角高程测量的倾角观测，一般可用一个测回，通过上山传递高程应不少于两个测回，仪器高和觇标高用小钢尺在观测开始前和结束后各量一次，两次丈量的互差不得大于4mm，取其平均值作为丈量结果。基本控制导线的三角高程测量应往返进行，相邻两点往返测高差的互差和三角高程闭合差不超过表9-6的规定时，按边长成比例进行分配，然后算出各点高程。

表9-6　三角高程测量技术要求

导线类别	相邻两点往返测高差的允许互差 /mm	三角高程允许闭合差 /mm
基本控制	$10 + 0.3 l$	$30\sqrt{L}$
采区控制		$80\sqrt{L}$

注：表中l为导线水平边长，以米为单位；L为导线周长（复测支导线为两次测量导线的总长度），以百米为单位。

 复习思考题

9-1　井下经纬仪导线的布设形式有哪几种，井下导线测量的外业步骤有哪些？

9-2　井下水准测量与地面水准测量有何异同，井下碎部测量与地面的地形图测绘有何异同？

9-3　用罗盘仪和半圆仪测绘次要巷道时要注意些什么？

10 巷道施工测量

在井巷开拓和采矿工程设计时，对巷道的起点、终点、方向、坡度、断面规格等几何要素，都有明确的规定和要求。巷道施工时的测量工作，就是根据设计要求，将其标定在实地上，其中最主要的测量工作就是给出巷道的中线和腰线。

中线是巷道在水平内的方向线。通常标设在巷道的顶板上，用于指示巷道的掘进方向。巷道腰线是巷道在竖直面内的方向线，标设在巷道帮上，用于控制巷道掘进时的坡度。每个矿的腰线一般高于轨面设计高程，为一个定值，例如 1m 或 1.5m。

巷道施工测量是生产矿井的日常测量工作。它是在井下平面控制测量和高程控制测量的基础上进行的，而且直接与生产发生联系。所以在施工测量之前，应该认真、仔细审阅和检查设计图纸，了解巷道的性质和用途，弄清新老巷道的几何关系，检查设计的角度和距离是否满足这些几何条件，检查图纸中的尺寸和标注的数字是否相符合，以及设计巷道周围的地质条件，水、火、瓦斯、采空区等情况。然后根据巷道的用途和情况，决定测量的方法和精度要求。必要时，应该用解析法或图解检查设计要素，然后才能到现场进行标定。在巷道掘进过程中，应及时给出中线、腰线，随时进行检查并填绘矿图。

巷道施工测量直接关系着采矿工程的质量和数量，关系到施工人员及矿井的安全，矿山测量人员必须认真、及时、细心地配合施工部门进行工作。

10.1　直线巷道中线的标定

标定巷道中线就是给定巷道平面内的掘进方向，简称给中线。

10.1.1　标定巷道开切地点和掘进方向

标定巷道开切地点和掘进方向的工作习惯上称为开门子。如图 10-1 所示，虚线表示设计的掘进巷道，AB 为巷道的中线；4、5 为原有巷道的导线点。如果设计部门提供的设计图纸上没有标出导线点，测量人员要根据导线点的坐标将点展在图上。在图上可量出 4 点到 A 点的距离 l_1 和 5 点到 A 点的距离 l_2，$l_1 + l_2$ 应等于4—5 导线边长。同时量出 4—5 与 AB 间的夹角 β，习惯称 β 为指向角。

井下实地测设 A 点和 AB 方向可以采用经纬仪法、罗盘法和卷尺法三种。

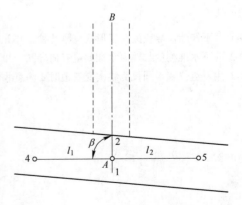

图 10-1　巷道开切点的测设

10.1.1.1　经纬仪法

标定时，在 4 点安置经纬仪照准 5 点，沿此方向由 4 点量取一段距离 l_1 即得到开切点 A。将 A 点在顶板上固定后再量 A 点到 5 点的距离 l_2 作为检核。

然后将经纬仪安置在 A 点，后视 4 点，对零后用正镜拨 β 角，这时望远镜视线的方向就是巷道掘进的方向。在此方向上在顶板固定一点 2，倒转望远镜在其延长线上再固定一点 1，由 1、A、2 三点组成一组中线点，即可指示巷道开切的方向。有时为了明显，还可用油漆画出 3 点的连线。经纬仪在标定后应实测 β 角，以资检核。

10.1.1.2　罗盘法

在测设之前，在地面上先求出设计巷道 AB 的坐标方位角，并加磁偏角改正，求出其磁方位角 $A_{AB}=\alpha_{AB}\pm\Delta$。

测设时用卷尺沿 4—5 方向量距离 l_1 得 A 点（见图 10-1），同时量 l_2 作检核。在顶板固定 A 点后，拉上线绳，用挂罗盘（有时也用地质罗盘）根据 AB 的磁方位角给出巷道掘进的方向，在巷道顶板上固定一组中线点或用油漆标出掘进的方向。

10.1.1.3　卷尺法

在定出开切点之后，可利用三角原理，用小钢尺或布卷尺量距的方法标定巷道掘进的方向，如图 10-2（a）所示。设 $A2P$ 为等腰三角形，腰长为 l，其顶角为 β，则所对边长 a 为：

$$\alpha = 2l\sin\frac{\beta}{2} \tag{10-1}$$

设 l 为定长，按指向角 β 角能求出相应的 a 边长度。

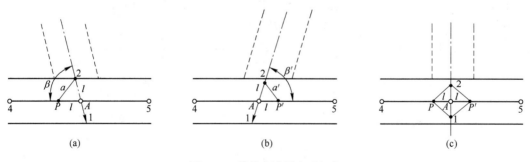

图 10-2　其他方法标定开切点

下井实地标设前，应根据指向角 β，按一定的 l 长算出 a 值。例如令 $l=2\text{m}$，当 $\beta=77°$ 时，$a=2.490\text{m}$。

实地标设时，沿 A—4 方向量 l 长得 P 点，再从 A 点和 P 点以 l 和 a 的长度用线交会法交出 2 点，并在 2—A 延长线上标出 1 点，1、A、2 三点的连线方向即为开切的方向。

当指向角大于 90°时，如图 10-2（b）所示，一般用指向角的补角 β' 计算其对应的长度 a'。标定方法同上。

当指向角 $\beta = 90°$ 时，如图 10-2（c）所示，可在 A—4 与 A—5 方向线上以等长距离 l 定出 P、P' 点。再以此两点为圆心，以等长的半径用线交会法交出 1 和 2 点。1、A、2 三点应在同一直线上，其所指方向即为开切的方向。

在主要大巷开掘时一般采用经纬仪法，次要巷道可用卷尺法和罗盘法。但在金属支架的巷道中应避免用罗盘法。有些矿井在主要巷道开掘时也采用卷尺法和罗盘法，等掘进 5~6m 后再用经纬仪标定。在巷道开掘的 5~6m 范围内，采用罗盘法或卷尺法，只要认真操作，是可以满足施工精度要求的。

10.1.2 巷道中线的标定

巷道开掘之后，最初标设的中线点一般容易被放炮等其他原因破坏或变位。当新开直线巷道掘进了 5~8m 以后，应重新精确标定出一组中线点。一般用经纬仪、钢尺等工具进行，标定步骤如下所述。

10.1.2.1 标定前的检核

首先检查开切点 A 是否还保存或是否变位，标定或检查时要在 4 点重新安置仪器和丈量距离。然后与原标定角值和边长进行比较，如果不符值超过容许范围，则说明原标定的点有变动或原标定点有误，应重新按原标定数据进行标定。

10.1.2.2 用解析法确定标定数据

（1）标定前，应熟悉设计图纸，检查实践内容，核对设计数据。当确认无误后，即可根据原有巷道内的邻近导线点及标定巷道的中线点坐标，计算标定数据。根据设计巷道中线的坐标方位角 α_{AB}（或点的坐标）与原巷道中 4—5 边的坐标方位角 α_{45}（或坐标），计算出水平夹角 β，如图 10-3 所示。标定数据按下式计算：

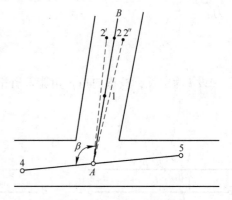

图 10-3　巷道中线的标定

$$\alpha_{A4} = \arctan \frac{y_4 - y_A}{x_4 - x_A}$$

$$\alpha_{AB} = \arctan \frac{y_B - y_A}{x_B - x_A}$$

于是　　　　　　　　　　　　$\beta_A = \alpha_{AB} - \alpha_{A4}$　　　　　　　　　　（10-2）

（2）根据设计巷道的起点坐标 x_A、y_A 与 4、5 点的坐标，用坐标反算公式分别计算出边长 S_{4A}、S_{AB}。即：

$$S_{4A} = \sqrt{(x_A - x_4)^2 + (y_A - y_4)^2}$$　　　　　　　（10-3）

$$S_{AB} = \sqrt{(x_B - x_A)^2 + (y_B - y_A)^2}$$　　　　　　　（10-4）

10.1.2.3 现场标定

（1）在 4 点安置经纬仪，瞄准 5 点，使望远镜置于水平位置，用钢尺量出 S_{4A}，定出

A 点，并丈量 S_{AB}，作为检核。

（2）在 A 点安置经纬仪，用正、倒镜给出 β 角。这时由于测量误差影响，正镜给出的 $2'$ 点和倒镜给出的 $2''$ 点往往不重合。取 $2'$ 和 $2''$ 连线的中点 2 作为中线点，如图 10-3 所示。

（3）用测回法重新检测 β 角，以避免发生错误。

（4）瞄准 2 点，在 A—2 方向上再设一点 1，得到 A、1、2 三点，即一组中线点，以此作为巷道掘进方向。

（5）用测绳连接 A、1、2 三点，用油漆或灰浆在顶板上画出中线。

10.1.3 巷道中线的延长与使用

在巷道掘进过程中，每掘进 30~40m，就要设一组中线点。为了保证巷道的掘进质量，测量人员应不断把中线向掘进工作面延长。目前，在巷道掘进过程中，通常采用瞄线法和拉线法延长中线。

10.1.3.1 瞄线法

如图 10-4 所示，在中线点 1、2、3 上挂垂球线，一人站在垂球线 1 的后面，用矿灯照亮 3 根垂球线，并在中线延长线上设置新的中线点 4，系上垂球，沿 1、2、3、4 方向用眼睛瞄视，反复检查，使 4 根垂球线重合，即可定出 4 点。

施工人员需要知道中线在掘进工作面上的具体位置时，可以在工作面上移动矿灯（见图10-4），用眼睛瞄视，当 4 根垂球线重合时矿灯的位置就是中线在掘进工作面上的位置。

10.1.3.2 拉线法

如图 10-5 所示，将测绳的一端系于 1 点上，另一端拉向工作面，使测绳与 2、3 点的垂球线刚好挨在一起；沿此方向在顶板上设置新的中线点 4，只要使其垂球线也与测绳相切即可。这时测绳一端在工作面的位置即为巷道中线位置。

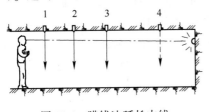

图 10-4　瞄线法延长中线

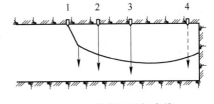

图 10-5　拉线法延长中线

10.1.4 巷道边线的标定

在大断面、双轨巷道及倾斜巷道的掘进过程中，有时用边线方向来代替中线指向。标定巷道的边线就是靠近巷道一帮标定巷道在水平面内的方向线。边线距帮不能太近，一般为 30cm 左右。用边线给向易于发现巷道掘偏的现象，如果在斜巷中，把边线设在人行道顶板上，还可以防止由于矸石下滑引起的人身安全事故。

巷道边线的标定方法如图 10-6 所示，图中的 A 点为巷道中线点，在巷道设计图上取一定的距离 a 平行中线绘出边线，定出边线起点 B；然后根据 AB 的距离 S_{AB} 和定长 a 计算

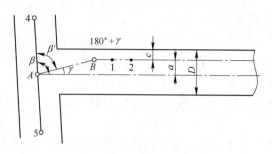

图 10-6　巷道边线的标定方法

出 B 点的指向角 β'，即：

$$\beta' = \beta - \gamma \tag{10-5}$$

$$\gamma = \arcsin \frac{a}{S_{AB}} \tag{10-6}$$

式中，β 为设计巷道中线的指向角。

　　现场标定时，先在 A 点安置经纬仪，给出水平角 β'，用钢尺丈量 S_{AB}，并标定出 B 点；再将仪器移至 B 点，后视 A 点，拨动（$180° + \gamma$）角，这时望远镜的视线方向就是边线方向，在顶板上沿着这个视线方向标定出 1、2 等边线点，并用油漆或石灰浆画出边线。

　　在掘进过程中，测量人员可根据巷道宽度 D 按 $C = \dfrac{D}{2} - a$ 计算出边线离帮的距离 C，如图10-6所示，并随时通知施工人员，以便控制巷道方向。

10.2　曲线巷道中线的标定

　　井下巷道的转弯部分或巷道分岔处，一般都用曲线连接。曲线巷道的起点、终点、曲线半径 R 和圆心角 θ 均在设计中给定。曲线巷道的中心线是弯曲的，而且井下曲线部分都是圆曲线，其半径根据矿车行驶速度及矿车轴距等因素决定，一般在 10～25m。因其中线是弯曲的，无法像直线巷道那样直接标定出来，因而只能在小范围内以直代曲，即用分段的弦线来代替分段的圆弧线，用内接多边形来代替整个圆曲线，并实地标定出这些弦线来指示巷道的掘进方向。所以，曲线巷道中线的标定应先计算标定数据，然后到井下进行标定。

10.2.1　计算标定数据

　　如图 10-7 所示，A 为曲线巷道的起点，B 为终点，半径为 R，圆心角为 θ。现用 n 段相等的弦线来代替圆弧中心线。从平面几何知道，圆弧分的段数越多，折线越接近曲线，但测量工作量也越大；反之，弦越少，弦线就与弧线相差越大。除此之外，弦线长短还与曲线半径、圆心角及巷道的宽度、车速、车长有关。设计弦线长度时应特别注意保证通视。

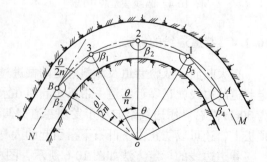

图 10-7　圆曲线的测设

一般来说，当曲线巷道的圆心角在45°~90°时，分2~3段弦；当曲线巷道的圆心角在90°~180°时，分4~6段弦。若将图10-7中的圆弧中心线分成 n 等分，弦长用 l 表示，则从图可知：

$$l = 2R\sin\frac{\theta}{2n} \tag{10-7}$$

从图上还可以看出，起点和终点的转角为：

$$\beta_A = \beta_B = 180° - \frac{\theta}{2n} \tag{10-8}$$

中间各转折点处的转角为：

$$\beta_1 = \beta_2 = \beta_3 = \cdots = 180° - \frac{\theta}{n} \tag{10-9}$$

上述 β 角是由 A 向 B 标定的左转折角。如果从 A 向 B 标定右转折角时，那么式（10-8）与式（10-9）中的减号应变加号。

例 10-1 设中心角 $\theta = 90°$，$R = 120m$，若三等分中心角，即 $n = 3$，则每弦所对中心角为：

$$\frac{\theta}{n} = \frac{90°}{3} = 30°$$

弦长为：

$$l = 2R\sin\frac{\theta}{2n} = 2 \times 12\sin15° = 6.212m$$

转角为：

$$\beta_A = \beta_B = 180° - \frac{\theta}{2n} = 180° - 15° = 165°$$

$$\beta_1 = \beta_2 = 180° - \frac{\theta}{n} = 180° - 30° = 150°$$

标定曲线巷道的中线，有时会遇到圆心角 θ 不便于等分的情况，例如巷道转弯时，设计图上圆心角为75°45′就不便于等分，下面举例说明这时计算标定要素的方法。

例 10-2 设曲线巷道的圆心角 $\theta = 75°45′$，$R = 12m$，将圆心角分为30°、30°、15°45′三个小角（不等分圆心角），求标定数据。

解 三个小角所对的弦长分别为：

$$l_1 = l_2 = 2 \times 12 \times \sin\frac{30}{2} = 6.212m$$

$$l_2 = 2 \times 12 \times \sin\frac{15°45′}{2} = 3.310m$$

转向角分别为：

$$\beta_A = 180° - \frac{30°}{2} = 165°$$

$$\beta_1 = 180° - 30° = 150°$$

$$\beta_2 = 180° - \left(\frac{30°}{2} + \frac{15°45'}{2}\right) = 157°07'30''$$

$$\beta_B = 180° - \frac{15°45'}{2} = 172°07'30''$$

10.2.2　井下标定

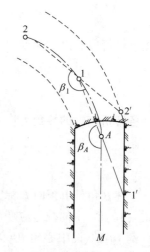

如图 10-8 所示，当巷道从直线巷道掘进到曲线巷道起点位置 A 后，先标定出该点。在 A 点安置经纬仪，后视中线点 M，转动望远镜给出 β_A 角，即得出 A—1 方向；倒转望远镜，在顶板上标出 1′ 点。用 1′—A 方向指示 A—1 段掘进方向。继续掘进到 1 点位置后，再置经纬仪于 A 点，再次给出 A—1 方向，用钢尺量取弦 l，并标出 1 点。然后将仪器安置于 1 点，后视 A 点，转 β_1 角给出 1—2 方向，再倒镜于顶板上标出 2′ 点，用 2′—1 方向指示 1—2 段的掘进。余类推，直至 B 点。然后在 B 点安置经纬仪，转 β_B 角，给出直线巷道方向。

图 10-8　曲线巷道井下标定法

10.2.3　用图解法确定边距

曲线巷道是根据弦线方向掘进的，弦线到巷道两帮的距离是变化的。为了掌握掘进巷道的弯曲程度，通常绘制曲线巷道的大样图，比例尺为 1：50 或 1：100，图上绘出巷道两帮与弦线的相对位置，然后在图上量出弦线到巷道两帮的边距。确定边距的方法有半径法与垂线法两种。

10.2.3.1　半径法

当弯道部分采用金属、水泥或木支架支护时，如图 10-9（a）所示，边距沿半径方向量取，并计算出内外帮棚腿间距 $d_内$ 和 $d_外$，使棚子按设计架在半径方向上。由图 10-10 可以看出，内外棚腿间距可由下式计算：

$$d_内 = d - \frac{dD}{2R} \tag{10-10}$$

$$d_外 = d + \frac{dD}{2R} \tag{10-11}$$

式中　d——设计的棚间距；

　　　D——巷道净宽；

　　　R——曲线巷道设计半径。

10.2.3.2　垂线法

当弯道部分砌碹时，采用垂线法绘制边距大样图，如图 10-9（b）所示。绘制方法是沿弦线每隔 1m 作弦的垂线，然后从图上量取弦线到巷道两帮的边距，并将数值注在图上，以便施工。

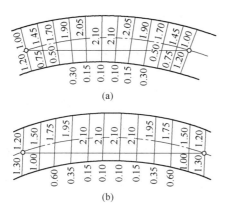

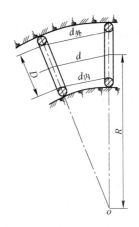

图 10-9 图解法确定曲线巷道边距（单位：m） 图 10-10 棚腿间距的计算

10.3 巷道腰线的标定

巷道的坡度和倾角是用腰线来控制的。标定巷道腰线的测点称为腰线点，腰线点成组设置，每 3 个为一组，点间距不得少于 2m。腰线点离掘进工作面的距离不得超过 30 ~ 40m，标定在巷道的一帮或两帮上，若干个腰线点连成的直线即为巷道的坡度线，又称腰线，用于指示掘进巷道在竖直面内的方向。

根据巷道的性质和用途不同，腰线的标定可采用不同的仪器和方法。次要巷道一般用半圆仪标定腰线；倾角小于 8° 的主要巷道，用水准仪或连通管标定腰线；倾角大于 8° 的主要巷道则用经纬仪标定腰线。对于新开巷道，开口子时可以用半圆仪标定腰线，但巷道掘进 4 ~ 8m 后，应按上述要求用相应的仪器重新标定。各种标定方法分述如下。

10.3.1 用半圆仪标定腰线

10.3.1.1 用半圆仪标定倾斜巷道腰线

如图 10-11 所示，1 点为新开斜巷的起点，称为坡点。1 点的高程 H_1 由设计给出，H_A 为已知点 A 的高程，从图可知：

$$H_A - H_1 = h_{Aa} \tag{10-12}$$

在 A 点悬挂垂球，自 A 点向下量 h_{Aa}，得到 a 点，过 a 点拉一条水平线 11′，使 1 点位于新开巷道的一帮上，挂上半圆仪，此时半圆仪上读数应为 0°。将 1 点固定在巷道帮上，系上测绳，沿巷道同侧拉向掘进方向，在帮上选定一点 2，拉直测绳，悬挂半圆仪，上下移动测绳，使半圆仪的读数等于巷道的设计倾角 δ，此时固定 2 点，连接 1、2 点，用灰浆或油漆在巷道帮上画出腰线。

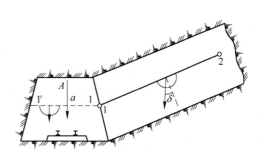

图 10-11 半圆仪标定倾斜巷道腰线

10.3.1.2　用半圆仪标定水平巷道的腰线

在倾角小于 8°的次要巷道中，可以用半圆仪标定腰线，如图 10-12 所示。1 点为已有腰线点，2 点为将要标定的腰线点。首先将测绳的一端系于 1 点上，靠近巷道同一帮壁拉直测绳，悬挂半圆仪，另一端上下移动，当半圆仪读数为 0°时得 2′点。此时，1—2′间测绳处于水平位置。用皮尺丈量 1 点

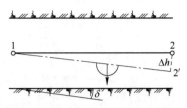

图 10-12　半圆仪标定水平巷道腰线

至 2′点的平距 S_{12}，再根据巷道设计坡度 i，算出腰线点 2 与 2′点的高差 Δh。Δh 用式（10-13）计算：

$$\Delta h = i \times S_{12'} \tag{10-13}$$

求得 Δh 之后，用小钢卷尺由 2′点垂直向上量取 Δh 值，便得到腰线点 2 的位置。连接 1、2 两点，用灰浆或油漆在巷道帮壁上画出腰线。应当指出的是，如果巷道的坡度为负值，则应由 2′点垂直向下量取 Δh 值。

10.3.2　用水准仪标定腰线

倾角小于 8°的主要巷道，一般用水准仪标定腰线。水准仪的作用是给出一条水平视线。

在图 10-13 中，设 A 为已有腰线点，巷道设计坡度为 i，要求标定出巷道同一帮壁上的腰线点 B，标定步骤如下。

（1）将水准仪安置在 A、B 之间的适当位置，后视 A 处巷道帮壁，画一水平记号 A′。并量取 A′A 的铅垂距离 a。

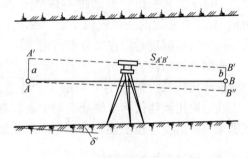

图 10-13　水准仪标定腰线

（2）前视 B 处巷道，在帮壁画一水平记号 B′。这时，A′B′为水平线，用尺子量出 A′B′的水平距离。按式（10-14）计算 A、B 两点间的高差：

$$\Delta h_{AB} = iS_{A'B'} \tag{10-14}$$

（3）从 B′铅直向下测量 a 值，得到一条与 A′B′平行的水平线 AB″，如图 10-13 所示。然后从 B″向上测量出 Δh_{AB}，得到新设腰线点 B。A 和 B 的连线即为腰线，并用油漆或灰浆画出。

另外，可按 $b = a - \Delta h_{AB}$ 计算出 b 值，从 B′点向下测量出 b 值，得到新设腰线点 B。

在第三步骤中，若坡度 i 为负值，则应从 B″点向下测量出 Δh_{AB}。

用水准仪给腰线虽然很简单，但容易出错误。放线时，要特别注意前后视点上应该向上测量或向下测量的值。

10.3.3　利用经纬仪标定腰线

在主要倾斜巷道中，通常采用经纬仪标定腰线，其方法较多，这里只介绍 3 种。

10.3.3.1　利用中线点标定腰线

图 10-14（a）所示为巷道横断面图，图 10-14（b）所示为巷道纵断面图，标定方法如下。

（1）在中线点 1 安置仪器，量取仪器高 i。

（2）使竖盘读数为巷道的设计倾角 δ，此时的望远镜视线方向与腰线平行；然后瞄准掘进方向已标定的中线点 2、3、4 的垂球线，分别作临时记号，得到 2′、3′、4′；倒镜再测一次倾角 δ 作为检查，如图 10-14（b）所示。

（3）由式（10-15）计算 K 值：

$$K = H_1 - (H'_1 + h) - i \qquad (10\text{-}15)$$

式中　H_1——1 点的高程；

　　　H'_1——1 点处轨面设计高程；

　　　i——仪器高；

　　　h——轨面到腰线点的铅垂距离。

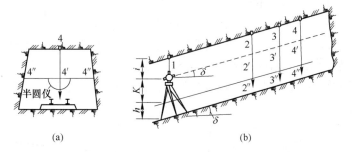

图 10-14　利用中线点标定腰线

（4）由中线点上的记号 2′、3′、4′分别向下量 K 值，得到的 2″、3″、4″即为所求的腰线点。

（5）用半圆仪分别从腰线点拉一条垂直中线的水平线到两帮上，如图 10-14（a）所示。

（6）用测绳连接帮壁上的 2″、3″、4″点，并用石灰浆或油漆沿测绳画出腰线。

10.3.3.2　用伪倾角标定腰线

从图 10-15 可知，如果 AB 为倾斜巷道中线方向，巷道的真倾角为 δ，BC 垂直于 AB，C 点在巷道左帮上，与 B 点同高，那么，水平距离 AC' 大于 AB'，则 AC 的倾角 δ'（巷道伪倾角）小于 AB 倾角 δ。δ' 可用下式计算：

$$AC'\tan\delta' = AB'\tan\delta$$

$$\tan\delta' = \frac{AB'}{AC'}\tan\delta$$

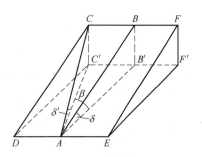

图 10-15　利用伪倾角标定腰线

$$\cos\beta = \frac{AB'}{AC'}$$

$$\tan\delta' = \cos\beta\tan\delta \qquad\qquad (10\text{-}16)$$

式中，β 角为 AB 与 AC 的水平夹角，该角用经纬仪测得；δ 为设计巷道的真倾角。

为了方便使用，将水平角、真倾角、伪倾角三者之间的关系编制成表。标定时，以水平角 β 为引数，从表中直接查得伪倾角 δ'，也可用计算的方法快速计算求得。

图 10-16（a）所示为巷道纵断面图，图 10-16（b）所示为巷道平面图。用伪倾角标定腰线的方法如下：

（1）在 B 点下安置仪器，测出 B 至中线点 A 及原腰线点 1 之间的水平夹角 β_1，如图 10-16（b）所示；

（2）根据水平角 β_1 和真倾角 δ_1，按式（10-16）计算得伪倾角 δ_1'；

（3）瞄准 1 点，固定水平度盘，上下移动望远镜，使度盘读数为 δ_1'，在巷道帮上作记号 1'，用小钢卷尺量出 1' 到腰线点 1 的铅垂距离 K，如图 10-16（a）所示；

（4）转动照准部，瞄准新设的中线点 C，然后松开照准部瞄准在巷道帮拟设置腰线点处，测出 β_2 角，如图 10-16（b）所示；

（5）根据水平角 β_2 和真倾角 δ_2，计算得伪倾角 δ_2'；

（6）望远镜照准拟设腰线处，并使度盘读数为 δ_2'，在巷道帮上作记号 2'，用小钢卷尺从 2' 向上量出距离 K，即得到新标定的腰线点 2；

（7）用测绳连接 1、2 两点，用灰浆或油漆沿测绳画出腰线。

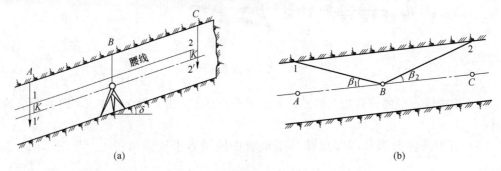

图 10-16　利用伪倾角标定腰线的具体方法

10.3.3.3　靠近巷道一帮标定腰线

将经纬仪安置在靠近巷道一帮处标定腰线时，其伪倾角 δ' 与巷道的真倾角 δ 相差很小，可以直接用真倾角标定巷道腰线。图 10-17（a）所示为标定时的巷道横断面图，图 10-17（b）所示为标定时的巷道纵断面图。标定方法如下：

（1）将仪器安置在已设腰线点 1、2、3 的后面，并靠近巷道一帮如图 10-17 所示。

（2）使竖盘读数为巷道的设计倾角 δ，然后瞄准 1、2、3 点上方，作标记 1'、2'、3'，同时，沿视线方向在掘进工作面附近巷道帮上标定 4'、5'、6' 点；

（3）用小钢卷尺分别向下量出 1'、2'、3' 点到 1、2、3 点的铅垂距离 K，如图 10-17（b）所示；

（4）用小钢卷尺分别从 4′、5′、6′点向下量出铅垂距离 K，即得 4、5、6 腰线点；

（5）以测绳连接两组腰线点，用灰浆或油漆沿测绳画出腰线。

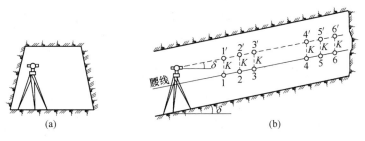

图 10-17　靠近巷道一帮标定腰线

10.3.4　平巷和斜巷连接处腰线的标定

如图 10-18 所示，平巷和斜巷连接处是巷道坡度变化的地方，腰线到这里要改变坡度。巷道底板在竖直面上的转折点 A 称为巷道变坡点。它的坐标或它与其他巷道的相互位置关系是由设计给定的。

在图 10-18 中，设平巷腰线到轨面（或底板）的距离为 a，斜巷腰线到轨面（或底板）的法线距离也保持 a，那么，在变坡点处，平巷腰线点必须抬高 Δh 才能得到斜巷腰线起坡点，或者自变坡点处向前〔见图 10-18（a）〕或向后〔见图 10-18（b）〕量取距离 Δl 得到斜巷腰线起坡点，由此标定出斜巷腰线。Δh 和 Δl 值按式（10-17）和式（10-18）计算：

$$\Delta h = \frac{a}{\cos\delta} - a = a\ (\sec\delta - 1) \tag{10-17}$$

$$\Delta l = \Delta h \cot\delta \tag{10-18}$$

例如，$a=1.0\mathrm{m}$，$\delta=30°$，则 $\Delta h=0.154\mathrm{m}$，$\Delta l=0.268\mathrm{m}$。

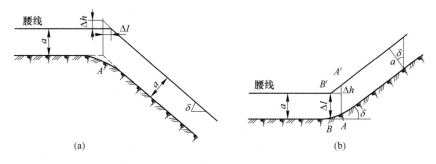

图 10-18　平巷和斜巷连接处腰线的标定

标定时，测量人员首先应在平巷的中线点上标定出 A 点的位置，然后在 A 点垂直于巷道中线的两帮上标出平巷腰线点，再从平巷腰线点向上量取 Δh（也可向前或向后量取 Δl），得到斜巷腰线起点位置。

斜巷掘进的最初 10m，可以用半圆仪在帮上按 δ 角画出腰线，主要巷道掘进到 10m 之后，就要用经纬仪从斜巷腰线起点开始，重新给出斜巷腰线。

10.4　碹岔及斜巷连接车场中线、腰线的标定

10.4.1　掘进碹岔时中线的标定

在井底车场和主要大巷中有许多交叉巷道，巷道交叉连接处称为碹岔，这里的断面是变化的，并与曲线巷道相连接。

图 10-19 所示为某矿的碹岔设计图，EN 为直线巷道，一般应先掘出。另一巷道 MB 通过弯道与直线巷道 EN 相连接。O 为道岔中心（又称岔尖），它是直线巷道轨道中心线与弯道轨道中心线的交点，O' 为道岔起点，巷道断面从起点 O' 开始变化，直到 O'' 为止，O'' 为柱墩（又称牛鼻子）处，巷道从这里开始分为两条。图 10-19 中，γ 为辙岔角；R 为圆曲线巷道的半径；a、b 分别为道岔中心到道岔起点和终点的距离；γ、R、a、b 可以在道岔型号表中查取，其他各要素尺寸见设计图。

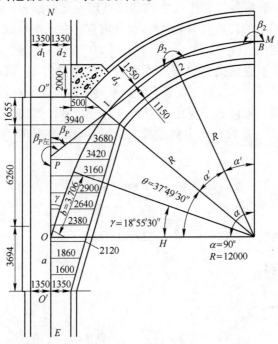

图 10-19　碹岔中线的标定（单位：mm）

现将标定碹岔中线的方法和步骤叙述如下：

（1）检查设计图上有关数据。收到设计图纸后，首先要检查图上各种数据是否齐全，所注尺寸与图上的位置和长度是否一致，然后按下列步骤验算：

1）计算曲线圆心到直线巷道轨道中心线的距离 H：

$$H = R\cos\gamma + b\sin\gamma = 12\cos18°55'30'' + 3.706\sin18°55'30'' = 12.553\text{m}$$

2）计算岔尖 O 到 O''（柱墩）所对的圆心角 θ：

因为　　　　　　　$\cos\theta = (H - d_2 - 0.5)/(R + d_3)$

故　　　　　　　　$\theta = \arccos(12.553 - 1.350 - 0.5)/(12 + 1.55) = 37°49'30''$

（2）计算标定要素。根据设计图，可以将圆曲线分段，把圆心角 α 分为 θ 角和两个 α' 角 $\left(\alpha' = \dfrac{\alpha - \theta}{2}\right)$，由于硐岔处巷道较宽，将 2—1 弦线延长，交直线巷道中线于 P 点，如图 10-19 所示。这时，只要求出 P 点转角 $\beta_{P左}$ 和直线 P—2 的长度，就可简化标定工作。

1）计算曲线 1—B 的标定要素。

$$\alpha' = \frac{\alpha - \theta}{2} = 26°05'15''$$

$$l_{12} = l_{2B} = 2R\sin\frac{\alpha'}{2} = 5.417\text{m}$$

$$\beta_2 = 180° + \alpha' = 206°05'15''$$

$$\beta_2 = 180° + \frac{\alpha'}{2} = 193°02'37''$$

2）计算硐岔处标定要素。

$$\beta_P = \theta + \frac{\alpha'}{2} = 50°52'07''$$

$$\beta_{P左} = 180° + \beta_P = 230°52'07''$$

$$l_{P1} = (d_1 + 0.5 + d_3\cos\theta)\csc\beta_P$$
$$= 3.963\text{m}$$

$$l_{PO''} = l_{P1}\cos\beta_P + d_3\sin\theta = 3.452\text{m}$$

$$l_{PO} = l_{OO''} - l_{PO''} = 4.471\text{m}$$

$$l_{PO'} = l_{PO} + l_{OO'} = 8.165\text{m}$$

（3）实地标定。掘进硐岔时，通常先掘进直线巷道。然后在直线巷道的中线上，根据标定要素定出 O'、O、P、O'' 各点。在 P 点安置经纬仪，后视 O' 点，给出 $\beta_{P左}$ 角，即得到曲线巷道的掘进方向 $P1$，在顶板上划出中线，并根据 PO'' 的长度定出柱墩位置。

硐岔掘进过程中腰线的标定与主要巷道腰线的标定方法相同。

10.4.2 掘进斜巷连接车场时中腰线的标定

斜巷与平巷的交叉连接处称为斜巷连接车场，又称甩车场。例如斜井甩车场、采区中部甩车场等。由于连接处的巷道断面和坡度都是变化的，所以标定中腰线比较复杂。现将标定步骤分述如下。

10.4.2.1 检查设计图纸

如图 10-20 所示，O'、O'' 为巷道开切帮的起、终点，斜巷倾角 $\delta = 15°$。此段巷道断面是变化的，在 O 处设置道岔（$\gamma = 14°15'$，$b = 3.5\text{m}$，$a = 3.340\text{m}$），分岔后的轨道接一圆曲线，半径 $R = 9\text{m}$，转角 $\alpha_1 = 19°49'20''$，然后经竖曲线变平进入甩车场。因为变平点 D（又称落平点）以上的要素为层面要素，变平点以下的要素为平面要素，故在检查设计图纸时，必须先将层面要素换算为平面要素，然后才能进行坡度与高程计算。

A 层面角与平面角的化算

图 10-20（a）中，O 点的辙叉角和 BC 段曲线的转角 α_1 均为层面角，为了进行标定，

需要求相应的水平角。

设 α 为层面角，α' 为相应的水平角，二者关系如图 10-21 所示，有：

$$\tan\alpha' = \tan\alpha\sec\delta \tag{10-19}$$

本例中辙叉角为 $14°15'$，巷道真倾角为 $15°$。代入式（10-19）计算出辙叉角相应的水平角 $\alpha' = 14°43'52''$。由图 10-20（c）可知，总转角（层面角）为 $\alpha_2 = 14°15' + 19°49'20'' = 34°04'20''$，根据式（10-19）算得的水平角 $\alpha_2' = 35°49'20''$，从图中可以看出，总水平角 α_2' 与设计的第二个弯道的转角 α_2 是一致的。

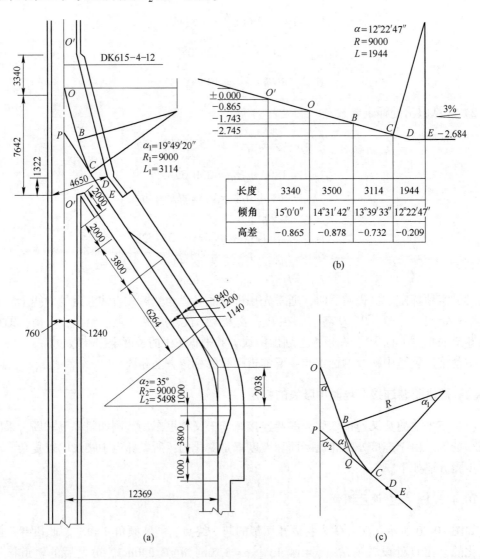

长度	3340	3500	3114	1944
倾角	15°0'0''	14°31'42''	13°39'33''	12°22'47''
高差	-0.865	-0.878	-0.732	-0.209

图 10-20　掘进甩车场时的中腰线的标定（单位：mm）

B　真倾角与伪倾角的换算

为了计算轨面的坡度和高程，必须进行倾角的换算。

在图 10-21 中，设 δ' 为真倾角，层面角为 α，则有：

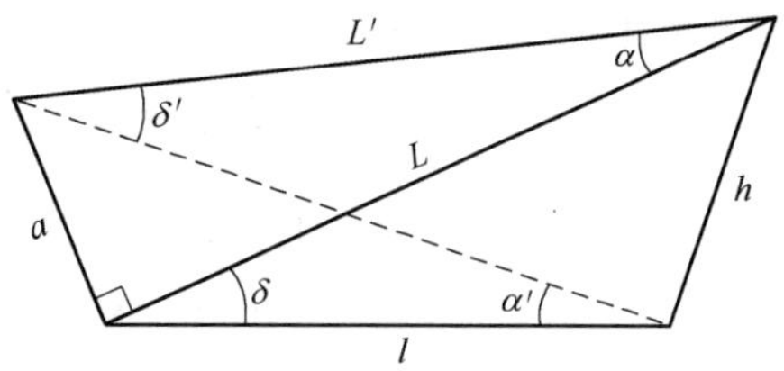

$$\sin\delta' = \sin\delta\cos\alpha \qquad (10\text{-}20)$$

由式（10-20）计算出各段的伪倾角如下。

图 10-21　层面角与水平角的关系

OB 段：$\sin\delta'_{OB} = \sin15°\cos14°15'$

$$\delta'_{OB} = 14°31'42''$$

BC 段：层面倾角　$\alpha = 14°15' + 19°49'20''/2$
$= 24°09'40''$

$$\sin\delta'_{BC} = \sin15°\cos24°09'40''$$

$$\delta'_{BC} = 13°39'33''$$

CD 段：　　　　　　　　　　$\alpha_2 = 34°04'20''$

$$\sin\delta'_{CD} = \sin15°\cos34°04'20''$$

以上各段计算与图 10-20（b）中的数据一致。

C　线路各点高程的计算

根据各段的伪倾角和层面上的长度尺寸，先求各段的高。

O'O 段：　　　　　　$\Delta h_{O'O} = 3.340\sin(-15°) = -0.865\text{m}$

OB 段：　　　　　　$\Delta h_{OB} = 3.50\sin(-14°31'42'') = -0.878\text{m}$

BC 段：BC 弦长 $L_{BC} = 2R_1\sin\dfrac{\alpha_1}{2} = 2 \times 9\sin\dfrac{19°49'20''}{2} = 3.098\text{m}$

$$\Delta h_{BC} = 3.098\sin(-13°39'33'') = -0.732\text{m}$$

CD 段：竖曲线切线长　　$T = R\tan\dfrac{\alpha}{2} = 9\tan\dfrac{12°22'47''}{2} = 0.976\text{m}$

$$\Delta h_{CD} = T\sin(-\delta') = 0.976\sin(-12°22'47'') = -0.209\text{m}$$

根据各段高差计算出 O' 点至 D 点的总高差为：

$$\Delta h_{O'D} = -(0.865 + 0.878 + 0.732 + 0.209) = -2.684\text{m}$$

以上计算与图 10-20（b）中的数据一致，说明计算正确。

如果设计规定巷道变平点 D 的轨面高程为 -192m，则 O' 点处轨面高程应为 -192+2.684=-189.316m。当平巷腰线轨面高为 1m 时，则斜巷腰线距轨面的垂高为 $1 \times \sec15°$ = 1.035m，故 O' 点处腰线点高程应为 -189.316+1.035=-188.281m。其余各点轨面高程及腰线高程均可依照此法算出。

10.4.2.2　标定数据的计算

标定平巷中线方向，必须先标定出 P 点，然后在 P 点安置经纬仪，给出平巷轨道中线。标设腰线必须标定出变平点 D 处的腰线点。为此，需要进行下列计算。

A　P 点位置的计算

如图 10-20（c）所示，从层面上的 △OPQ 中可得到下列关系式：

$$\frac{L_{OP}}{\sin\alpha_1} = \frac{L_{PQ}}{\sin\alpha} = \frac{L_{OQ}}{\sin(180 - \alpha_2)}$$

有　　　　　　$L_{OP} = L_{OQ}\dfrac{\sin\alpha_1}{\sin\alpha_2}, \ L_{PQ} = L_{OQ}\dfrac{\sin\alpha}{\sin\alpha_2}$

本节中

$$T = R\tan\frac{\alpha_1}{2} = 9\tan\frac{19°49'20''}{2} = 1.572\text{m}$$

$$L_{OQ} = b + T = 3.500 + 1.572 = 5.072\text{m}$$

$$\alpha_2 = 19°49'20'' + 14°15' = 34°04'20''$$

$$L_{OP} = \frac{5.072\sin19°49'20''}{\sin34°04'20''} = 3.070\text{m}$$

$$L_{PQ} = \frac{5.072\sin14°15'}{\sin34°04'20''} = 2.228\text{m}$$

B　D 点位置的计算

斜距：　　$L_{PD} = L_{PQ} + T + L_{CD} = 2.228 + 1.572 + 0.976 = 4.776\text{m}$

平距：　　$S_{PD} = L_{PD}\cos\delta' = 4.776\cos12°22'47'' = 4.665\text{m}$

C　高差验算

按 O'—P—D 路线进行验算，即有：

$$\Delta h_{O'D} = \Delta h_{O'P} + \Delta h_{PD} = (3.34 + 3.07)\sin(-15°) + 4.776\sin(-12°22'47'')$$
$$= -2.684\text{m}$$

验算的结果表明，设计中的高程计算是正确的。

10.4.2.3　实地标定

A　标定中线

根据 O' 的腰线点高程，参照 O' 点的设计平面坐标，可标定出轨道上山中 O' 点的位置。当斜巷掘进到 O' 点后，标定出斜巷开帮的位置，并准确标出 O' 点。根据层面上斜距 L_{PO} 和 L_{OP} 从 O' 点标定出 O 和 P 点；然后在 P 点安置经纬仪，照准上山中线的方向后，水平度盘转出 $180°-\alpha'$ 角，即可标定出平巷的中线方向（C—D—E）。在该方向上标定出一组中线点，并根据平距 S_{PD} 标定出 D 点的位置。

B　标设巷道腰线

首先求出 P 点的轨面高程 $H_P = -192 + 1.024 = -190.976\text{m}$ 和 P 点腰线高程 $-190.976 + 1.035 = -189.941\text{m}$，然后在 P 点安置经纬仪照准 D 方向，竖盘对准 $\delta'_{PD} = 12°22'47''$，在 D 点的垂球线上作出视线高标记。再根据 P 点腰线高和视线高的差值，在该垂球线定出腰线高度的标记。最后垂直于视线方向用半圆仪拉平，在帮上定出腰线点。作为掘进平巷的腰线点，应再降低 $\sec15°-1 = 0.035\text{m}$。

其他标定工作与平巷碹岔相同。通常，碹岔断面变化处要绘制大样施工图，以便指导施工。有些矿井为指示碹墙掘砌方向，也可在 O 点安置仪器，水平度盘转动 $180°-\gamma'$ 角，即标出 OB 方向，碹墙与其平行。

10.5　巷道验收测量

巷道掘进施工生产矿井永恒的主题，为了保证矿井生产的正常接替必须超前进行开拓巷道、准备巷道、回采巷道的掘进。巷道施工的施工质量直接影响矿井的通风、运输和安全，定期进行巷道施工质量和进度验收测量是保证巷道施工质量的有效措施。

巷道验收测量包括巷道进尺验收测量，巷道水平截面、纵断面和横断面验收测量。

日常的断面测量是测量人员在标设中腰线的同时，丈量从中线到两帮的距离、腰线到巷道顶底板的距离，统称为上高、下高、左量、右量，如图 10-22 所示。检查验收结果，以口头形式，必要时用书面形式通知掘进单位相关人员。

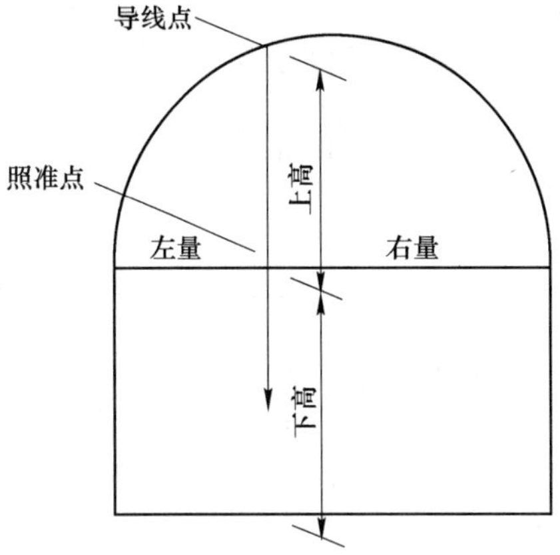

图 10-22　巷道日常验收

10.5.1　巷道进尺验收测量

巷道进尺验收测量的主要目的：一是矿井测量人员根据收集的井下各类巷道掘进进尺的资料，填绘交换图（日常用图），及时向集团（公司）、矿领导层和通风安全、生产技术管理部门提供矿井巷道掘进现状信息，为领导层进行决策和技术人员针对性采取安全技术措施提供依据；二是考核施工单位的旬、月进度，为矿井有关部门与施工单位进行经济结算提供依据。

巷道进尺验收测量，与巷道中线标定及采区控制导线的施测相关，根据条件和情况不同可采用不同的验收方法。

10.5.1.1　采用经纬仪和钢尺标定巷道中线，根据采区控制导线点验收

采用经纬仪和钢尺标定巷道中线，每组中线点之间的距离为 30~40m，每组中线点标定结束后，应选择其中一个作为导线点控制导线测量，经内业计算，计算出新标定一组中线的方位角，作为下一组中线标定要素的计算依据。

采用经纬仪和钢尺标定巷道中线，每旬、每月进行巷道进尺验收时导线点距掘进工作面的距离不会超过 40m，验收时用手持式测距仪、钢尺或皮尺，由距工作面最近的导线点沿中线方向直接丈量至工作面，导线点后的巷道长度与丈量的结果相加，即为该巷道截止验收之日掘进总进尺，巷道总进尺减去前一次验收日期的总进尺，即可得到本旬或本月的巷道掘进进尺。

10.5.1.2　采用激光指向仪指示巷道中线，根据基本控制导线点验收

采用激光指向仪指示巷道中线，激光指向仪光束的射程一般为 600m 左右。激光指向仪的移动安置，应以 15″级采区控制导线（或基本控制导线）为依据。由于导线点距掘进工作面较远，用尺子（钢尺、皮尺）丈量巷道进尺，一是不能严格沿中线方向丈量；二是多尺丈量容易出错，可靠性差。这种情况应采用光电测距仪（全站仪）进行巷道进尺验收。采用光电测距仪（全站仪）进行巷道进尺验收测量时，先将光电测距仪安置在安装激光指向仪时的导线点下，将反射棱镜紧靠工作面沿中线方向安置，测出仪器至工作面的距离。用测得的距离加上导线点后巷道的进尺长度得到巷道的当前总进尺，当前总进尺减去前一验收期

巷道总进尺，即为本期的巷道进尺。

10.5.2　巷道水平截面验收测量

巷道水平截面验收测量包括一般巷道水平截面验收测量和大型硐室平断图验收测量。

10.5.2.1　一般巷道水平截面验收测量

巷道水平截面验收测量，可采用支距法和全站仪法。

（1）支距法应以导线点作为控制，以导线边为基准线每隔 10~20m 取一个点（特殊位置可加点）量取巷道特征点至导线边的垂距 b，并量出其垂足至测点的距离 a，然后绘制草图。

（2）全站仪法是将全站仪安置在导线点，后视另一相邻导线点，在数据采集模式下，将棱镜立于巷道的特征点测量其坐标，然后将全站仪的采集数据传输至计算机巷道水平截面数据库，利用 Out CAD 或 Map GIS 作图软件绘图。

10.5.2.2　大型硐室断面验收测量

井下大型硐室包括井下中央变电所、中央水泵房、机车维修硐室、火药库等。大型硐室断面验收测量，传统方法采用极坐标法，目前多采用全站仪测量。

（1）极坐标法是将导线测至硐室，在导线点上用仪器测出测点至各特征点方向线与导线边之间的夹角，并丈量出仪器至特征点的水平距离，同时绘出草图，根据所测数据展绘矿图。

（2）全站仪法测量大型硐室是将全站仪安置在硐室外的导线点，后视另一相邻导线点，向硐室内测量一个临时导线点；接着，在新测量的导线点上安置全站仪，后视硐室外的导线点，在数据采集模式下，将棱镜立于硐室的特征点测量其坐标。然后，将全站仪的数据传输至计算机巷道水平截面数据库，利用 Out CAD 或 Map GIS 作图软件成图。

10.5.3　巷道纵断面验收测量

巷道纵断面验收测量的目的：一是为了检查巷道的质量；二是检查巷道全高是否满足大型设备运输和通风需要；三是检查运输线路坡度的正确性。巷道纵断面验收测量包括巷道全高纵断面测量和巷道轨面纵断面测量。

10.5.3.1　巷道全高纵断面测量

（1）如图 10-23 所示，从巷道口开始沿中线方向根据作图比例尺不同，每 10~20m 选择一个点（在巷道顶板高度变化处可增加点）。

（2）用钢尺丈量各点与其相邻导线点的距离。

（3）丈量各点位巷道的全高。

（4）按规定的比例尺绘制巷道全高纵断面图。水平与垂直比例尺的关系可为 10∶1。

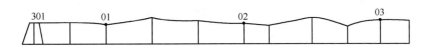

图 10-23　巷道全高纵断面测量

10.5.3.2　巷道轨面纵断面测量

（1）选点。用钢尺（或皮尺）沿轨面或巷道底板每隔 10～20m 标记一个临时点并统一编号，在变坡点和巷道转弯处应设点，丈量时应尽量使尺子水平。

（2）使用水准仪采用两次仪器高法测量转点间的高差，符合要求后，利用第二次仪器高依次读取立于各临时点上水准尺的读数，并作相应的记录。

10.5.3.3　巷道纵断面验收内业

（1）将水准路线进行平差，计算出各转点的高程。

（2）根据后视点的高程和第二次仪器高的后视读数，计算本站的视线高程。

（3）视线高程减去各中间点的前视读数，计算出各中间点的高程。

（4）设定比例尺：一般水平比例尺为 1∶2000、1∶1000、1∶500，相应的垂直比例尺分别一般为 1∶200、1∶100、1∶50。

（5）按选定的水平比例尺画一表格，在表中注明测点编号、点间水平距离、测点的设计高程的实际高程、轨面（或巷道底板）的实际坡度。

（6）在表格的上方绘制轨面（或巷道底板）的纵断面图。绘制步骤为：绘出假定水平线；在水平线的左端注明高程；在假定的水平线上，按水平比例尺绘出各测点的水平投影位置，再按测点的实测高程及选定的垂直比例尺，在竖直面上绘出各测点的位置。

（7）用直线将绘出的各点连接起来，即得到实测的轨面（巷道底板）的纵断面线。

（8）绘出轨面（巷道底板）的设计坡度线及与该巷道相交的其他巷道的位置。

（9）在表格下方绘出该巷道的平面图，并展绘永久导线点和水准点的位置。

图 10-24 所示即为某矿轨道运输大巷的纵断面图，其水平比例尺为 1∶100，垂直比例尺为 1∶100。

10.5.4　巷道横断面验收测量

巷道横断面验收测量的目的，是检查巷道是否符合设计要求，满足行人和运输的安全及通风需要，检查巷道毛断面是否过大增加掘进工作量，造成维护困难。巷道横断面验收测量可采用钢尺、全站仪、激光断面仪等方法。

10.5.4.1　钢尺（皮尺）巷道横断面验收测量

采用钢尺（皮尺）进行巷道横断面验收测量的工作步骤如下。

（1）沿巷道中线每隔 5～10m 标记一临时点，统一编号，同时丈量各点相对于巷道起

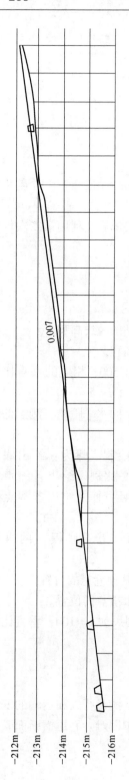

坡度	0.005	0.006	0.008	0.003		0.008		0.006		0.006	0.006		0.008	0.002	0.009	0.006	0.008	0.005			0.007				0.006	0.008	0.004	
距离/m	20	20	20	20		60		20		40	20		20	20	20	20	20	20			100				20	20	20	
实际标高 与设计标 高/m	-215.553 -215.455	-215.413 -215.341	-215.273 -215.186	-215.133 -215.122	-214.993 -214.966	-214.853 -214.814	-214.713 -214.654	-214.573 -214.538	-214.433 -214.395	-214.293 -214.276	-214.159 -214.153	-214.013 -213.996	-213.873 -213.956	-213.733 -213.777	-213.953 -213.658	-213.453 -213.492	-213.313 -213.388	-213.173 -213.245	-213.033 -213.113	-212.893 -212.967	-212.753 -212.820	-212.613 -212.677	-212.473 -212.522	-212.333 -212.435	-212.193			
标准编号	0 1	1	2	3	4	5	6	7	8	9	10	11	12	13	14	15	16	17	18	19	20	21	22	23	24			

图 10-24　巷道纵断面

点或某导线点的水平距离。

（2）对于如图 10-25 所示的梯形断面巷道，应丈量巷道的毛断面高 H' 和净断面高 H，断面上下净宽 D_1、D_3 和毛宽 D_1'、D_3'，丈量矿车上边缘巷道的净宽 D_2 和毛宽 D_2'、矿车距棚腿的间隙 l。

（3）对于如图 10-26 所示的拱形断面巷道，除了丈量中线到两帮的距离、腰线到顶底板的高度及至拱墙交接处的距离外，还应用距离交会法检查其拱形。如图 10-26 所示，在腰线点 1 、2 拉线绳，先丈量到顶底板及拱墙交接处的距离，即图中的上、下、d 。然后，丈量各拱形轮廓点到 1 、2 点的距离。

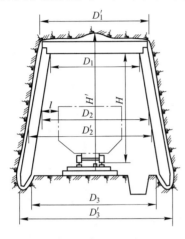

图 10-25 梯形断面验收

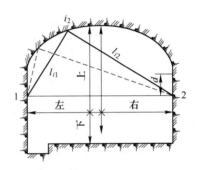

图 10-26 拱形断面验收

（4）根据井下采集的数据绘制巷道实测横断面图，与设计数据和断面进行比较，如果偏差大于允许的范围，应书面通知施工单位采取措施。

10.5.4.2 全站仪巷道横断面验收

采用全站仪进行巷道横断面验收测量的工作步骤如下。

（1）根据巷道的用途和性质，沿中线每隔 5~10m 标记一个临时点。

（2）在导线点安置全站仪，后视相邻导线点。在仪器的主菜单下选择数据采集三维坐标测量子菜单。

（3）在每个临时点和垂直于中线方向的巷道断面特征点或断面变化处置镜，进行测量可得到每个断面测量点的三维坐标。如果是棱镜，则应记录棱镜与断面点间的距离常数；如果是反射镜片，则需要梯子将镜片粘贴在所选择的断面点上。因此，最好用无棱镜全站仪，进行横断面验收测量。

（4）出井后，将全站仪采集的数据传输到计算机，利用绘图软件作图。

（5）将巷道实测断面与设计断面进行比较，发现掘进偏差大于规范要求的部位，书面通知施工和有关单位采取措施进行整改。

10.5.4.3 激光断面仪巷道横断面验收测量

传统的手拉皮尺人工测量方式存在精度低、劳动强度高等缺点。所谓精度低，是由于人工拉尺，因为拉尺过程自然形成误差，另外选点不准确或选点不足也会导致测绘误差加大。所谓劳动强度大，是指人工测量方式由于有些硐室较大，往往需要借助梯子、竹竿等工具来测点，花费时间较长。如果在同一水准基点上环向测 10 个点，人工方式约需 1~2h。激光断面测量仪具有精度高、效率高、劳动强度低的特点，是运用现代科技成果改造传统测量方法的实例。

A　激光断面测量的原理

传统的人工断面测量的方式是在已定的隧道中心线和水平高程的某个基点上，用手拉皮尺的方式确定基点与断面的若干点的距离，再通过连线与计算绘出断面图。激光断面测量仪所依据的原理和测绘方式和原来基本一致，只是确定基点与断面若干点距离的方式改用激光测距来完成，计算和绘图可通过计算机软件来完成。

B　激光断面仪简介

目前用于大断面测量的激光断面仪类型、型号较多。下面仅介绍 BJSD-ZB 激光隧道断面仪，如图 10-27 所示。

仪器用途：主要用于对隧道（巷道）断面的快速精确检测，特别在施工监测、竣工验收、质量控制等工作中能快速获得隧道断面数据；还可以用于对护坡挡土墙的验收检验，也可用于对山坡地形的快速扫描并通过与路基设计图的比对，计算出土石方量。在现场无需使用笔记本计算机，即可记录至少 100 组断面数据。操作者可以在回到办公室后，输入到计算机中去，并在专门开发的软件上进行数据处理、绘图及报告等操作，快速打印检测报告，从而可以立刻显示数据和图形，方便指导施工。

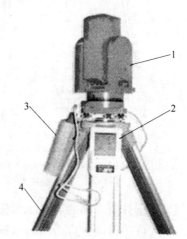

图 10-27　激光隧道断面仪
1—主机；2—测量控制器；3—外接电源盒；
4—三脚架

主要技术指标：检测半径为 0.2~60m；自动检测为 2~3min 一个断面；一次充电 12h 可连续使用 6h；检测精度为 ±1mm；自动、定点检测时方位角范围为 60°~300° 或 30°~330°；手动测头时方位角转动范围为 30°~330°。

特点：具有垂直向下激光自动定心、测量标高功能；每次记录断面数不少于 100 个（60 个点一组测量断面）；使用温度范围为 -10~+45℃；湿度条件为不大于 85%；基本清洁条件下使用、粉尘烟雾及水雾条件下也可使用，但需随时清洁。

仪器的组成：如图 10-27 所示，BJSD-ZB 激光隧道断面仪由主机、测量控制器、三脚架、软件、外接电源盒等部分组成。

C　测量方式

手动检测方法：在手动检测方式中，可由操作者控制移动检测指示光斑随意进行测量和记录。定点检测法：可设置起止角度及测量点数等参数，仪器将按照所定参数自动测量并记录。自动测量法：仪器依照内部设定的间隔，自动检测并记录数据。

D 激光断面验收测量步骤

（1）测定工作基点。以巷道起点的经纬仪导线点（也为高程点）为依据采用三维坐标测量的方法，确定的硐室中线和水平基点为工作基点，如有必要还可根据断面测量的精度要求增设基准点，增设的基点在原设基点之间。

（2）安置断面仪。在靠近基准点的地方架设三脚架，安置断面仪，使断面仪处于水平状态，并将断面仪测距头向下，用激光点对准基准点，测距头。点与基准点最好确定一固定的整数，也可设为常数，如 1m、1.1m、1.2m 等。为确保测距头旋转环向线与水平线处于垂直状态，可在基准点引横向垂线，设左右任意两点，用激光点重合即可。

（3）断面测距。断面仪安好后根据需要设若干点，或按度数定位若干点，如每 45°为一个点，360°可分为 8 个点。用旋钮旋转断面仪，转到相应度数时用卡紧螺栓固定，然后启动操作，进行测量，直至该基准点环向断面各点测量完毕。

（4）移机。按上述方法进行下一个基准点的测量。

（5）将测量所记录的数据输入电脑。使用配套软件进行计算处理，得出所测断面体轮廓图等成果；将实测轮廓图与设计开挖断面对比可计算出超欠挖状况及数量；将实测轮廓图与设计衬砌断面对比可计算出实际应浇注混凝土立方量。

 复习思考题

10-1 什么是巷道中线，什么是巷道腰线，它们分别位于巷道的什么位置？

10-2 延长巷道中线有哪几种方法？

10-3 在平巷中给腰线有哪几种方法？

10-4 在斜巷中用经纬仪标设腰线点有哪几种方法，各有什么优、缺点？

10-5 图 10-7 中，A、B 分别为曲线巷道的起点和终点。圆心角为 60°，曲线半径为 10m，试计算短弦长、曲线起点 A 和终点 B 的指向角及中间转折点的指向角。

10-6 图 10-7 中，若圆心角为 104°34′，曲线半径为 15m，试计算标定要素；并绘图说明井下标定方法。

10-7 试述巷道验收测量的重要性。

10-8 巷道验收测量包括哪些内容？

10-9 简述巷道轨面纵断面验收测量的方法步骤。

10-10 与传统方法比较，采用激光断面仪进行巷道横断面验收有哪些优点？

11 贯 通 测 量

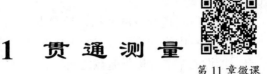

11.1 概　述

11.1.1 贯通和贯通测量的意义

一条巷道按设计要求掘进到指定的地点与另一条巷道相通，称为巷道贯通，简称贯通。巷道贯通往往是一条巷道在不同的地点以两个或两个以上的工作面按设计分段掘进，而后彼此相通。如果两个工作面掘进方向相对，称为相向贯通，如图11-1（a）所示；如果两个工作面掘进方向相同，称为同向贯通，如图11-1（b）所示；如果从巷道的一端向另一端指定处掘进，称为单向贯通，如图11-1（c）所示。

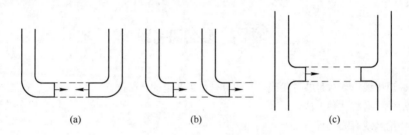

(a)　　　　　　　　　　(b)　　　　　　　　　　(c)

图 11-1　贯通工程的类型

同一巷道内用多个工作面掘进，可以大大加快施工速度，改善通风状况和工人的劳动条件，有利于安排生产。它是矿山、交通、水利等工程中普遍采用的一种施工方法。

贯通测量是一项十分重要的测量工作，必须严格按照设计要求进行。井巷贯通时，矿山技术人员的任务是保证各掘进工作面沿着设计的方向掘进，使贯通后接合处的偏差不超过工程规定的限度；否则就会给采矿工程带来不利的影响，甚至造成很大的损失。因此要求矿山测量人员必须以科学的态度，一丝不苟、严肃认真地搞好此项工作，以保证贯通工程的顺利完成。为了保证正确贯通而进行的测量和计算等工作就称为贯通测量。

11.1.2 贯通的分类和容许偏差

在巷道开拓时，一般将贯通分为下列两类。

（1）第一类是沿导向层沿脉的贯通，就是巷道沿矿层或某种地质标志的贯通。它又分为：

1）沿导向层沿脉贯通水平巷道；

2）沿导向层沿脉贯通倾斜巷道。

（2）第二类是不沿导向层穿脉的贯通。它又分为：

1）同一井内不沿导向穿脉的贯通；

2）两井间的巷道贯通；

3）竖井贯通。

按巷道的性质又可分为水平巷道的贯通［见图 11-2（a）］、倾斜巷道的贯通［见图
11-2（b）］和竖井巷道的贯通［见图 11-2（c）］。

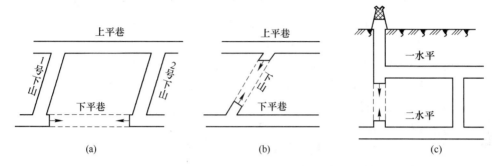

图 11-2　巷道按性质划分的类型

由于贯通测量中不可避免地带有误差，因此贯通实际上总是存在偏差的。贯通偏差可
能发生在空间的 3 个方向上，即沿着巷道中心线的长度偏差、垂直于巷道中心线左右
（平面上）的偏差和上下（高程上）的偏差。第一种偏差只对贯通在距离上有影响，对巷
道质量没有影响，而后两种方向的误差对巷道质量有影响，后两种方向称为贯通的重要方
向。贯通的容许偏差就是针对重要方向来定的。对竖井贯通来说，对工程质量有影响的是
平面位置的偏差。

如果巷道贯通接合处的偏差达到某一数值，但仍不影响巷道的正常使用，则称该值为
贯通的容许偏差。这种容许偏差的大小是由采矿工程的性质和需要决定的，因此也称为贯
通的生产限差。

根据试行规定，各种巷道贯通测量的容许偏差值不应超过表 11-1 的规定。

表 11-1　贯通测量容许偏差值

贯通种类	贯通巷道名称	在贯通面上的容许偏差值/m	
		两中线之间	两腰线之间
第一种	沿导向层开凿的水平巷道	—	0.2
第二种	沿导向层开凿的倾斜巷道	0.3	—
第三种	在同一矿井中开凿的倾斜巷道或水平巷道	0.3	0.2
第四种	在两矿井中开凿的倾斜巷道或水平巷道	0.5	0.2
第五种	用小断面开凿的立井井筒	0.5	—

11.1.3　贯通测量的步骤

贯通测量工作一般按下列程序进行。

（1）贯通测量的准备工作。包括：

1）展绘井下经纬仪导线点；

2）确定巷道贯通中心线；

3）确定巷道开切地点；

4）确定贯通测量方案；

5）对于距离较长的重要井巷，还应进行必要的贯通测量精度的估算工作。

（2）计算贯通几何要素。包括开切地点的坐标，巷道中心线的方位角 α、指向角 β，巷道的倾角 δ，水平距离 S 和倾斜距离 L。计算贯通几何要素的方法有图解法和解析法。

1）图解法。在贯通距离较短，或巷道贯通精度要求较低时可采用此法。即巷道的方向、坡度和斜长，由设计图或施工图上直接量取。

2）解析法。这是一种常用的方法，其实质就是测量中反算法的应用。

（3）确定相向贯通面的相遇点和贯通时间。根据巷道的掘进速度、贯通距离、施工日期等，确定相向贯通面的相遇点和贯通时间。

（4）实地标定贯通巷道的中心线和腰线。

（5）延长巷道中线和腰线。根据工程进度，及时延长巷道中线和腰线。巷道每掘进100m，必须用导线测量和高程测量的方法，对中线、腰线进行检查，及时填图；并根据测量结果及时调整中线和腰线的位置。最后一次标定贯通方向时，两个工作面间的距离不得小于50m。各种测量和计算都必须有可靠的检核。当两个工作面间的距离在岩巷中剩下15~20m、煤巷中剩下20~30m时（快速掘进应于贯通前两天），测量负责人应以书面方式报告矿井总工程师，并通知安全检查部门及施工区队，要停止一头掘进及准备好透巷措施，以免发生安全事故。

（6）巷道贯通后，应立即测量贯通的实际偏离值，同时将两边的导线连接起来，测量与计算各项闭合差、填绘平面图和断面图，并对最后一段巷道的中线、腰线进行调整。

（7）重要贯通工程完成后，应对测量工作进行精度分析，作出技术总结。

11.2 水平巷道的贯通测量

11.2.1 不沿导向层贯通水平巷道

如图11-3所示，同一矿井中，在 A、B 两个石门之间欲开凿的一条运输平巷（图中用虚线表示），测量工作大致分为以下几个阶段。

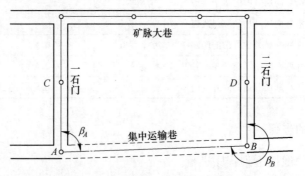

图 11-3　不沿导向层的水平巷道贯通

（1）第一阶段：为求得贯通的几何要素而进行的测量工作。首先，在 A、B 两点之间敷设经纬仪导线，并进行高程测量；然后计算出 A、B 两点的平面坐标 x_A、y_A 和 x_B、y_B，以及高程 H_A 和 H_B。如果在掘进好的巷道里已建立了平面控制点和高程控制点，可直接在这些点上进行引测。由于在 A、B 之间的导线是不闭合的，这就使得测量和随后的计算缺少必要的检核条件，因此在进行重要巷道贯通时，测量工作应不少于两次。

（2）第二阶段：贯通几何要素的计算。

1）根据 A、B 两点坐标计算贯通巷道中心线的方位角 α_{AB} 和水平距离 S_{AB}：

$$\tan\alpha_{AB} = \frac{y_B - y_A}{x_B - x_A}$$

$$S_{AB} = \frac{y_B - y_A}{\sin\alpha_{AB}} = \frac{x_B - x_A}{\cos\alpha_{AB}} = \sqrt{(\Delta x_{AB})^2 + (\Delta y_{AB})^2}$$

2）求指向角 β。因 α_{AC}、α_{BD} 和 α_{AB} 已知，故：

$$\beta_A = \alpha_{AB} - \alpha_{AC}; \qquad \beta_B = \alpha_{BA} - \alpha_{BD}$$

3）计算贯通巷道的坡度。设 H_A、H_B 是 A、B 两点处底板面或轨道面的设计高程，则巷道的坡度为：

$$i_{AB} = \tan\delta_{AB} = \frac{H_B - H_A}{S_{AB}}$$

4）贯通巷道实际长度 L_{AB}（倾斜长度）的计算。巷道实际长度可根据水平距离、高差或坡度计算，即：

$$L_{AB} = \frac{H_B - H_A}{\sin\delta_{AB}} = \frac{S_{AB}}{\cos\delta_{AB}} = \sqrt{(H_B - H_A)^2 + (S_{AB})^2}$$

对于平巷，如果贯通距离较短，斜长与水平长度相差无几，也可不算。

（3）第三阶段：标定工作。在 A、B 两点分别安置经纬仪，标定出 β_A 和 β_B 角，给出巷道的中线，同时根据巷道坡度 i_{AB} 给出巷道的腰线。

（4）第四阶段：检查测量。给出巷道的中线和腰线后，测量人员必须经常检查掘进方向的正确性。检查的方法是：当巷道掘进到一定距离后，随即进行导线测量，在掘进迎头处，导线点应为中线点。根据测量结果，反算巷道中线的方位角，将它与原计算的巷道中心线的方位角相比较，根据差值具体情况，适当调整中线方向，以保证巷道按预计方向掘进；同时用水准测量的方法检查腰线点的高程，不断调整巷道的坡度并及时填图，以保证巷道的最后贯通。当巷道两端相距一定距离时，书面通知有关部门，以便及时采取安全措施。

巷道贯通后，应立即测量巷道贯通的偏差值，即把巷道一端的中腰线引向另一端，以检查所选择的测量方案的正确性和评定测量精度，供以后的贯通工程借鉴。

11.2.2　沿导向层贯通水平巷道

沿导向层贯通水平巷道，当导向层倾角大于 30°时，由于水平面内的方向受导向层的限制，可以不给出巷道的中线，只给出腰线即可。但标定腰线的精度必须严格掌握，因为腰线的误差，会引起巷道在水平方向的偏移。在开采倾斜或急倾斜矿体时，贯通平巷顺槽就是沿导向层贯通的水平巷道。如图 11-4 所示，下平巷已由 1 号下山的 A 点开切，2 号下

山已掘至 B 点。为了加快下平巷的掘进，当 2 号下山掘到 C 点后，便向 A 点进行贯通，贯通测量步骤如下。

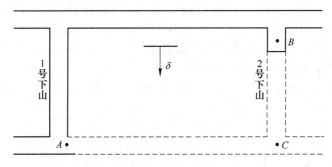

图 11-4　沿导向层贯通水平行道

（1）用水准测量或三角高程测量测得 A、B 两点的高程为 H_A 和 H_B。

（2）计算 C 点高程。在巷道平面图上量得 AC 之间的距离，设下平巷由 A 向 C 的坡度为−5‰。则 C 点高程为：

$$H_C = H_A + \frac{5}{1000} S_{AC}$$

（3）计算从 B 点到 C 点的下掘深度和斜长，其中：

下掘深度　　　　　　　　　　　　$h = H_B - H_C$

BC 斜长　　　　　　　　　　$L = \dfrac{h}{\sin\delta}$（$\delta$ 为矿体倾角）

当 2 号下山掘进 Lm 后，在工作面上标定 C 点，用三角高程求出 H_C，并与计算的 C 点高程相比较，附合后就可以作为下平巷掘进的起点。

设 $H_A = -237.514\text{m}$，$H_B = -199.40\text{m}$，$i = +5\text{‰}$，$S_{AC} = 400\text{m}$，$\delta = 45°$，则：

$$H_C = -237.514 + 400 \times \frac{5}{1000} = -235.514\text{m}$$

$$h = -199.410 - (-235.514) = 36.104\text{m}$$

$$L_{BC} = 36.104/\sin45° = 51.095\text{m}$$

（4）控制平巷的坡度。掘进时要用水准仪测设腰线点，随时检查坡度并及时填图。

11.3　倾斜巷道的贯通测量

11.3.1　不沿导向层贯通的倾斜巷道

在同一矿井内不沿导向层贯通的倾斜巷道，可能有下列两种情况：巷道尚未开切和巷道的一端已开切。

11.3.1.1　巷道尚未开切情况下的贯通测量

如图 11-5 所示，要在 AB 之间贯通 2 号下山。贯通测量工作归纳为三个阶段。

（1）第一阶段：先在大比例尺设计图上量出贯通中心线上的 A 点至巷道中原来的导

线点 F 之间的距离 $FA = d_1$，同样量出 $BC = d_2$，根据 $d_1 d_2$ 在巷道中实地标出 A、B 两点。然后进行经纬仪导线和高程测量，从而得到 A、B 两点的平面坐标和高程。

（2）第二阶段：计算贯通标定所需几何要素。

1）计算贯通中心线的方位角 α_{AB} 和 AB 间水平距离 S_{AB}：

$$\tan\alpha_{AB} = \frac{y_B - y_A}{x_B - x_A}; \quad S_{AB} = \frac{y_B - y_A}{\sin\alpha_{AB}} = \frac{x_B - x_A}{\cos\alpha_{AB}}$$

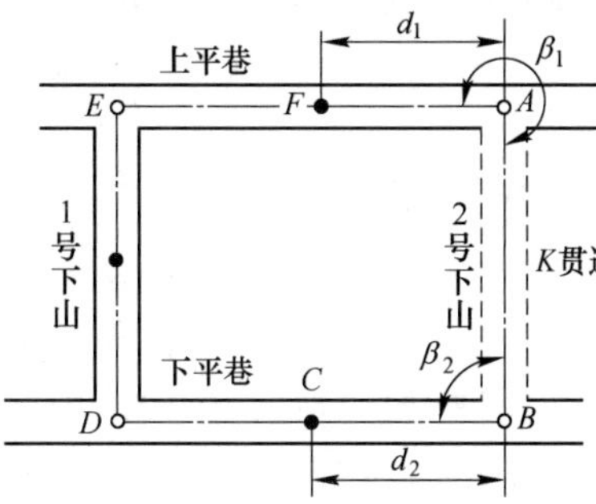

2）计算指向角 β_1、β_2：

$$\beta_1 = \alpha_{AB} - \alpha_{AF}; \quad \beta_2 = \alpha_{BA} - \alpha_{BC}$$

3）计算巷道倾角 δ：

$$\tan\delta = \frac{H_A - H_B}{S_{AB}}$$

4）计算 AB 的倾斜长度 L（贯通距离）：

$$L = \frac{S_{AB}}{\cos\delta}$$

根据贯通距离和掘进速度，可预测贯通所需要的时间及地点。

（3）第三阶段：当巷道两端各掘进 4~5m 后，于 A、B 安置经纬仪，标设出巷道的中腰线。巷道每掘进一段距离，应进行中腰线的检查与调整，直至巷道安全贯通。

11.3.1.2 巷道一端在测量前已经开切时的贯通测量

如图 11-6 所示的贯通测量工作可分为四个阶段。

（1）第一阶段：为取得贯通标定数据进行经纬仪导线测量，得到 A、B、G、D 等点的平面坐标。

（2）第二阶段：标定数据的计算。

1）计算方位角 α_{BG}：

$$\tan\alpha_{BG} = \frac{y_G - y_B}{x_G - x_B}$$

2）计算距离 S_{BG}：

$$S_{BG} = \frac{y_G - y_B}{\sin\alpha_{BG}} = \frac{x_G - x_B}{\cos\alpha_{BG}}$$

3）计算夹角 α、β 和 γ：

$$\alpha = \angle AGB = \alpha_{GB} - \alpha_{GA}$$
$$\beta = \angle GBP = \alpha_{BP} - \alpha_{BG} = \alpha_{DP} - \alpha_{BG}$$
$$\gamma = \angle GPB = \alpha_{PG} - \alpha_{PB} = \alpha_{AG} - \alpha_{BD}$$

检核 $\qquad\qquad\qquad \alpha + \beta + \gamma = 180°$

图 11-5 不沿导向层贯通的倾斜巷道（未开切）

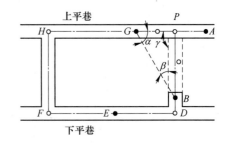

图 11-6 不沿导向层贯通的倾斜巷道（已开切）

4）确定线段 $GP=b$ 及 $PB=a$ 的长度：

$$b = \frac{S_{BG}}{\sin\alpha}\sin\beta；\quad a = \frac{S_{BG}}{\sin\gamma}\sin\alpha$$

5）计算 P 点的平面坐标：

$$x_P = x_G + b\cos\alpha_{GA}；\quad y_P = y_G + b\sin\alpha_{GA}$$

用 P、B 点坐标反算其方位角 α_{BP}，该值应等于 α_{DB}，以此检核前面计算的正确性。

（3）第三阶段：根据求出的标定要素，实地标定出 P 点，并在 P 点标定出贯通中线。

（4）第四阶段：在 P、B 点之间进行高程测量，得到 H_P、H_B。求出巷道的倾角 δ：

$$\tan\delta = \frac{H_P - H_B}{a}$$

在巷道的两端标设出巷道的腰线。

每当巷道掘进一段距离，需进行中线、腰线的检查与调整，直至巷道正确贯通。

上述这种情况的贯通，也可以用图解法在设计图上求得开切点 P，并标定于实地，然后按第一种情况的步骤进行贯通。

11.3.2　沿导向层贯通的倾斜巷道

这种贯通的典型情况是在倾斜矿体中贯通上下山。

如图 11-7 所示，某矿 -100 水平采区已掘进完毕。现拟从 A 点到 B 点掘一人行道兼作通风用。

由于贯通巷道在高程上受到导向层的限制，巷道是沿导向层沿脉贯通的次要巷道，因此可以采用挂罗盘仪进行贯通测量，其步骤如下。

（1）取得标定数据。在设计图上量取巷道设计中心线与坐标纵线的夹角（方位角 α），如图 11-7 所示。该矿的坐标磁偏角为 $\Delta = -3°$，由式 $\alpha = \alpha_磁 + \Delta$ 得磁方位角 $\alpha_磁 = \alpha + 3°$。并从图纸上量取 A 点到巷道原有导线点 M 的距离 S_{AM}，巷道的斜长 L 可用比例尺在剖面图上直接量得，如图 11-8 所示。

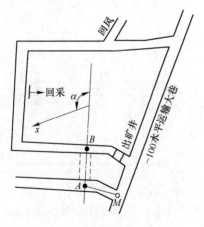

图 11-7　沿导向层贯通斜巷

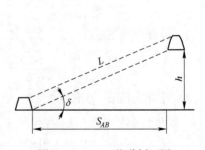

图 11-8　A—B 巷道剖面图

（2）实地标定。在这种情况下，由于是次要巷道，贯通距离又较短，通常采用单向贯通。因此，只需标定出 A 点（或 B 点）即可。

首先在巷道中从 M 点拉皮尺标定出 A 点。然后，在 A 点挂罗盘，按磁方位角 $\alpha_{磁}$ 标示出巷道中线方向。人行道沿矿体底板掘进，直至贯通。由于有导向层控制，所以不需要给腰线。

11.3.3　两井间的巷道贯通

为保证两井间巷道的正确贯通，两井间的测量数据要统一。这类贯通的特点是在两井间要进行地面测量和矿井联系测量，因而积累的误差一般较大，必须采用更精确的测量方法和更严格的检查措施。下面通过两种典型情况说明这类贯通的测量工作。

11.3.3.1　两竖井间贯通平斜巷

图 11-9 所示为某矿中央回风上山贯通的示意图。该矿用竖井开拓，主副井在-425m 水平开掘井底车场和主要运输巷道。风井在-70m 水平开掘总回风道。中央回风上山位于矿井的中部，采用相向掘进，由-425m 水平井底车场 12 号下平巷已由一号碹岔绕道起，按一定的倾角（不沿矿脉）通往-125m 的巷道。这是两井间不沿导向层的巷道贯通。必须同时标设巷道掘进的方向和坡度，以保证平面和高程上的贯通，为此需要进行以下测量工作。

（1）主、副井与风井之间的地面连测。两井间的地面连测，可以采用导线、独立三角网或在原有矿区三角网中插点等方式。该矿由于地面比较平坦，采用了导线连测。分别在主井、副井和风井附近建立了近井点；并将导线附合到附近的三角点上，作为检核。在两井之间还要进行水准测量，求出近井点的高程。

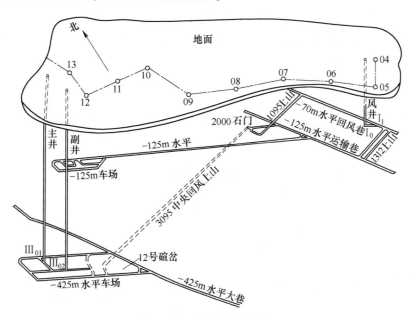

图 11-9　两井间的巷道贯通

（2）矿井联系测量。风井采用一井定向，由近井点 04 将方向和坐标传入井下，求出

井下起始边 I_0—I_1 的方向和点的坐标；主、副井则采用两井定向，求出井下起始边 III_{01}—III_{02} 的方向和点的坐标，同时通过风井和主井（或副井）进行导入高程，以求出井下水准基点的高程。（上述两项工作如果在矿井建设过程中已经独立进行过两次，精度也能满足贯通工程的要求，则可以不必重测。）

（3）井下导线和高程测量。从 −425m 井底车场测设导线到回风上山的上山口；再从风井井底测设导线到回风上山的下山口。敷设导线要选择线路短、条件好的巷道，部分导线也可以通过测闭合环作为检核，支导线则必须独立测两次。

高程测量在平巷采用水准测量，斜巷采用三角高程测量。分别测出上下山口的腰线点高程。

（4）根据中央回风上山的上山口和下山口的导线点坐标和腰线点高程反算上山的方向和坡度，并进行实地标定。在掘进过程中应经常检查调整掘进的方向和坡度。

11.3.3.2　两平硐或斜井间贯通平斜巷

图 11-10 所示为某矿两平硐间巷道贯通的示意图。它没有竖井定向和导入高程的环节。

由于地面是山区，且不很开阔，采用导线连测或在原矿区控制网中插点都有困难，故布设了独立的小三角网。按 5″小三角网的要求观测角度，用检验过的钢尺丈量两端基线（或用测距仪测定），要求起始边的精度不低于 1/40000。观测成果采用简易平差，也可以采用全站仪测定控制点。地面的高程连测一般可按四等水准测量要求进行。

平硐中和井下巷道中仍然是采用经纬仪导线、水准和三角高程测量，没有其他特点。

除上述这两种典型的情况外，还有其他的情况。例如一面是竖井而另一面是斜井，地面连测采用等级独立三角网或在原三角网中插点等等，不再一一举例。

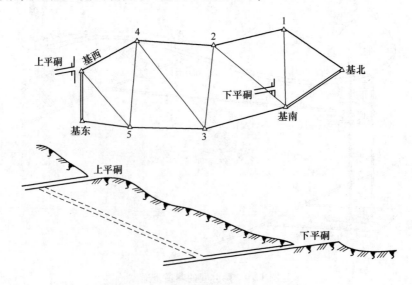

图 11-10　两平硐或斜井间贯通平斜巷

11.4 竖直巷道的贯通测量

竖直巷道的贯通可以分为两种情况：一种是从地面和井下相向开凿的竖井贯通；另一种是井下不同水平开凿的暗立井相向贯通和竖井延伸的贯通。无论是哪种情况的贯通，其工作内容的核心都是在井筒的上部精确地测定出井筒中心的坐标，然后在井筒的下部精确地标定出这个坐标。

在立井贯通过程中，往往同时进行设备安装等工程，所以对这种贯通工程的精度要求较高。

11.4.1 从地面与井下相向开凿的竖井贯通

如图 11-11 所示，在距主副井较远的地方要新打一个 3 号井，并决定一面从地面往下打井，一面从原运输大巷继续掘进，并在井下打 3 号井的井底车场。在车场巷道中标出 3 号井中心位置后，先向上打小断面反井，贯通后再按全断面刷大成井。测量工作内容如下。

（1）进行地面连测，建立主副井和 3 号井的近井点。地面连测的方案可视两井间的距离和地形情况采用导线、三角网、插点等方案。

（2）以 3 号井的近井点为依据，实际测定井筒中心（井中）的坐标。

（3）通过主井、副井进行定向，确定井下导线起始边的方位角和点的坐标。

（4）在井下运输巷道中测设导线，测定 B 点的坐标和 CB 边的方位角。

（5）根据 3 号井井底车场设计的出车方向和井中的坐标及运输巷道设计的方向和 B 点的坐标，即可反算转弯处 P 点的位置和相应的弯道。

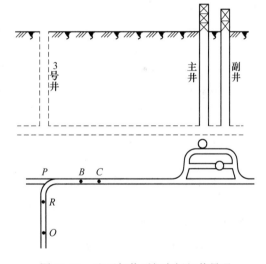

图 11-11　地面与井下相向间竖井贯通

（6）按 BP 和 PO 的方向和距离（即按设计导线）继续掘进运输大巷和井底车场。测量人员要经常标设中腰线并进行检查。

（7）掘过井中位置后，应根据井中附近的导线点准确地在巷道中标定井中位置，并牢固地埋设好标桩，此后便可开始向上打小断面反井。

标设井中心位置的方法如图 11-12 所示。RS 为附近的导线边，根据井中心 O 点的坐标和 S 点的坐标，即可反算出 SO 的坐标方位角和距离：

$$\tan\alpha_{SO} = \frac{y_O - y_S}{x_O - x_S}$$

$$l_{SO} = \frac{y_O - y_S}{\sin\alpha_{SO}} = \frac{x_O - x_S}{\cos\alpha_{SO}}$$

$$\beta = \alpha_{SO} - \alpha_{SR}$$

在竖井贯通中，高程的误差对贯通的影响不大，一般可以利用原有高程成果并进行补测，最后可根据井底的高程推算竖井的深度并推算贯通的地点和时间。

11.4.2 不同水平盲竖井的相向贯通

如图 11-13 所示，1 号井已掘到−110m 水平，井底车场石门 O_1'—P 一段已掘好。而 2 号井只掘到−60m 水平。今欲按设计要求，由 $O_1'P$ 掘一联络平巷到 2 号井底，再向上反掘 2 号井。因此，必须确定 QP 石门的掘进方向和长度，测设出 2 号井井筒中心 O_2'。

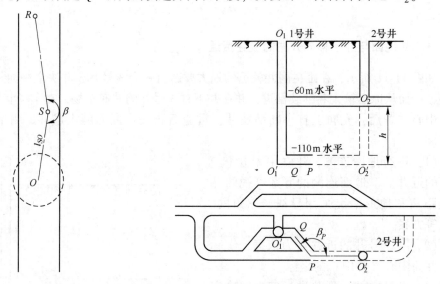

图 11-12 标设井中心   图 11-13 盲竖井的相向贯通

通过井上下的联系测量，Q、P 点的平面坐标、高程及其连线的方位角均为已知。2 号井筒中心 O_2（O_2'）的平面坐标也已知。通过导入标高，求得−60m 水平井底高程 H_{O2}。其计算步骤和标定方法如下。

（1）计算 PO_2' 的方位角和 P 点处的指向角：

$$\tan\alpha_{PO_2'} = \frac{y_{O_2'} - y_P}{x_{O_2'}' - x_P}; \quad \beta_P = \alpha_{PO_2'} - \alpha_{PQ}$$

式中，$x_{O_2'} = x_{O_2}$，$y_{O_2'} = y_{O_2}$。

（2）计算 PO_2' 的水平距离 $S_{PO_2'}$：

$$S_{PO_2'} = \frac{y_{O_2'} - y_P}{\sin\alpha_{PO_2'}} = \frac{x_{O_2'} - x_P}{\cos\alpha_{PO_2'}}$$

（3）计算 O_2' 点的高程和贯通的井筒长度 h：

$$H_{O_2'} = H_P + iS_{PO_2'}$$

式中，i 为联络平巷的设计坡度，上坡取正号，下坡取负号。

贯通的井筒长度为：

$$h = H_{O_2} - H_{O_2'}$$

（4）标定方法。求得了上述贯通的几何要素后，便可在 P 点安置经纬仪标定出 β_P 角，给出巷道的中线，并按设计坡度 i 给出腰线。当巷道掘进长度达到 $S_{PO'_2}$ 后，便可将 O'_2 点的位置在实地上标定出来，并固定在底板上。此后，便可由此点向上掘进井筒。

贯通测量中，无论是联系测量还是井上下导线测量、计算等均需要独立进行两次，以进行检核。

11.4.3　竖井延深的贯通

竖井的延深是许多矿井均会遇到的问题，井筒的延深一般要求不影响原水平的生产。采用辅助水平延深（见图 11-14）时，这种贯通只有一个工作面掘进；有时为了加快工程进度，在生产水平打一条盲斜井到开拓水平，然后在开拓水平向上打反井（见图 11-15），这种贯通是一种相向贯通。这两种方式的立井延伸，在贯通测量步骤上基本是一致的。

（1）第一阶段：均要在生产水平测量实际的井筒中心坐标 O_1，而不能采用设计的井筒中心坐标。因为井筒不可能完全铅直，且有可能变形。而延深井筒是要和生产水平的井底相接的。

（2）第二阶段：测设高精度（7″）级导线。从生产水平井底车场起测设经纬仪导线，通过盲斜井或下山将导线一直测到开拓水平的车场。

（3）第三阶段：计算井中 O_2、O_3（见图 11-14 和图 11-15）的标定数据并进行实地标定。

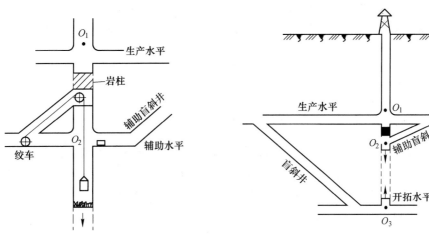

图 11-14　竖井的延伸　　　　　　　图 11-15　竖井的相向贯通（两个掘进面）

11.5　贯通后实际偏差的测定

巷道贯通之后，应该进行实际偏差的测定，这项工作是十分重要的。它一方面是对巷道贯通的结果得出最后的评定；同时可以用实际数据来检查测量工作的成果，验证贯通测量误差预计和误差分析的正确程度，以丰富贯通测量的经验和理论；通过贯通后的连测，还可以使原来没有闭合或符合条件的井下测量控制网有了可靠的检核。

贯通后有时还需要调整巷道的中腰线。

在贯通工程结束之后，特别是某些重要贯通工程结束之后，要进一步整理和分析实际测量的资料，研究施测过程中发现的问题，总结经验教训。把整个工作过程中积累的一些感性材料，经过分析研究，找出带有规律性的认识，不断提高测量工作的水平。

11.5.1　贯通后实际偏差的测定

11.5.1.1　水平面内偏差的测定

测定贯通巷道在水平面内的偏差需要同时进行两项工作：

（1）把原来两个巷道的中心线都延长到相遇点上，测量两中线之间的距离，就是贯通巷道在水平重要方向上的实际偏差；

（2）将巷道两端的导线点，用经纬仪连测闭合起来，以测定闭合边方位角差值和坐标差值。这些差值实际上也就反映了贯通测量的精度。

11.5.1.2　高程偏差的测定

贯通后从巷道一端已知高程的腰线点用水准测量连测到巷道另一端已知高程的腰线点上，其高程闭合差即为贯通巷道在高程上的实际偏差。

11.5.1.3　竖井贯通实际偏差的测定

竖井贯通的实际偏差，一般都是在贯通后通过竖井进行定向工作，以重新测定井下导线边的方位角和点的坐标，然后根据井下导线点的实际坐标差 Δ_x 和 Δ_y，最后求出点位实际偏差。

11.5.2　中线和腰线的调整

11.5.2.1　中线的调整

巷道贯通后，如实际偏差在容许的范围之内，对次要巷道只需将最后几架棚子加以修整即可。对于运输巷道或砌碹的巷道，则可将巷道相遇点一端的中线点与另一端的中线点相连，以代替原来的中线，作为铺轨和砌碹的依据，如图 11-16 所示。

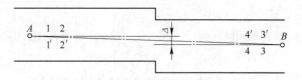

图 11-16　贯通后中线的调整

11.5.2.2　腰线的调整

实测巷道两端的腰线高差之后，可按实际高差和距离算出坡度。在运输平巷中，如果算出的坡度与原设计坡度相差 2‰以内，则按实际算出的坡度调整腰线。如相差超过 2‰，则应延长调整坡度的距离，直到调整的坡度与设计坡度相差不超过 2‰为止。在斜巷中腰

线的调整一般要求不十分严格，可由掘进人员自行掌握调整。具体调整方法如图 11-17
所示。

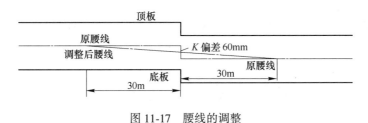

图 11-17　腰线的调整

复习思考题

11-1　贯通工程中矿山技术人员的任务和责任是什么？

11-2　贯通有哪几种类型，各种巷道贯通的容许偏差值是多少？

11-3　巷道贯通要进行哪些测量工作？

11-4　在什么条件下沿导向层贯通可以不给巷道的中线或腰线？

11-5　贯通巷道标定时的几何要素有哪些，用什么方法求得？

11-6　在次要巷道中，如何用挂罗盘进行贯通修理？

11-7　同一矿井中平巷、倾斜巷道的贯通可归纳成几个阶段？

11-8　立井贯通测量的核心是什么？

11-9　如图 11-18 所示，为解决通风和运输问题，在 2、7 两点之间开一条下山。采用相向掘进贯通，通过
经纬仪导线测量和井下高程测量获得的已知数据如下：

$x_2 = 69450.013$m；$y_2 = 88028.147$m；$H_{2\text{轨}} = 51.342$m；$\alpha_{2-1} = 45°30'20''$；$x_7 = 69310.553$m；$y_7 =$
88139.397m；$H_{7\text{轨}} = -2.858$m；$\alpha_{7-8} = 252°34'30''$。

试求该巷道贯通的几何要素。如果下山掘进工作面甲队掘进日进尺平均 5.6m，上山掘进工作面
的乙队日进尺为 6.0m。当两掘进工作面相距 20m 时，由乙队单独掘进。问贯通需要多长时间，贯
通点距 7 点的实际距离是多少？

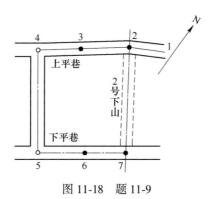

图 11-18　题 11-9

11-10　某矿中央石门在建井时期已留有巷道交岔口，生产后期为解决通风和运输问题，要求与北运道错
车场之间贯通一条经过两个弯道的平巷，如图 11-19 所示。试求测量的标定数据，并叙述标定方

法。已知数据如下：

中央石门：$x_{IV} = 9362.612$m；$y_{IV} = 8707.751$m；$H_{IV} = -320.464$m（轨面）；石门方向：$\alpha_{IV-O_1} = 55°44'30''$；石门坡度：$+3‰$；道岔交点 O 采用 918-12 型道岔，辙叉角为 $14°15'$，$a = 3.256$m，$b = 4.444$m，$S_{IV-O} = 7.223$m。北运道错车场：$x_{S_1} = 9658.345$m，$y_{S_1} = 8556.319$m，$H_{S_1} = -318.866$m（轨面）；错车场方向（与北运道平行）$325°44'30''$，宽 2.9m。

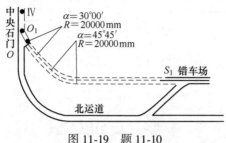

图 11-19　题 11-10

11-11 确定巷道贯通的容许偏差应考虑哪些因素？

11-12 选择贯通测量方案和进行误差预计的一般途径如何？

11-13 两井间贯通时如何选择地面的施测方案，怎样预计地面测量引起贯通重要方向上的误差？

11-14 试对某项两井间的贯通工程进行施测方案的设计和误差预计。

11-15 竖井贯通时的测量工作有什么特点，应注意什么问题，如何进行误差预计？

11-16 贯通测量的实际施测中应注意哪些问题？

11-17 对贯通实测资料进行精度分析有什么意义，试对某项贯通测量资料进行精度分析。

11-18 在巷道最后贯通之前，施工上可采取哪些措施，以减少贯通后的巷道调整工作？

11-19 贯通后测定实际偏差有何意义，实际测定的方法如何？

12 露天开采测量

第12章微课　　第12章课件

用露天法开采有用矿物，在采矿工业中占有重要的位置。在露天矿建设和生产过程中需要进行一系列的测量工作，这些测量工作统称为露天开采测量。

露天矿测量概括起来是测定测量对象的空间位置，是为矿山的基建和生产服务的，并可根据测量所提供的图纸和资料来解决生产中所提出的有关问题。露天矿测量的主要任务是测绘矿体的产状和形态，采剥工程的位置、形状、大小和它的空间变化，工业设施的布置及生产勘探工程等。

露天矿山测量的内容有：建立矿山测量控制网，测绘矿区范围内的大比例尺地形图及采剥工程平面图，进行各种碎部测量，对建筑物、土方工程、爆破工程、公路、铁路和堑沟等进行测设，验收和测量剥离量和采矿量，计算统计矿石损失率和贫化率，以及观测边坡移动等。

露天矿山测量是在地面进行的，因此露天矿测量所用的仪器、方法与地形测量基本相同。露天矿测量工作具有如下特点。

（1）地形测量是以地形点和地物点为主要测量对象。这些点在一定时期内其位置是不变的；而露天矿测量是以各种工程为主要测量对象，这些对象的位置是经常变化的。

（2）地形测量和露天矿测量虽然都是在露天条件下进行作业，但是在露天矿由于采剥工程的不断进展，大部分的地物、地貌会经常变化，设在台阶上的测量控制点经常被破坏。为了测出各种碎部及施工放样，便需要不断地补充工作控制点。所以要求测设方法能适应这一特点。

（3）地形测量的精度主要是以制图精度为依据，故测绘不同比例尺的图纸其精度要求也不同；而露天矿测量的精度是以能满足不同工程的要求为主，所以测量的精度是根据所解决的生产问题来确定的。

12.1　露天矿控制测量

各矿区根据国家或矿山自己布设的三等、四等三角网和三等、四等水准网，作为矿区平面控制及高程控制测量的首级控制，但是在实际工作中，这些控制点的密度远远满足不了露天矿测量工作的需要。为满足露天矿各种各样的工程测量的需求，一般是在矿坑周围根据矿区的首级控制网，布设基本控制网，作为露天矿坑内测量工作的依据；然后再以基本控制网为依据在矿坑工作平台上布设工作控制网（点），作为采剥工程测量及采矿场的一切测量工作的基础。

12.1.1　基本控制

基本控制网的布设应根据矿区的地形条件、采矿场的形状、采矿工作的发展方向及在矿坑内建立工作控制网的方法等因素而采用不同的方法。矿区基本控制网是在矿区首级控制网的基础上逐级加密形成的。基本控制点应均匀分布在露天矿场的四周边帮上。使每个控制点在矿场尽可能大的范围内都通视良好，以便给下一步在每一工作平台上加密工作控制点创造有利条件。此外，基本控制点应能保存较长时间。所以基本控制点都埋设永久性的测量标志。各基本控制点的高程要用四等几何水准或三角高程的方法进行测定。

基本控制的精度要求，在大型矿山除原有的国家和矿区各级三角点外，还可布设 5″ 小三角网和同级导线作为基本控制；在中小型矿山则可布设 10″ 小三角网和同级导线作为基本控制。

小三角网可以作为基本控制，也可把小三角测量用在工作控制上，在小型露天矿还可作为矿区的首级控制。

12.1.1.1　小三角测量及其外业工作

小三角测量是在小区域内的地面上布置一些边长较短、角度较好的控制点，构成互相连接的三角形，称为三角网。组成三角网的所有控制点称为三角点。观测三角网中所有三角形的内角，测定三角网中的一条边或两条边作为基线，或直接起始于原有高级控制网的边上，利用正弦定律推算出各个三角形的边长，最后根据三角网中已知点坐标和一边的已知方位角，就可求得各三角点的坐标。这种控制形式的特点是：丈量距离的工作量少，主要是测角，所以适用于不便丈量距离的山区和丘陵地带。根据规范规定，小三角网可分为两种：平均边长 1km，测角中误差为 ±5″，最弱边相对中误差为 1 : 20000，属于 5″ 小三角网，也称一级小三角；当平均边长为 0.5km、测角中误差为 ±10″，最弱边相对中误差为 1 : 60000时，则属于 10″ 小三角网，也称二级小三角。小三角网可布设为三角锁、中点多边形、大地四边形等。在露天矿一般是布设在高级点间的单三角锁。

A　选点与埋桩

小三角测量的外业工作包括踏勘、选点、建立标志、丈量基线及观测水平角等。

各小三角点应选在视野开阔的高处，要保证和各连测点通视，便于埋石、观测和长期保存。小三角点应全部埋设标石。为了保证推算距离的精度，选点时，三角形内角最好不小于 30° 和不大于 120°，边长可伸缩在 200~800m；具体边长可根据任务和现场情况而定。

B　角度测量

小三角的测角工作量，是野外工作的主要部分。小三角测量的测角精度要求，一般比导线测量高，测角中误差不得超过 ±10″，采用全圆方向观测法进行水平角观测作业时；应测 3 个测回，三角形最大闭合差应小于 ±30″，锁中三角形个数不要超过 12 个。

C　边长测量

小三角起始边（或已知边）的相对中误差应不低于 1 : 20000。起始边（基线）一般选在锁的两端，基线长度可用检定过的钢尺进行丈量或用红外测距仪、激光测距仪、全站仪测定。

12.1.1.2　小三角测量的计算

小三角测量的内业计算程序分为外业成果整理、角度平差、边长和坐标计算等几个步骤，计算工作的最终目的是算出各三角点的坐标。对于图 12-1 所示的小三角锁来说，是两已知边间的单三角锁，除了首尾两条已知边外，其余边的边长都必须经过已知边和三角形的内角推算出来。有了边长 d_1、d_2、$\cdots$、d_6 就可以把 1、2、$\cdots$、$(n-1)$ 点看成是一条导线。在这条导线里，已知1-2边的坐标方位角 a_{1-2} 和 2 号点的坐标，则按导线的计算方法推算各边的坐标方位角和各点的坐标。问题是小三角锁的外业观测成果，不可避免地会含有误差。如一个三角形的内角之和理论上应等于 180°，但实际观测结果往往不等于 180°，于是就产生了角度闭合差。为此，在小三角锁的计算过程中，必须对角度观测值加以改正，以消除角度闭合差。除此之外，还需丈量两条基线 d_0 与 d_n。由基线 d_0 通过各三角形内角，按正弦定律推算出另一基线的长 d'_n。推算的 d'_n 与直接丈量（测定）的 d_n 往往不相等，其差值 $W=d'_n-d_n$，称为基线闭合差。基线丈量一般精度都比较高（如果是已知边也是如此）。为了计算简单，可以认为基线闭合差主要是由于推算角的误差引起的，所以还要再改正三角形内角值，以消除基线闭合差。这类改正观测值的计算工作称为平差。

由于 10″ 小三角测量的边长比较短，而目前又普遍采用精度较高的测量仪器测量角度，故测角精度一般都较高，所以测角误差对三角点位置的影响也比较小，则其角度平差一般皆采用近似平差（又称简易平差）。下面就介绍起闭于两条已知边间的小三角锁的近似平差方法。

计算工作开始之前，要将外业成果进行整理，并取角度平均值，然后绘制一张三角锁的计算略图，如图 12-1 所示。图中角的编号一定要有规律：凡已知边所对的角编为 b_i，待求边所对的角编为 a_i（i 为三角形序号）。以第一个三角形为例，d_0 为已知边，所对的角为 b_1；d_1 为待求边，所对的角为 a_1。凡计算边长所用的角度 a_i、b_i 统称为传距角。三角形内另一个角编为 c_i，称为间隔角，在推算坐标方位角时要用到它。c_i 角所对的边称为间隔边。关于这种三角锁的平差计算方法简要叙述如下。

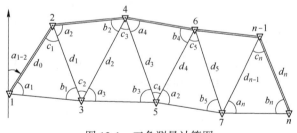

图 12-1　三角测量计算图

（1）角闭合差的计算与改正。设各角的观测值为 a'_i、b'_i、c'_i，则各三角形的闭合差 f_i 为：

$$f_i = a'_i + b'_i + c'_i - 180°$$

设各角改正数为 V'_{a_i}、V'_{b_i}、V'_{c_i}，则角度误差方程式为：

$$V'_{a_i} + V'_{b_i} + V'_{c_i} + f_i = 0$$

因各内角为同精度观测值，故按反符号平均改正的原则，求出各角的改正值，即：

$$V'_{a_i} = V'_{b_i} = V'_{c_i} = \frac{-f_i}{3} \tag{12-1}$$

改正值取至秒位，第一次改正后的角值为：

$$a_i = a'_i + V'_{a_i}$$

$$b_i = b'_i + V'_{b_i}$$

$$c_i = c'_i + V'_{c_i}$$

（2）基线闭合差的计算与调整。根据正弦定律，依次计算各传距边可得：

$$d_1 = d_0 \frac{\sin a_1}{\sin b_1}$$

$$d_2 = d_1 \frac{\sin a_2}{\sin b_2} = d_0 \frac{\sin a_1 \sin a_2}{\sin b_1 \sin b_2}$$

$$\vdots$$

$$d'_n = d_0 \frac{\sin a_1 \sin a_2 \cdots \sin a_n}{\sin b_1 \sin b_2 \cdots \sin b_n}$$

因经过第一次角度改正后的内角仍有误差，故 d'_n 与实际测定的 d_n 不等，产生基线闭合差 W：

$$W = d'_n - d_n = \frac{d_0 \prod\limits_{i=1}^{n} \sin a_i}{\prod\limits_{i=1}^{n} \sin b_i} - d_n$$

引入第二次角度改正值 V''_{a_i}、V''_{b_i}、V''_{c_i}，即基线闭合差改正值，使基线闭合差 $W = 0$，即：

$$\frac{d_0 \prod\limits_{i=1}^{n} \sin(a_i + V''_{a_i})}{\prod\limits_{i=1}^{n} \sin(b_i + V''_{b_i})} - d_n = 0$$

经过第一次改正后，a_i、b_i、c_i 之和已满足 180° 的条件。为了不破坏已满足的三内角之和等于 180°，由于角度观测的精度相同，故必须使改正数 V''_{a_i}、V''_{b_i} 绝对值相同，符号相反。

$$V''_{a_i} = -V''_{b_i}$$

$$V'' = -V''_{b_i} = \frac{W\rho}{\sum \cot a_i + \sum \cot b_i} \tag{12-2}$$

则第二次改正后的角度值 A_i、B_i、C_i 为：

$$A_i = a_i + V''_{a_i}$$

$$B_i = b_i + V''_{b_i}$$

$$C_i = c_i$$

因边条件与间隔角 C_i 无关，故只对 a_i 及 b_i 进行改正。

（3）计算边长和坐标。根据第二次改正后的角度及已知边长，按正弦定律计算三角形各边长。最终边的计算值 d'_n 应等于原 d_n，但也可能会出现 1~2mm 的因四舍五入而造成的计算凑整误差。各点的坐标可按闭合导线或附合导线的方法计算。

（4）以图表实例简要说明计算过程。首先画一张小三角锁略图，编好角号，再将已知边长度、坐标方位角和三角形各内角观测值，注于小三角锁计算略图上，如图 12-2 所示，并将各三角形闭合差注在各三角形的中心。按式（12-1）将闭合差按 1/3、反号改正到各三角形内角的原则，把改正数注于各观测角值秒位的上方。观测角值加上改正数，就得到第一次改正后的内角。把这一计算过程列入表 12-1 中。在每个三角形中，3 个改正后的内角和应严格地等于 180°，对每个三角形都要校核一下，以免改错。按式（12-2）进行第二次改正数的计算填入表12-1中，进而求出平差后的各角值，并进行检核。最后由平差后的角值进行三角形各边长及各点坐标的计算。有关边长计算和坐标计算从略。图 12-2 中第五个三角形第二次改正值为+6、−6，是为减小凑整误差的影响。

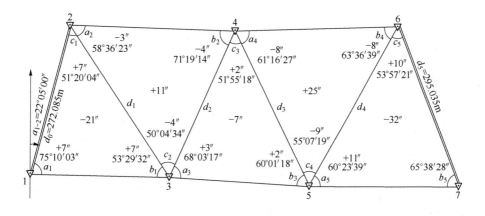

图 12-2　小三角形测量步骤图

表 12-1　平差计算表

三角形编号	角度编号	角度观测值	第一次改正值 $\left(-\dfrac{f}{3}\right)$	第一次改正后的角度值	第二次改正值	第二次改正后的角度值	边长 /m
1	2	3	4	5	6	7	8
1	b_1	53°29′32″	+7″	53°29′39″	−7″	53°29′32″	272.085
	c_1	51°20′04″	+7″	51°20′11″	0″	51°20′11″	264.315
	a_1	75°10′03″	+7″	75°10′10″	+7″	75°10′17″	327.235
	Σ	179°59′39″	+21″	180°00′00″		180°00′00″	
2	b_2	71°19′14″	−4″	71°19′10″	−7″	71°19′03″	327.235
	c_2	50°04′34″	−4″	50°04′30″	0″	50°04′30″	264.910
	a_2	58°36′23″	−3″	58°36′20″	+7″	58°36′27″	294.871
	Σ	180°00′11″	−11″	180°00′00″		180°00′00″	
3	b_3	60°01′18″	+2″	60°01′20″	−7″	70°01′13″	294.371
	c_3	51°55′18″	+2″	51°55′20″	0″	51°55′20″	267.968
	a_3	68°03′17″	+3″	68°03′20″	+7″	68°03′27″	315.758
	Σ	179°59′53″	+7″	180°00′00″		180°00′00″	

三角形编号	角度编号	角度观测值	第一次改正值 $\left(-\dfrac{f}{3}\right)$	第一次改正后的角度值	第二次改正值	第二次改正后的角度值	边长 /m
4	b_4	63°36′39″	−8″	63°36′31″	−7″	63°36′24″	315.758
	c_4	55°07′19″	−9″	55°07′10″	0″	55°07′10″	289.173
	a_4	61°16′27″	−8″	61°16′19″	+7″	61°16′26″	309.118
	Σ	180°00′25″	−25″	180°00′00″		180°00′00″	
5	b_5	65°38′28″	+11″	65°38′39″	−6″	65°38′33″	309.118
	c_5	53°57′21″	+10″	53°57′31″	0″	53°57′31″	274.372
	a_5	60°23′39″	+11″	60°23′50″	+6″	60°23′56″	295.035
	Σ	179°59′28″	+32″	180°00′00″		180°00′00″	

12.1.2　工作控制

为了在矿坑内进行日常的生产测量，单靠矿坑周围边帮上已建立的基本控制点是不足的，所以还要在基本控制网点的基础上，再进一步进行加密布设工作控制网点。

建立工作控制网点的方法较多，有单三角形法、经纬仪导线法、线形锁法、剖面线法及交会法等。交会法又分为前方交会法、侧方交会法和后方交会法。究竟采用何种方法布设，主要根据露天矿的地形、矿坑的轮廓、开采的方向、高一级控制点的分布情况、采剥深度和进度及生产测量的方法及精度要求的不同而定。

露天矿的采剥工程测量、验收测量等碎部测量工作繁重，如果工作控制点布设得合理，不但能保证生产上所提出的精度要求，而且可简化日常测量工作。所以在露天矿有时综合采用几种方法来建立工作控制点。

工作控制点应均匀地分布在阶段工作平台上，要保证有一定的密度。这种密度应随测图比例尺而异：当测图比例尺为 1∶1000 时，工作控制点之间的距离不应大于 200m；当测图比例尺为 1∶500 时，则点间距离不应大于 150m。

工作控制点的测定精度，在一般情况下应参照制图精度来考虑。工作控制点相对于基本控制点的点位误差不应大于平面图上的 0.2mm，即当测图比例尺为 1∶500 时，其点位误差在实地上不应大于 0.1m。

工作控制点的测量标志一般是用木桩或铁棒临时固定在采剥平台上，也可用铅油在暂时不受采动的岩石面上做点。

工作控制点的高程，用几何水准或三角高程测定。采场内，可用等外水准测量方法测定。

露天矿工作控制分为两级，即Ⅰ级和Ⅱ级工作控制。Ⅱ级工作控制点是在Ⅰ级工作控制点的基础上建立的。无论Ⅰ级或Ⅱ级工作控制，一般常见的都是用小三角锁法、经纬仪导线法和交会法来建立。下面分别介绍小三角锁法和经纬仪导线法。

12.1.2.1　小三角锁法

当露天矿坑面积在 1km² 以内，直接量距困难较大时，可用边长短、精度在Ⅱ级的小三角以下的图根小三角测量来建立工作控制。要求小三角锁中任一内角一般不应小于30°，边长一般在100~300m，测角中误差应小于±20″；三角形最大闭合差不应超过±60″，最弱边相对中误差1∶2000，三角形个数不超过14个。

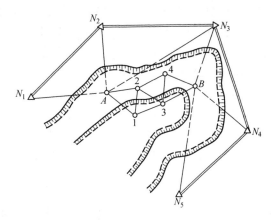

图12-3　小三角锁平差图

图根小三角锁平差方法，可比基本控制部分所讲的小三角锁平差方法更简化一些，即平差时将三角形闭合差平均分配到3个角上。坐标闭合差可按边长成比例分配，如图12-3所示，N_1、N_2、…、N_5为基本控制点，A、B是依据基本控制点交会出的 Ⅰ 级工作控制点，1、2、3、4各点是在 Ⅰ 级工作控制的基础上建立的 Ⅱ 级工作控制网点。

12.1.2.2　经纬仪导线法

当矿区地形比较平坦，工作平台较宽，边长丈量较为容易时，可采用经纬仪导线法。由于矿坑条件不同，敷设经纬仪导线的形式，可因地制宜但应尽可能敷设成附合导线，在万不得已时，也可敷设支导线。如图12-4所示，在每个工作平台上的两端，先用单三角形法测定两个已知点，在两已知点间敷设附合导线。

敷设经纬仪导线的另一种形式如图12-5所示。在矿坑外围找到基本控制点 A、G，在 A、G 两点间，通过每个台阶设置一条 Ⅰ 级经纬仪导线，这样就在每个平台上建立了已知点 B、C、D、E、F。然后再在各平台上的已知点间，敷设 Ⅱ 级附合导线。Ⅰ、Ⅱ 级经纬仪导线的测设应满足表12-2的要求。

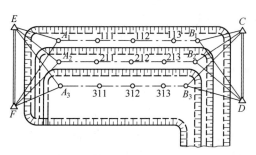

图12-4　经纬仪导线法（平坦）

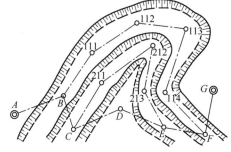

图12-5　经纬仪导线法（矿坑）

表12-2　经纬仪导线法记录表

等级	边长/m		测角中误差	角度允许闭合差	导线最大相对闭合差
	总　长	边　长			
Ⅰ	<2000	30~170	±10″	±20″$\sqrt{n}$	1∶4000
Ⅱ	<1000	30~100	±20″	±40″$\sqrt{n}$	1∶2000

Ⅰ级导线的边长丈量，应采用经过检定的钢尺，并在丈量边长时，施以比长时的拉力，并测定温度。每尺段都要从钢尺的不同起点读 3 次数，3 次所求出的长度互差应小于 3mm。边长应往返丈量，加入各种改正数后的水平边长互差，不得大于边长的 1∶4000 。

Ⅱ级导线边长丈量时的拉力，可凭经验估计；当丈量时的温度和比长时的温度相差 15 ℃ 以上时才加温度改正。每尺段以不同起点读数两次，两次所得长度互差应小于 5mm，边长丈量可用错动钢尺 1dm 以上位置的方法量两次，来代替往返丈量。两次结果之差不得大于边长的 1/2000。

用钢尺量距，不但工作繁重，而效率也低。如能使用红外测距仪等先进设备进行导线边长测定，那将使导线测量的内外业工作得到很大改善。

12.2　露天矿工程测量

露天矿工作控制点建立之后，便可进行露天矿的各种碎部测量工作。碎部测量的内容相当广泛，包括采剥工作、爆破工作、地质勘探工作所需测量的对象及机械设备和地面建筑的测定，甚至还要进行某区段的地形测量。随着采矿工作线的不断推进或作业程序的变更，对同一地段往往要反复测量，有些内容要定期测量，有些内容则要根据采矿或其他工程的需要随时测定。依据这些碎部测量资料来编绘露天矿矿山测量图，它是制定、检查生产计划和指挥生产的主要根据。矿山的日常生产和施工经常使用的是采剥工程平面图，它又可分为如下几种形式。

（1）综合台阶平面图。在图上反映出台阶采掘的进度和各种工程的变化，以及地质界线等。

（2）台阶工程平面图。

1）爆破平面图，是反映爆破情况的图纸，每爆破一次就在图上接绘一次。图上绘有炮孔位置、爆破带和实际推进线等，可作为爆破设计和研究爆破效果、改进爆破工作之用。

2）验收平面图，按月填绘，作为计算采、剥矿石量、岩石量及掌握台阶推进情况之用。

3）地质原图，是反映台阶地质变化的图纸，作为露天矿生产勘探设计的依据。采剥工程平面图是露天矿生产测量的主要图纸。这种基本图纸有按整个采场编绘的，也有按每个台阶分别编绘的两种；其比例尺有 1∶500 和 1∶1000 两种，并按月或按季进行接绘。图纸的大小有两种：一种是绘成标准图幅；另一种是绘成长条形的图，图纸的长边方向与矿体的走向相平行，而图纸的大小是根据露天矿场的大小而定。这两种图纸的特点是：前者易于保存，但使用不方便；后者使用方便，但易于损坏。目前有些露天矿，两种图纸都绘制，随着计算机绘图的应用，以上问题会得到解决。

在工作控制网（点）的基础上，所进行的各种工程测量工作，因对象不同，生产阶段不同，其测量的方法和所要求的精度也不相同。但是，就其测量的基本工作，实质上就是测绘和测设。测绘工作主要表现在将采剥工程的进展或完成情况反映到图上或形成数据资料。测设工作就是将露天矿的设计物的平面和高程位置标定于实地。

露天矿的碎部测量方法，一般采用视距极坐标法和支距法。视距极坐标法的外业观测工作比较迅速，工作量较小，因此被广泛使用。露天矿山最经常、最大量的测量工作有掘沟工程测量、爆破工程测量、排土场测量、境界线的标定、采剥矿岩量的验收测量等测量工作。

12.2.1　掘沟工程测量

露天矿山的掘沟工程，主要用于开拓矿山通路和新辟开采台阶（开段沟）。沟道的横断面形状一般有两种类型，如图 12-6 所示，其中图 12-6（a）为双壁沟（双侧沟），常用于深凹型露天矿山；图 12-6（b）为单壁沟（单侧沟），常用于山坡型露天矿山。开拓矿山通道，就是开辟由地表到矿床或由矿床的某一个开采部分到另一个开采部分的运输通道。

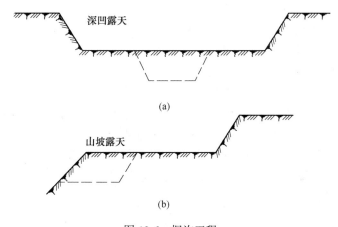

图 12-6　掘沟工程

开段沟一般在新开辟的出入沟进行，其目的就是为开采台阶开辟第一条工作线，以供初期配置工作面及安设设备用。测量步骤和方法如下。

（1）准备工作。在开沟之前要认真阅读如下设计资料：

1）沟道平面图，图上注有各连接点或起始点的坐标、起始边的方位角、转折点间的距离、转折角、曲率半径等；

2）沟道纵断面图，图上注有设计标高和设计坡度等；

3）沟道横断面图，图上标记有沟道的断面规格、沟底宽度、沟道底板高、沟帮的边坡角等。

依据上述资料，即可计算标定数据，拟定施测方法，在实地上进行标定。

（2）标定工作。沟道工程测量的主要任务是将沟道的中心线、坡顶线（开挖边线或肩线）、沟底高程和坡度及沟底宽度等标定在实地上。

1）沟道的标定。如图 12-7 所示，沟道起始点 O 的坐标为已知，附近的工作控制点 A 的坐标为已知，则 A 到 O 点的坐标方位角 α_{AO} 和距离 l_{AO} 可用坐标反算的方法求得。再根据 A、C 两点的坐标方位角 α_{AO} 计算出标定角 β_A 为：

$$\beta_A = \alpha_{AO} - \alpha_{AC}$$

把经纬仪安置在 A 点上，后视 C 点，转 β_A 角，在视线方向上用钢尺量出 l_{AO}，即可标定出掘沟的起始点 O。再把仪器安置在 O 点上，后视 A 点，转 β_O 角，则此时的视线方向即为沟道的中心线方向。角 β_O 的计算公式为：

$$\beta_O = \alpha_O - \alpha_{OA}$$

式中，α_O 为沟道中心线的设计方位角。

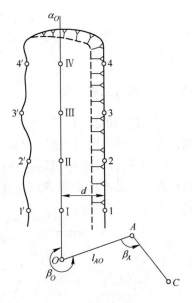

沟道方向标定后，再标定沟道中心桩。中心桩又称为里程桩，一般每隔 20～50m 埋设一个，并在桩上注明里程，如图12-7中的 Ⅰ，Ⅱ，Ⅲ，… 点。

2）坡顶线的标定。在各中心桩上作沟道中心线的垂线，由中心桩沿此垂线方向标定出坡顶线到中心线的距离 d，即得 1、2、3、4 各边桩；各边桩连线即为开挖边线。d 值可按下式计算：

$$d = b + h\cot\varphi$$

式中　b——沟中心线到坡底线的设计距离；

　　　h——设计的台阶高度；

　　　φ——设计的台阶坡面角。

3）沟底高程和坡度的标定。先用水准仪测出各中心桩的地面高程，然后按各点的地面与其沟底的设计高程（从起点按距离和坡度计算）之差，求出该点下挖深度，并在桩上注出中心桩处的挖深。每当放炮装运之后，就前往检查新掘沟底的高程，看其坡度是否符合设计的坡度要求。

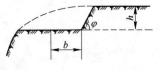

图 12-7　沟道的标定

12. 2. 2　爆破工程测量

爆破工作是露天矿生产的主要工艺过程。爆破工作可分为两个阶段。第一个阶段是将岩石或矿石从矿岩整体分离出来；第二个阶段是将大块岩石或矿石进行二次破碎，也称二次爆破。第一阶段的穿爆工作，可以利用浅孔、深孔或硐室爆破，而大多数矿山是采用垂直深孔爆破。在穿爆工作中的深孔爆破和硐室爆破所进行的测量工作，统称为爆破测量。

12. 2. 2. 1　深孔爆破测量

深孔爆破测量的任务是，为穿孔爆破设计提供爆破地段的平面图；如果原来已有该地区的图纸，可在原图上复制。露天矿的穿孔、爆破，都与测量工作密切相关。爆破区的外业测量包括平面测量、高程测量、炮孔剖面测量和孔深测量，在实地上要按设计图标定孔位。穿孔后应将穿孔位置测绘成图，以便配合穿孔断面图计算装药量。

露天矿的爆破工程测量，主要是为了确定底部最小抵抗线的大小。假若这个参数确定的不够正确，不但影响矿山生产效率的提高，而且可能使爆破块度过大，不易装车，增加二次破碎的工作量；或者使爆破下来的矿石飞得很远，浪费炸药，再就是留下难以处理的"眼底"，使运输、铲装都受影响。因此，做好测量工作是改善爆破效果的一个重要因素。

A　穿孔前爆破地段平面图的测绘

按照矿山采剥计划的安排，在某地段穿爆之前，必须测绘出该地段的平面图，或从原有的图纸上描绘即得穿孔地段的平面图。图上应绘有台阶的坡顶线、坡底线及特征点的标高、矿体和围岩的接触线、各种矿石的边界和地质破坏比较明显的裂缝，然后由爆破人员在平面图上绘出钻孔的设计位置。

B 在平台上按设计图标定钻孔位置

孔位设计好以后，便由最近的工作控制点，用极坐标法将孔位标定于实地。标定时，只需标定同时爆破的一排炮孔中的一个，该排的其他炮孔位置可依炮孔中心距离和炮孔距坡顶线的垂距来进行标定。标定后，每个炮孔的编号、孔深都要在现场注明。

C 穿孔后的外业测量及内业工作

穿孔后爆破前要在爆破区进行平面测量、高程测量、炮孔剖面测量和孔深测量。根据这些资料绘制爆破地区的平面图、剖面图，如图12-8所示。此外，尚需确定最小抵抗线和底部抵抗线，计算装药量和爆破量等。

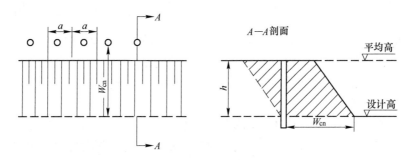

图12-8 爆破测量图

（1）测绘爆破区段平面图。根据台阶上的工作控制点 A、B，按视距极坐标法，测绘出坡顶线、坡底线和孔位及地质界限等，如图12-9所示；并在已测绘好的台阶平面图上绘出爆破区边界。标注有标高的特征点，然后将在外业用钢尺、皮尺或测绳直接丈量得到的孔间距、孔深等要素注记在图上。图的比例尺为1:500或1:1000。

平面位置测定之后，则进行高程测量。高程测量是测定炮孔所在的上下平台的高程位置和爆破区的平均高度。将经纬仪望远镜置于水平位置，代替水准仪测定台阶上下平台爆破区内各点的标高。高程点的个数，在平台高程变化大时宜多些，一般情况下采用10~15m测一高程点，以便计算台阶上下平台的平均高程。上部平台高程平均值减去下部平台高程平均值即为台阶高度。

（2）测绘剖面图。炮孔剖面测量是测定通过炮孔中心并垂直于坡顶线的垂直断面。这些断面能表示出炮孔爆破时的最小抵抗线，根据这些资料才能正确计算装药量。剖面测量一般常用剖面法或垂线法。

剖面法：台阶的剖面测量一般是使用测斜仪和皮卷尺进行。如图12-10所示，测量时在距坡顶线1m左右的位置安装测斜仪，瞄准坡面上的变化点1、2、3等，并测其相应的倾角 δ'、δ''、…，同时还要量出该仪器中心到测点（变化点）的距离。这种方法也称为剖面极坐标法。此法适用于台阶坡面不规则的情况。

在室内，根据上述观测值来绘制剖面图。

垂线法：因台阶斜坡坡度较陡，所以剖面测量最好用专门制作的木尺，木尺用质量轻而又不易弯曲的木材制成。这种尺一般长为6m左右，在尺的一端安上小滑轮，尺上有刻

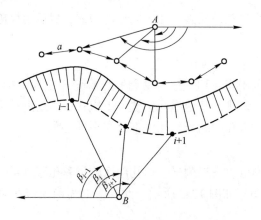

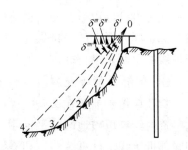

图 12-9 炮孔位置测量图   图 12-10 剖面法

划并装有水准管。通过小滑轮可以将悬有重物的皮尺放下去。木尺是沿着剖面的方向平放，由水平尺刻划可以读出台阶坡顶及坡面上的特征点 1、2 、3 距炮孔中心的水平距离 b、b_1、b_2、b_3。通过滑轮吊下去的皮尺，可以量出所测特征点距坡顶的垂直距离 h_1、h_2 和 h_3，如图 12-11 所示。

在台阶斜坡坡度不陡时，也可采用视距法来测定剖面特征点对于炮孔的平距和高差。有了这些数据，就可绘制炮孔剖面图，如图 12-12 所示。炮孔深度可用专制的木杆或将皮尺悬上重物来测定。剖面图的比例尺一般采用 1∶200 。在剖面图上，可以确定最小抵抗线及底部抵抗线的大小，审查炮孔的超钻情况。根据平面图和剖面图提供的数据，就可以较为准确地计算出炮孔的装药量。

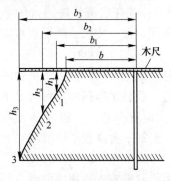

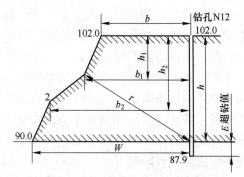

图 12-11 垂线法   图 12-12 炮孔测量图（单位：m）

D 爆破后的爆堆测量

当需要分析爆破效果或测定松散系数时，则应在爆破后，铲装前，测量爆堆的形状和体积。爆堆的测量方法如图 12-13 所示。将经纬仪安置在工作控制点 A 上，用视距极坐标法把爆堆的边界点和爆堆上高度变化点测定下来，即测出每一个点的 β_i（方向）、l_i（距离）及高程 H_i，然后在室内绘出爆堆图纸。

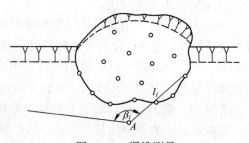

图 12-13 爆堆测量

E 铲装后的测量工作

当需要测定松散系数时，还要进行铲装后的测量工作，即测量新台阶的剖面。具体内容是测量爆破台阶的坡顶线和坡底线及地质界限等，测量方法同前。

12.2.2.2 硐室爆破测量

除穿孔爆破外，有时还需进行硐室爆破。此时在爆破区地形图上设计爆破硐室，然后在实地用极坐标法或距离交会法标定出硐室的开切地点（硐室位置和导硐方向），在导硐掘进中可使用简单仪器测设。图 12-14（a）为主导硐剖面图，图 12-14（b）为硐室爆破设计平面图，E_1、E_2 为药室，h 为台阶高，W_m 为最小抵抗线。根据设计进行爆破硐室的测设方法如下。

（1）准备标定数据。如图 12-15 所示，Ⅱ 为工作控制点，BC 为主导硐中心线，CE_1、CE_2 为副导硐中心线，B 为主导硐入口，A 在主导硐中心线的延长线上。标定数据包括连接角 $\beta_Ⅱ$、给向角 β_A、连接边 ⅡA 及硐口 B 的标高、主导硐坡度等。

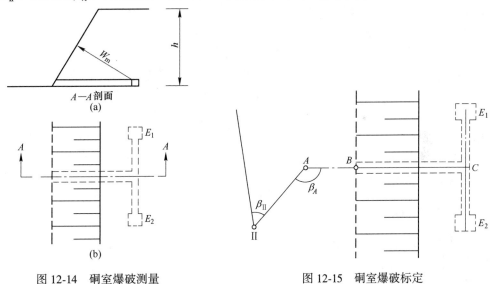

图 12-14 硐室爆破测量   图 12-15 硐室爆破标定

（2）硐室施工测量。根据准备好的标定数据，首先在现场标定 A 点和 B 点，然后按 AB 方向给向，开始掘进。掘进中要随时给向与检查掘进方向、主导硐长度及主导硐的标高、坡度等。主导硐掘进完毕，即按副导硐掘进方向给向，并控制长度、坡度及硐室的大小。

（3）验收测量。硐室验收测量主要是检查药室位置和断面规格，以保证能按硐室爆破设计进行装药爆破。

12.2.3 排土场测量

排土场是用于堆积矿山剥离岩土的地方，是矿山的重要组成部分。设在采场范围以内的称为内部排土场，设在采场范围以外的称为外部排土场。排土场的测量任务主要包括以下几个方面。

（1）提供排土场地区的地形图：

1）地形图配合地质勘探资料和技术设计资料，用来计算全部露天矿的剥离体积；

2）根据地形图，选定排土场的位置，计算排土场的容积，设计排土的推进方向及选定排土线路等。

（2）提供采矿场到排土场之间可供运输线路设计范围的带状地形图，该图是专供设计运输废石线路的原始资料。线路选定后即可进行线路的施工放样工作。

（3）定期测量的内容与目的，在露天矿生产过程中，为及时了解排土场的弃土情况，以便有计划地安排生产，需要定期地对排土场进行测量。该项测量一般每半年或一年进行一次，每次只对在这一段时期中有变动的地区进行测量。其测量的主要对象有：

1）排土台阶的坡顶线和坡底线；

2）排土场内运输线路的位置；

3）排土场附近的勘探巷道和取样地点；

4）排土场下沉点的观测。

定期测量排土场的目的是为了了解排土场的接受能力，以使有计划地安排剥离岩上的堆放位置及统计本阶段的岩土堆积量。

排土场的测量方法与露天开采坑内的布网方法及碎部测量方法相同。碎部测量可使用平板仪。测量后，要绘制排土场平面图和剖面图。

（4）排土场的下沉观测。在排土场内堆积的岩土，将随着堆放时间的延长而逐渐压实，其结果使排土场发生下沉和变形。为了了解这种下沉和变形的规律，应进行定期的观测。观测的时间可根据排土线的推进速度、排土场的稳定程度及岩土的性质等因素确定，一般可每月观测一次。下沉观测的目的，主要是为了掌握沿着台阶坡顶线所铺设的运输线路发生横向倾斜的程度，因这种倾斜如果太大，对车辆运行的安全是不利的。因此在铺路时，应预先在靠近排土台阶的轨道下面，适当加高，以消除这种影响。

12. 2. 4　境界线的标定

露天矿的开采境界，就是矿床用露天法开采后的最终境界。随着采剥工作的进展，逐渐接近采掘终了境界时，就必须及时将终了境界在实地标定出来。

露天矿的开采境界线是由设计部门按矿山设计确定的。露天矿境界线的标定，是根据露天矿境界线设计图进行的，其具体方法如下。

（1）图解法求标定数据。当某台阶快要推进到设计境界线时，可从开采终了平面图上，用相同坐标方格网重合的方法，将该台阶的设计境界线转绘到采剥工程平面图上。图12-16 所示为采剥工程平面图的一部分，其中 Ⅰ—Ⅰ 是台阶的实际推进位置，Ⅱ—Ⅱ 是用上述方法转绘的该台阶的设计境界线位置，A、B 两点是工作控制点。量取标定数据时，是在图纸上，先将 Ⅰ—Ⅰ 境界线每隔 $20 \sim 25m$ 选一点，然后用比例尺分别量取标定距离 l_1、l_2、…，再用分度器量取标定角 β_1、β_2、…。

（2）将境界线标定于实地。取得标定数据以后，在 A 点上安置经纬仪，后视 B 点，依标定数据 β_i 和 l_i、标定出 1、2、3、…境界点，并打以木桩作为标志；为了明显起见，再在木桩间拉一条绳子，以此表示台阶的最终推进线。

（3）检查验测量。当台阶已推进到标定的境界线时，应及时把实际境界线测绘下来，绘制到图上，再与原来设计的境界线进行比较，以此作为检查。

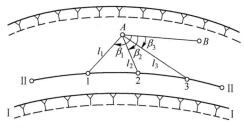

图 12-16 境界的标定

12.2.5 验收测量

12.2.5.1 验收测量的任务

（1）及时全面地测量采剥进度并绘制成采剥工程平面图，为开采设计和编制计划提供资料。

（2）计算各种开采量（矿石量、剥离量）和储存量（如排土场的弃土量，储矿场的储藏量等）。

（3）对生产进行检查和监督采剥工程是否按设计及计划的规定要求进行。

12.2.5.2 验收测量的准备工作

（1）检查即将进行验收区域的工作控制点的存在情况。如果控制点遭到破坏，应在验收前进行补测。

（2）调查掌握应验收的台阶、爆破开采部位，以防漏验或重验。

12.2.5.3 验收测量的主要对象

（1）应实测计算期初和期末各生产台阶推进区段的坡顶线和坡底线。

（2）上下平台的高程和地质界限。

（3）测算在阶段平台上崩落的矿岩量。

（4）测定台阶上储存的矿岩量。

（5）测定贮矿场储存的矿石量。

12.2.5.4 验收测量的时间

验收测量的周期取决于验收对象的性质和生产进度，一般以旬、月、季或年为周期。如采场和储矿场通常是每月验收 1 次或 2 次。排土场每半年或一年验收一次。

12.2.5.5 验收测量的方法

在平台上结存的矿岩量，可以在实地直接进行剖面测量，也可以用经纬仪按视距法测出爆堆边线、顶线、底线、阶段下平台的高程和爆堆表面的高程。

较规整的工作平台，崩落矿岩体积的计算宜采用水平截面法；有结存的爆堆其顶面高度变化不大时，也可采用水平截面法。对形状复杂、高度变化大的爆区，一般采用垂直剖面法进行测算。

　　验收测量的方法，取决于矿床类型、矿山机械化的程度和生产管理好坏等因素。一个露天矿可以使用一种方法，也可将几种方法配合进行。

　　A　水平截面法

　　水平截面法比较简便。对于台阶高度变化较小，而台阶坡顶线和坡底线的形状又较复杂时很适用。当台阶坡面变化大时，这种方法计算的结果不够精确。

　　每月验收测量之后，根据测量成果将每个台阶的坡顶线和坡底线的位置，绘于台阶平面图上，如图 12-17 与图 12-18 所示。根据相邻两个月的坡顶线、坡底线所围成的面积（闭合曲线）和坡顶线与坡底线上的特征点的高程等这些要素，即可进行验收测量的计算。

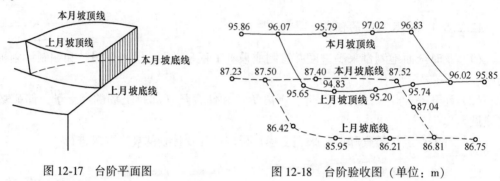

图 12-17　台阶平面图　　　　　　图 12-18　台阶验收图（单位：m）

　　（1）分别计算上下平台的平均高程 H_{sh} 和 H_{xi}。

$$H_{sh} = \frac{1}{n'}(H'_1 + H'_2 + \cdots + H'_{n'})$$

$$H_{xi} = \frac{1}{n''}(H''_1 + H''_2 + \cdots + H''_{n''})$$

式中　$H'_1,\ H'_2,\ \cdots,\ H'_{n'}$——上平台各碎部点的高程；

　　　　$H''_1,\ H''_2,\ \cdots,\ H''_{n''}$——下平台各碎部点的高程；

　　　　　　　　　n'——上平台碎部点总数；

　　　　　　　　　n''——下平台碎部点总数。

　　（2）计算推进台阶高。

$$h = H_{sh} - H_{xi}$$

　　（3）计算上下平台推进面积 S_{sh} 和 S_{xi}。通常是用求积仪求出 S_{sh} 和 S_{xi}。

　　（4）验收体积的计算。

$$V = \frac{S_{sh} + S_{xi}}{2}h$$

　　（5）验收量（重量）的计算。

$$Q = V\gamma$$

式中，γ 为验收对象的平均容重。

　　如果台阶的高度变化大，则可将所计算的整个地区划分为若干个区域，分别进行计算；最后将各个区域的体积和重量汇总起来，便是整个计算地区的体积和重量。

　　用水平截面法，要注意高程变化点的代表性，正确选择坡顶线、坡底线的变化点，尽量提高视距测量精度，才能使计算结果准确可靠。

　　B　垂直剖面法

　　在台阶坡面不够规整，工作面推进速度较慢时，一般可采用垂直剖面法进行采场验收测量。垂直剖面法如图 12-19 所示。首先将验收区划分成一定间隔的若干剖面，并在实地设置标志。然后按验收周期，分别测出各剖面的验收轮廓。由相邻两次验收资料，即可绘出如图 12-20 所示的推进面。此剖面就是上月验收测量所确定的轮廓和本月验收测量所确定的轮廓线之间所围成的面积，即验收期间沿某剖面线方向崩落的垂直剖面积。垂直剖面法就是由如此若干个剖面积和相邻剖面之间的距离，按下列公式计算出来的。

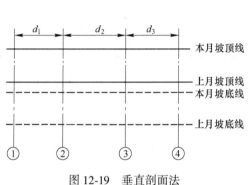

图 12-19　垂直剖面法

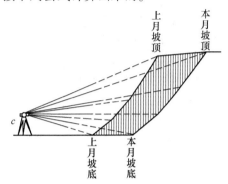

图 12-20　台阶推进面

　　(1) 求出各垂直剖面（推进剖面）的面积 S_1、S_2、$\cdots$、S_n（设整个推进地段由 1 至 n 个剖面组成）。用求积仪求出上述剖面。

　　(2) 验收体积的计算。

$$V = \frac{d_1}{2}(S_1 + S_2) + \frac{d_2}{2}(S_2 + S_3) + \cdots + \frac{d_{n-1}}{2}(S_{n-1} + S_n)$$

式中，d_1、d_2、$\cdots$、d_{n-1} 分别为相邻剖面间的距离。

　　当首尾两个剖面面积为零时，上式改为：

$$V = \frac{d_1}{2}S_2 + \frac{d_2}{2}(S_2 + S_3) + \cdots + \frac{d_{n-1}}{2}S_{n-1}$$

　　当相邻剖面图的距离均相等时，上式改为：

$$V = d(S_2 + S_3 + \cdots + S_{n-1})$$

　　(3) 验收量（重量）的计算。

$$Q = V\gamma$$

　　用垂直剖面法验收小量矿岩体积的精度比用水平截面法验收精度高。用垂直剖面法要注意剖面线之间的距离，因为距离的大小直接关系到计算结果的精度和花费的劳动量。间距越小，计算结果越精确，但花费劳动量大；间距大些，花费劳动量小，但计算结果的精度也会低些。所以决定剖面间距要慎重，通常取间距为 $10 \sim 20m$。露天矿的产量统计有两种方法：一种是根据台阶上运出的矿车数乘以车的平均容积而得；另一种是在每月底对每个台阶采出的体积进行验收测量，求出每月产量。

复习思考题

12-1　露天矿测量的主要任务和内容是什么，它有什么特点？

12-2　露天矿的基本控制网是怎样建立的？

12-3　露天矿工作控制网的建立有何意义，有什么特点，有哪几种建立方法，如何根据具体条件选择合适的方法？

12-4　露天矿碎部测量有哪些方法？

12-5　试述掘沟工程测量的内容和方法。

12-6　爆破测量要进行哪些工作，它对提高爆破效果有何意义？

12-7　试述排土场测量的意义和内容。

12-8　试述验收测量的任务和方法。

12-9　试比较用水平截面法和垂直剖面法计算采下矿岩体积的优缺点，并试述选用两者时应考虑的因素。

参 考 文 献

[1] GB 50026—1993，工程测量规范［S］.

[2] 武汉测绘科技大学《测量学》编写组. 测量学［M］. 3 版. 北京：测绘出版社，1991.

[3] 合肥工业大学等. 测量学［M］. 4 版. 北京：中国建筑工业出版社，1995.

[4] 过静珺. 土木工程测量［M］. 武汉：武汉工业大学出版社，2000.

[5] 李生平. 建筑工程测量［M］. 武汉：武汉工业大学出版社，1997.

[6] 郑庄生. 建筑工程测量［M］. 北京：中国建筑工业出版社，1995.

[7] 白裕良等. 矿山测量［M］. 北京：煤炭工业出版社，1990.

[8] 中国矿业学院测量教研室编. 矿山测量学［M］. 北京：煤炭工业出版社，1979.

[9] 陈社杰. 测量与矿山测量［M］. 北京：冶金工业出版社，2007.

[10] 郭玉社. 矿井测量与矿图［M］. 北京：化学工业出版社，2007.